1 応用化学シリーズ

無機工業化学

太田 健一郎
仁科 辰夫
佐々木 健
三宅 通博
佐々木 義典
............[著]

朝倉書店

〈 忙中寸暇を得て、快い文体にふれる 〉

湖畔の、このあたりに立つて、宍道湖(しんじこ)に於て見るべきものはただ一つしか無い。荘麗なる落日のけしきである。そして、これのみが決して見のがすことのできない宍道湖の自然である。雲はあかあかと燃え、日輪(にちりん)は大きく隈(くま)もなくかがやき、太いするどい光の束をはなつて、やがて薄墨(うすずみ)をながしかける空のかなたに、烈火を吹きあげ、炎のままに水に沈んで行く。おどろくべき太陽のエネルギーである。それが水に沈むまでの時間を、ひとは立ちながらに堪へなくてはならない。

石川　淳(じゅん)「諸國畸人傳(きじんでん)—小林如泥(じょてい)」より

（原文縦書き）

応用化学シリーズ代表

佐々木義典　千葉大学工学部物質工学科教授

第1巻執筆者

太田健一郎	横浜国立大学大学院工学研究院機能の創生部門教授
仁科辰夫	山形大学大学院理工学研究科生体センシング機能工学専攻助教授
佐々木健	北海道大学大学院工学研究科分子化学専攻助教授
三宅通博	岡山大学環境理工学部環境物質工学科教授
佐々木義典	千葉大学工学部物質工学科教授

(執筆順)

『応用化学シリーズ』
発刊にあたって

　この応用化学シリーズは，大学理工系学部2年・3年次学生を対象に，専門課程の教科書・参考書として企画された．

　教育改革の大綱化を受け，大学の学科再編成が全国規模で行われている．大学独自の方針によって，応用化学科をそのまま存続させている大学もあれば，応用化学科と，たとえば応用物理系学科を合併し，新しく物質工学科として発足させた大学もある．応用化学と応用物理を融合させ境界領域を究明する効果をねらったもので，これからの理工系の流れを象徴するもののようでもある．しかし，応用化学という分野は，学科の名称がどのように変わろうとも，その重要性は変わらないのである．それどころか，新しい特性をもった化合物や材料が創製され，ますます期待される分野になりつつある．

　学生諸君は，それぞれの専攻する分野を究めるために，その土台である学問の本質と，これを基盤に開発された技術ならびにその背景を理解することが肝要である．目まぐるしく変遷する時代ではあるが，どのような場合でも最善をつくし，可能な限り専門を確かなものとし，その上に理工学的センスを身につけることが大切である．

　本シリーズは，このような理念に立脚して編纂，まとめられた．各巻の執筆者は教育経験が豊富で，かつ研究者として第一線で活躍しておられる専門家である．高度な内容をわかりやすく解説し，系統的に把握できるように幾度となく討論を重ね，ここに刊行するに至った．

　本シリーズが専門課程修得の役割を果たし，学生一人ひとりが志を高くもって進まれることを希望するものである．

　本シリーズ刊行に際し，朝倉書店編集部のご尽力に謝意を表する次第である．

　2000年9月

シリーズ代表　佐々木義典

はじめに

　無機化合物は，有機化合物以外の物質と定義されている．古く有機化合物は生物あるいは生物の生み出すものとされ，それに対して無機化合物は土砂，鉱物など，まさに生物作用とは関係ない物質と考えられていた．現在では，有機化合物は炭素を含む物質と定義されているので，それ以外のものとなる無機化合物を構成する元素は多種多様となる．また，その性質も千差万別である．産業革命以前のように，利用できる元素に限りがあるときは，用いられた無機化合物の種類は少なかった．近年，元素の分離技術が進み，高純度化あるいは厳密な成分の制御による新たな性質をもった物質の設計が多くの分野で可能になりつつある．無機化学に対する期待は大きくなっているといえる．

　無機化合物は，紀元前の昔より工業的に生産されてきた．人類が初めて道具として使用した石器は，まさに最初の無機工業化学の製品となろう．続いて生まれた土器も重要な無機工業製品であり，その技術は歴史を判断する重要な要因となっている．

　これらの石器，土器のほか，産業革命を待たずに，無機化学工業は多くの実用品を生み出している．れんが，ガラス，陶磁器は古くから工業的に生産されてきており，これに比較的歴史の浅いセメントを加えて，窯業と呼ばれる産業分野が形成されていた．有機化学工業に比べると歴史は格段に古いといえる．

　20世紀を振り返ってみると，石炭，石油の化学エネルギーの利用が進み，特に後半では石油を出発物質とする有機工業化学が大きな花を咲かせたのである．そこではあらゆる性質の物質が有機化合物として設計できるという夢があった．有機化学全盛の時代であった．確かに，かなり広い範囲の性質を有する有機化合物が製造可能となっている．

　しかし，近代科学の物質に対する要求は有機化合物では満たすことはできなくなっている．IT技術を支える物質の電気伝導性，磁性は有機化合物では実現できない．また，化学の進歩は，高純度で多くの元素，化合物を生み出すことを可能にし，それらの性質を制御，あるいは予想もつかない機能の発現を得るまでになった．1987年に見出されたペロブスカイト系金属酸化物による高温超電導体の発見は，無機化合物の無限の可能性を示唆するものである．

はじめに

21世紀に入り，今後わが国の科学技術の中心になるものに"もの造り"とそれに関連する素材が取り上げられている．この素材は主に無機化合物への期待と考えてよいはずである．これからの無機工業製品としては，高い純度に裏打ちされた高機能材料が興味のあるところである．この高機能物質をつくり出すことに関し，わが国はその純度，製品管理に欧米をしのぐ技術をもっている．付加価値の高い無機工業製品は，高い品質管理のもとで生まれてくる．無機工業化学の関連する無機化学産業は今世紀わが国が他国と比べて優位に進められそうな産業の一つである．

本書はこれら無機化合物の製造を取り扱う無機工業化学に関し，大学の専門科目以上を学ぶ者の教科書，参考書として執筆されたものである．各章はその道の専門家により執筆されている．従来の窯業中心の無機工業化学だけでなく，電池・電解工業，金属工業も取り上げている．専門課程に進んだ大学生だけではなく大学院生，産業の現場にいる技術者の方々のお役に立てばと念じている．

おわりに，本書の刊行に際して，朝倉書店編集部には多大なご努力をいただいた．ここに感謝したい．

2002年8月

執筆者を代表して　太田健一郎

目　　次

1. 酸・アルカリ工業 ……………………………………〔太田健一郎〕… 1
  1.1　酸 の 工 業 ……………………………………………………………… 3
    1.1.1　硫　　酸 …………………………………………………………… 3
    1.1.2　塩　　酸 …………………………………………………………… 9
    1.1.3　硝　　酸 …………………………………………………………… 13
    1.1.4　リ ン 酸 …………………………………………………………… 15
  1.2　アルカリ工業 …………………………………………………………… 19
    1.2.1　水酸化ナトリウム …………………………………………………… 19
    1.2.2　アンモニア ………………………………………………………… 25

2. 電気化学とその工業 ……………………………………〔仁科　辰夫〕… 30
  2.1　電気化学の基礎的事項 ………………………………………………… 30
    2.1.1　電気化学系とは ……………………………………………………… 30
    2.1.2　平衡電気化学 ………………………………………………………… 32
    2.1.3　電極反応速度 ………………………………………………………… 34
  2.2　電 池 工 業 ……………………………………………………………… 37
    2.2.1　電気化学エネルギー変換 …………………………………………… 37
    2.2.2　電池活物質の化学 …………………………………………………… 38
    2.2.3　1 次 電 池 …………………………………………………………… 42
    2.2.4　2 次 電 池 …………………………………………………………… 46
    2.2.5　燃 料 電 池 …………………………………………………………… 54
  2.3　電気化学表面処理 ……………………………………………………… 59
    2.3.1　表面処理の目的と用途 ……………………………………………… 59
    2.3.2　腐食の種類 …………………………………………………………… 59
    2.3.3　腐食の平衡論 ………………………………………………………… 62
    2.3.4　腐食の速度論 ………………………………………………………… 63

2.3.5　防食技術 …………………………………………… 66
　　2.3.6　表面の装飾 …………………………………………… 70
　　2.3.7　表面の耐食性・耐摩耗性処理 ……………………… 76
　　2.3.8　表面の高機能化 ……………………………………… 78

3. **金属工業化学** ……………………………………〔佐々木　健〕… 85
　3.1　金属工業 …………………………………………………… 85
　　3.1.1　金属の利用 …………………………………………… 85
　　3.1.2　金属工業 ……………………………………………… 85
　3.2　金属製錬の化学 …………………………………………… 86
　　3.2.1　金属の製錬 …………………………………………… 86
　　3.2.2　金属製錬反応 ………………………………………… 87
　　3.2.3　金属の精製 …………………………………………… 98
　　3.2.4　電解製錬 ……………………………………………… 101
　3.3　金属の製造 ………………………………………………… 106
　　3.3.1　鉄 ……………………………………………………… 106
　　3.3.2　銅 ……………………………………………………… 110
　　3.3.3　鉛 ……………………………………………………… 111
　　3.3.4　亜鉛 …………………………………………………… 111
　　3.3.5　アルミニウム ………………………………………… 112
　　3.3.6　チタン ………………………………………………… 113
　　3.3.7　希土類元素 …………………………………………… 113
　3.4　金属のリサイクル ………………………………………… 115
　　3.4.1　リサイクルの背景 …………………………………… 115
　　3.4.2　金属リサイクルの現状 ……………………………… 116
　　3.4.3　金属のリサイクルと金属工業 ……………………… 118

4. **無機合成** …………………………………………〔三宅　通博〕… 121
　4.1　無機合成の基礎 …………………………………………… 122
　　4.1.1　基本化学反応 ………………………………………… 122
　　4.1.2　平衡状態図 …………………………………………… 124

4.2 固相からの合成 ………………………………………… 125
　4.2.1 固相反応法 ………………………………………… 125
　4.2.2 熱分解法 …………………………………………… 126
4.3 液相からの合成 ………………………………………… 127
　4.3.1 水溶液法 …………………………………………… 128
　4.3.2 ゾル-ゲル法 ……………………………………… 131
　4.3.3 水熱法 ……………………………………………… 134
　4.3.4 フラックス法 ……………………………………… 136
　4.3.5 溶融法 ……………………………………………… 137
　4.3.6 膜作製法 …………………………………………… 139
4.4 気相からの合成 ………………………………………… 141
　4.4.1 化学蒸着法 ………………………………………… 141
　4.4.2 化学輸送法 ………………………………………… 142
　4.4.3 膜作製法 …………………………………………… 143
4.5 高温超高圧下での合成 ………………………………… 145
　4.5.1 静的超高圧発生法 ………………………………… 146
　4.5.2 ダイヤモンドと立方晶窒化ホウ素の合成 ……… 146
4.6 ソフト化学法による合成 ……………………………… 148
　4.6.1 イオン交換法 ……………………………………… 149
　4.6.2 インターカレーション法 ………………………… 151

5. 窯業と伝統セラミックス …………………〔佐々木義典〕… 155
5.1 セメント ………………………………………………… 155
　5.1.1 焼成炉：ロータリーキルン ……………………… 155
　5.1.2 焼成反応とプロセス ……………………………… 156
　5.1.3 排熱の利用：サスペンションプレヒーター …… 160
　5.1.4 セメントの水和と硬化 …………………………… 161
　5.1.5 種類と用途 ………………………………………… 164
　5.1.6 コンクリート ……………………………………… 168
　5.1.7 鉄筋コンクリート内での化学反応：崩壊のプロセス ……… 169

5.2 ガ ラ ス …………………………………………………… 173
　5.2.1 ガラス状態 ……………………………………………… 173
　5.2.2 ケイ酸イオン …………………………………………… 176
　5.2.3 ガラスの構造 …………………………………………… 178
　5.2.4 製 造 法 ………………………………………………… 181
　5.2.5 ケイ酸系ガラスの性質と用途 ………………………… 185
5.3 ほうろう,陶磁器,耐火物 ………………………………… 190
　5.3.1 ほ う ろ う ……………………………………………… 190
　5.3.2 陶 磁 器 ………………………………………………… 193
　5.3.3 耐 火 物 ………………………………………………… 197

演習問題解答 ………………………………………………………… 205
付　　表 ……………………………………………………………… 212
索　　引 ……………………………………………………………… 215

1
酸・アルカリ工業

　物質は酸性物質，塩基（アルカリ）性物質に分けて考えられることがある．酸とは古くは酸味を出す物質と定義され，その物質は酸素に関係していると考えられていた．英語の oxygen は酸のもとの意味になる．一方，アルカリ（塩基）はアラビア語で灰を意味し，この酸味を中和する物質と考えられていた．この，酸・アルカリの定義にはいくつかある．

　(1) アレニウス（S. A. Arrhenius）の古典的考え方：　酸（acid）とは水素化合物で，水溶液中でプロトン（proton）H^+ を生成する化合物であり，塩基（base）とは水酸化物（hydroxide）であり，水溶液中で水酸化物イオン OH^- を生成する物質である．この考え方で進めると CO_2, SO_2 は酸でなく，NH_3 も塩基でなくなり，今の考え方と大きく異なる．

　(2) ブレンステッド（J. N. Brønsted）の酸・塩基：　ブレンステッドは，酸とはプロトン H^+ 供与体（proton donor）であり，塩基とはプロトン受容体（proton acceptor）と定義した．この考え方は，水溶液中の酸性度 $pH = -\log [H^+]$ の定義に結びつく．ここで，$[H^+]$ はプロトンの濃度（厳密には活量）を示す．

　(3) ラックス（H. Lux）とフラッド（H. Flood）の酸・塩基：　ラックスとフラッドは，酸とは酸化物イオン O^{2-} 受容体で，塩基とは酸化物イオン供与体と定義した．これは溶融塩などの非水系の融体で考えられるもので，水溶液中の酸性度と似て，塩基度 $pO^{2-} = -\log [O^{2-}]$ が定義される．ここで，$[O^{2-}]$ は酸化物イオンの活量（activity）である．

　(4) ルイス（G. N. Lewis）の酸・塩基：　ルイスは，酸は電子対受容体（electron pair acceptor）であり，塩基は電子対供与体（electron pair donor）と定義した．これは配位結合（coordinate bond）に着目したものであるが，広範

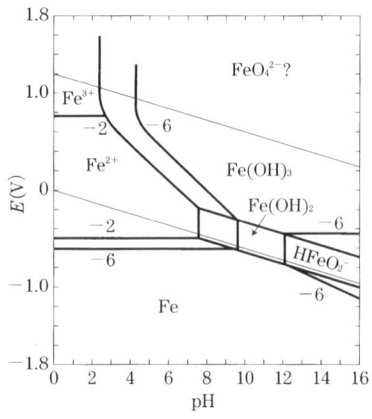

図 1.1　鉄のプールベ図
Fe-H₂O 系（25℃）.

囲の物質を，酸・塩基に分けて取り扱えることになる．

　このように，物質を酸とアルカリに分けるのは，味覚との一面もあるかもしれないが，実用的には反応場の性質を表す1つの因子としての性格が強い．酸，アルカリは多くの場合，水溶液系で考えられる．水は純水で用いられるよりは，種々なものが溶けた状態，混合した状態で用いられることが多い．この場合，水という共通溶媒の存在下であるので，酸性度 pH を用いて性質が説明できることが多い．

　図 1.1 にはプールベ（M. Pourbaix）の作成した，鉄の電位-pH 図を示す．縦軸には水素電極基準の電位を，横軸には水溶液の pH を示してあり，各条件で鉄の安定な状態を示している．電位が高くなると鉄はより高次の酸化状態が安定になるのがわかるとともに，同じ電位でも，pH により鉄の状態が大きく変わることが示されている．酸性領域では Fe^{2+}，あるいは Fe^{3+} が安定であるが，アルカリ性ではオキシアニオン FeO_2^{2-} が安定となる．中性領域ではイオンは不安定で，酸化物が沈殿することになる．

　このように酸性度により反応が大きく異なることが予想され，化学反応操作において種々の制御が必要になることもある．本章では酸性，アルカリ性をつくり出す物質の代表的なものをあげ，その製造法を中心にまとめることにする．

1.1 酸 の 工 業

1.1.1 硫　　酸（sulfuric acid）
a. 性　質　酸素（oxygen）と硫黄（sulfur）は周期表で第11族に属し，似たような性質を示す．また，両者は化合物オキシ硫化物をつくる．代表的なものは亜硫酸ガス SO_2 と無水硫酸 SO_3 で，無水硫酸が水に吸収されると硫酸 H_2SO_4 となる．図1.2には H_2O-SO_3 系の状態図を示す．

H_2O-SO_3 系では，H_2SO_4-$4H_2O$（融点－27℃），H_2SO_4-$2H_2O$（融点－38℃），H_2SO_4-H_2O（融点8.5℃）の水和物が存在し，H_2O-S_2O_6 系では $H_2S_2O_7$（融点35℃，ピロ硫酸）が存在する．硫酸を低温で電解するとペルオキシ二硫酸（過硫酸）$H_2S_2O_8$ が生成し，これを加水分解（hydrolysis）するとペルオキシ一硫酸（カロー酸）H_2SO_5 が生成する．これらのペルオキソ酸は，無水硫酸と過酸化水素 H_2O_2 からできていると考えてよい．これらのオキシ硫化物の中で，硫酸が圧倒的に生産量が高く，身のまわりでもみることが多い．

硫酸は化学式 H_2SO_4 で表される．純粋なものの融点は10.49℃であり，常温では液体である．これに三酸化硫黄 SO_3 が溶け込んだものは発煙硫酸（fuming sulfunic acid）と呼ばれる．温度を上げると290℃付近で SO_3 を生成して分解を始め，317℃で共沸混合物（azeotropy compound）となり，組成98.54％の水溶

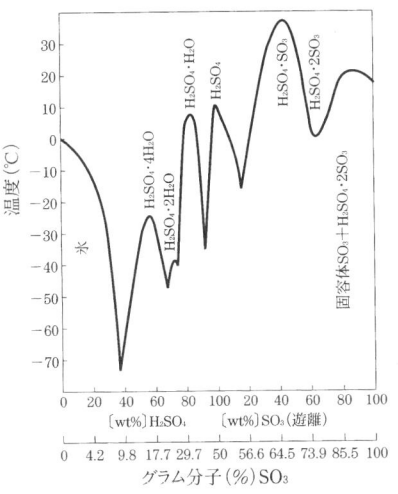

図1.2　SO_3-H_2O の状態図

液を得る．

　一般に，硫酸は純粋な状態より水溶液の形態で用いられる．市販されているものには，発煙硫酸，濃硫酸，希硫酸があるが，過半は濃硫酸である．ここでは二塩基性の強酸になる．濃硫酸は90％以上の濃度のものを指すが，市販されている濃硫酸は98％程度のものである．他の酸に比べても熱的にも安定であり，SO_3の解離には1000℃程度の熱が必要になる．濃硫酸は脱水作用が強く，除湿剤として利用できる．また，化合物から水素と酸素を2：1で引き抜くことがあり，有機化合物を炭化させるほどである．

　希硫酸の状態では，H_2SO_4 はほぼすべて解離している．

$$H_2SO_4 \longrightarrow 2H^+ + SO_4^{2-}$$

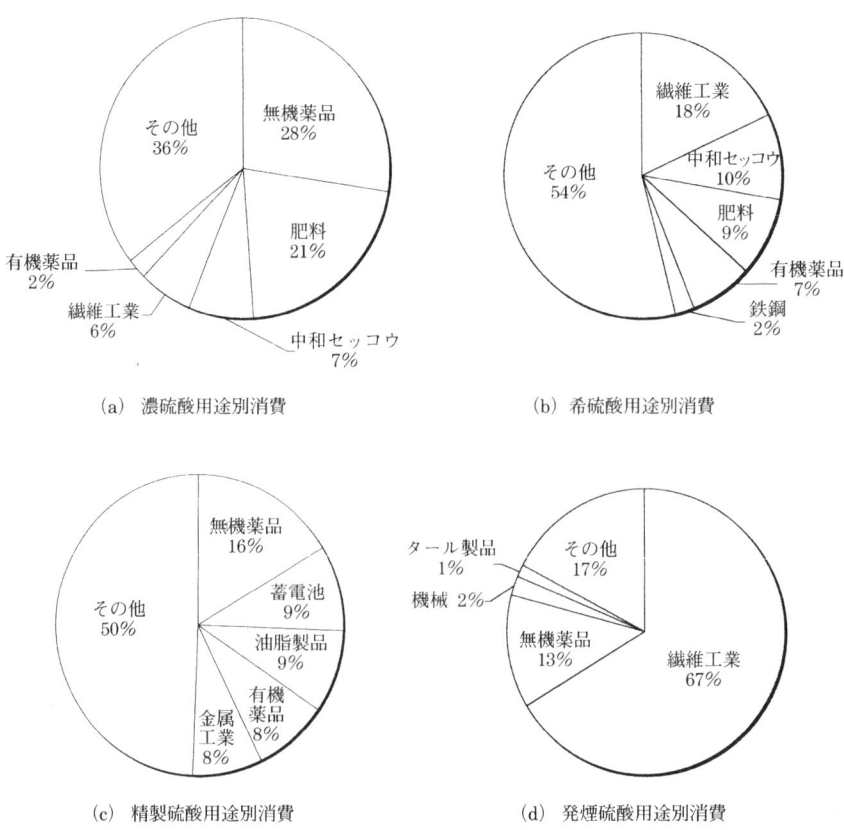

図1.3　硫酸の用途（1999年度）

希硫酸では多くの金属は水素を発生しながら溶解する．

b. 用途　硫酸は，酸の中で最も広く活用されているもので，古くから利用されてきた．生産量は化学工業レベルのバロメータになるともいわれているが，わが国はアメリカ，ロシア，中国に次いで大きい．図 1.3 には，わが国の硫酸の用途を示す．肥料工業，無機薬品，繊維工業が主な用途である．

かつては農業を支える化学肥料をつくることが主要な用途であった．硫安（硫酸アンモニウム）は化学肥料の代表であるが，硫酸はこのための主要な原料である．最近では化学肥料への需要が少なくなるとともに，酸化チタン，硫酸アルミニウム，メタクリル酸メチル，カプロラクタムなどの新しい素材製造に多く使われるようになってきている．また，量的には大きくないが，硫酸水溶液は電気化学システムの電解質として利用されている．たとえば，自動車の始動用に用いられている鉛蓄電池（lead storage battery）は硫酸を電解質にしており，また大型の電力貯蔵用 2 次電池として開発の進められているバナジウムレドックスフロー電池でも硫酸水溶液を用いている．自動車用燃料電池として注目されている固体高分子型燃料電池（PEFC）ではスルホン基（sulfonic acid group）を有するフッ素系イオン交換膜が有力視されており，盛んに研究が行われている．電解製錬の分野でも銅の精製，亜鉛の製錬などで硫酸水溶液が用いられている．これは，硫酸が安定であることと，高いイオン伝導性（ionic conductivity）を有していることによる．このように，硫酸はさまざまな方面において利用されている．硫酸生産量の推移を図 1.4 に示す．

c. 製造法　硫酸は基本的には各種硫黄源から SO_2，SO_3 を経て製造される．19 世紀に繊維工業の隆盛となると，石鹸の原料になるソーダ灰の需要が増大し

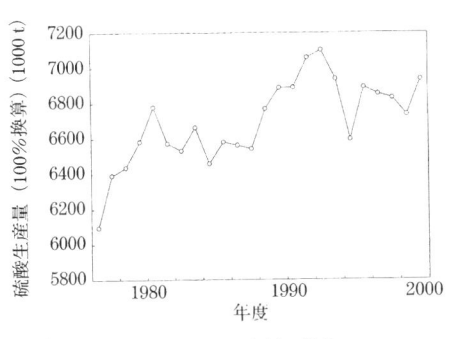

図 1.4　硫酸生産量の推移

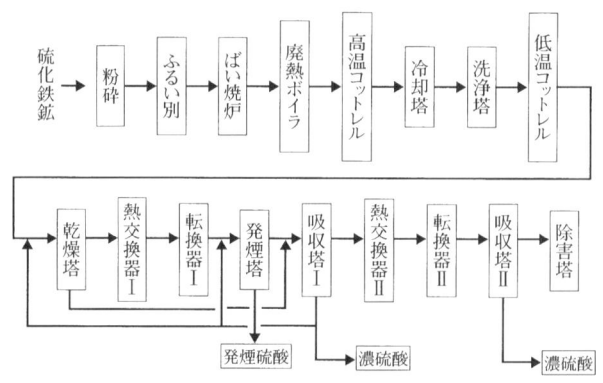

図 1.5 接触式硫酸の製造工程

た．これに対してルブラン法が確立し，大量の硫酸が必要となった．この硫酸は鉛室法でつくられたが，ゲイ・リュサック塔，グローバー塔の発明により窒素酸化物の触媒作用（catalytic action）を利用する硝酸式製造法が確立し，生産が大きく伸びた．20世紀に入り，窒素酸化物を用いない接触式（contact process）の技術が進み，今日，わが国ではすべてのプロセスが接触式となっている．

硫黄源としては，世界的にみれば単体硫黄が最も多く，次いで硫化鉄鉱である．わが国においては，かつては豊富に産した硫化鉄鉱が主体であったが，現在では亜鉛，銅の硫化鉱のばい焼反応により得られる SO_2 が最も多く，次いで原油の脱硫プロセスから副生する硫黄が利用されている．図1.5には硫酸製造のフローを示す．

（1）硫化鉱のばい焼： 鉄あるいは多くの金属の原料となる鉱石には硫化物が多く，これらは一般に硫化鉱と呼ばれている．この硫化鉱から金属を得るためには，鉱石から硫黄を取り除き，酸化物に変える必要がある．この硫化鉱の酸化プロセスをばい焼という．

わが国では，良質の硫化鉄鉱（黄鉄鉱）を多く産し，ばい焼反応を通して，SO_2 の主要な供給源であった．この主な成分は FeS_2 であり，高温，空気中（低硫黄分圧下）では分解をして，非化学量論組成（non-stoichiometric composition）の大きい FeS を生成する．

$$FeS_2 \longrightarrow FeS_{1+x} + 1/2\,(1-x)\,S_2$$

この遊離した硫黄が酸素と反応して SO_2 を生ずるという説もあるが，全体としては

$$4FeS_2 + 11O_2 \longrightarrow 2Fe_2O_3 + 8SO_2$$

と考えてよい．SO_2 雰囲気下では，500℃以下では $FeSO_4$ が安定で，500℃以上では Fe_2O_3 が平衡論的には安定なはずである．

このばい焼反応は 600〜800℃の温度で行われ，7〜12％程度の SO_2 ガスを得ている．

亜鉛，銅などの硫化鉱のばい焼反応もほぼ同等に考えることができる．亜鉛のばい焼反応は次の通りである．

$$2ZnS + 3O_2 \longrightarrow 2ZnO + 2SO_2$$

生成した ZnO は溶鉱炉法で炭素の還元力で金属亜鉛を得るか，硫酸水溶液中で電解還元して金属とする．近年では電解還元する方法が多くとられている．

$$4CuFeS_2 + 15O_2 \longrightarrow 4CuSO_4 + 2Fe_2O_3 + 4SO_2$$

得られた $CuSO_4$ は電解還元して金属銅となる．ここでのポイントは，銅は $CuSO_4$ で鉄は Fe_2O_3 で得ることである．

ばい焼炉としては，Herreshoff 炉に代表される多段羽化床炉，流動ばい焼炉，ロータリーキルン，フラッシュ炉などがあるが，近年では処理量が多く，燃焼効率の高い流動ばい焼炉が多く用いられている．これは炉の下部から加圧空気を送り，粉砕した鉱を流動状態に保ちながらばい焼する方法である．

ばい焼反応で得られるガスには，ダスト，As，Se などの有害物が含まれるので取り除く必要がある．そのため，電気集塵器，サイクロンでダストを取り除いた後，水または酸でガスを洗浄する．また，ばい焼反応は発熱反応（exothermic reaction）であり，熱の有効利用を図るため，反応熱は廃熱ボイラで回収される．

(2) 硫黄の燃焼： 硫黄には融点 113℃の斜方晶系（orthorhombic system），119℃の単斜晶系（monoclinic system）があるが，120〜150℃の間では流動性の高い液体となる．この液体硫黄と酸素（空気）を 700〜800℃の間で反応させて SO_2 を得ることができる．硫黄は反応性が高く，特に触媒は必要ない．

$$S + O_2 \longrightarrow SO_2$$

天然硫黄，あるいは原油の脱硫で得られた回収硫黄が利用されるが，一般に純度が高く，生成ガス中に含まれる不純物も少なく，ばい焼ガスのような事後の精製は必要ない．

(3) 転化反応： 生成した SO_2 は空気中の酸素により酸化され SO_3 となる．この反応が転化反応（shift reaction）である．

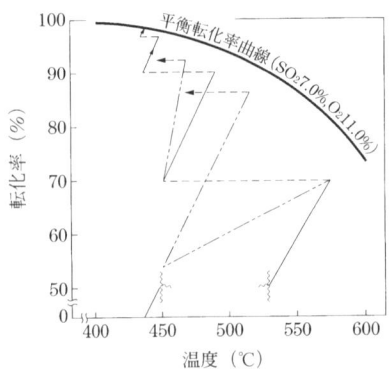

図1.6 転化反応平衡定数の温度依存性

$$SO_2 + 1/2O_2 \longrightarrow SO_3 \quad \Delta H° = -94.5 \text{ kJ/mol}$$

この反応は発熱反応であり，平衡論的には低温側で有利な反応である．

図1.6には転化反応の温度依存性を示す．製造するに当たっては，反応速度も重要な因子であり，温度を高めて操業する必要がある．実際には450℃付近で操業されている．

この反応には触媒が必要である．白金はこの反応に良好な触媒作用をもち，開発初期のころ利用されていた．しかし，高価であり，不純物により被毒を受けやすいという欠点があり，現在では酸化バナジウム系の触媒が用いられている．これは，ケイ藻土あるいはシリカゲルにカリウムをはじめとするアルカリ金属硫酸塩を助触媒としてV_2O_5を6〜10%担持したものである．この触媒上での転化反応機構に関しては，V^{4+}が硫酸バナジルとして中間体で生成するとするのが有力である．

$$V_2O_5 + SO_2 \longrightarrow V_2O_4 + SO_3$$
$$V_2O_4 + SO_3 \longrightarrow VOSO_4$$
$$2VOSO_4 \longrightarrow V_2O_5 + SO_3 + SO_2$$

転化器としては棚状の反応器が用いられる．図1.7には転化器の模式図を示す．転化器へは6〜10%のSO_2が導入され，転化率は1段で90〜95%程度である．反応で生成する熱は熱交換されて，原料ガスSO_2の予熱に利用される．

1段の転化器では転化率が98%程度で限界であり，排気中のSO_2濃度が高くなる．これを避けるために，転化したSO_3を濃硫酸に吸収させた後，もう一度

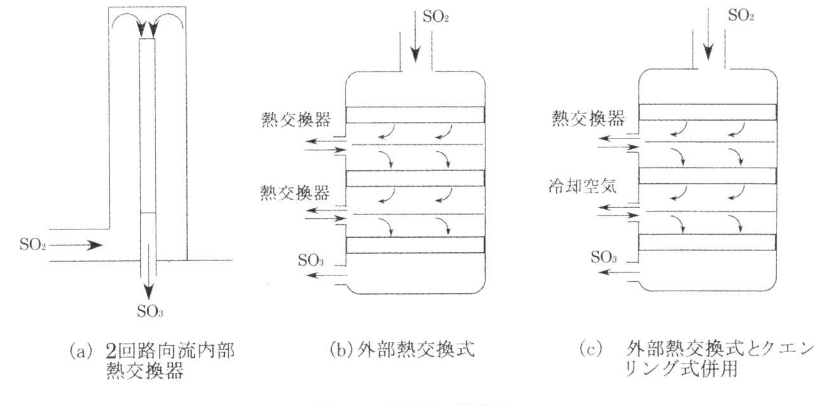

図 1.7 転化器の模式図

(a) 2回路向流内部熱交換器　(b) 外部熱交換式　(c) 外部熱交換式とクエンリング式併用

転化器を通す2段接触式を採用することにより，転化率は99.5％が得られ，排気中のSO_2濃度も小さくなるので，近年ではこの2段接触式を採用するのが増えている．

(4) SO_3の吸収： SO_3は，そのままで水と反応させて硫酸をつくることはできない．SO_3は濃硫酸に吸収させて，発煙硫酸とする．これはそのまま利用するか，希硫酸で薄めて濃硫酸をつくる．2段接触式転化器を用いているときは1段目の転化反応後の92～95％転化したSO_3ガスを発煙塔第1吸収塔へ導き，発煙硫酸，濃硫酸を得る．吸収後のガスは2段目の転化器に入れ，その後第2吸収塔で濃硫酸に吸収させる．

1.1.2　塩　　酸 (hydrochloric acid)

a. 性　質　塩化水素 HCl は融点 -114.2℃，沸点 -85℃であり，常温で気体である．この塩化水素は水によく溶け，一塩基性の強酸である塩酸をつくる．この際，塩化水素 20.2wt% において水と共沸化合物 (azeotropy compound) をつくる．この共沸組成は他の酸に比べて薄い濃度である．この共沸組成 (沸点 108.6℃) より濃度が低い場合には，気相中に存在する塩化水素濃度は低いが，共沸組成より高くなった場合，急速に気相中の濃度が高まり，水溶液中での濃度 30％でも気相中では 100％となる．したがって，40～50℃にしても，吸収式で塩酸をつくる場合，水溶液では 35％程度の濃度が最大となる．市販されている濃塩酸はこの 35％程度の濃度を有するものである．

塩酸 (水溶液) は水溶液中で解離しやすく，1 M (mol/l) で 80％程度が解離

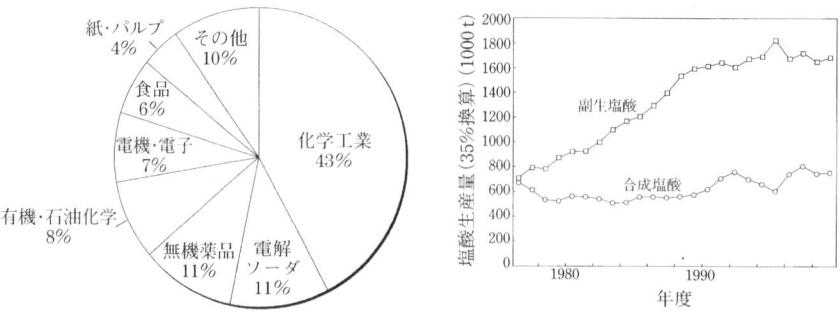

図 1.8 塩酸（合成・副生）用途別消費（1999 年度）　図 1.9 塩酸（合成・副生）生産量の推移

(dissociation) している．したがって，強い酸性を示し，多くの金属塩が溶解する．ただし，塩酸そのものは，含まれる塩化物イオンが安定なので，酸化力があるわけではない．塩酸中において金属が酸化溶解する反応の酸化力は水，あるいは酸素から得られていることが多い．

b. 用途　塩酸の主要な用途として，かつては塩化ビニル用があった．しかし，原料がエチレンに代わり，合成塩酸の需要は激減した．有機化学工業，無機薬品，医薬，農薬をはじめとする化学工業全般向けが最も多い．次いでグルタミン酸ソーダなどの化学調味料の食品工業，鉄鋼ではめっき前の表面処理に多く使われている．図 1.8 には用途を示す．

c. 製造法　塩酸の製法としては大きく 2 通りある．1 つは食塩電解で生成する水素と塩素を直接反応させてつくる合成塩酸，もう 1 つは有機物の塩素化の際に生成する副生成物として得るもので，副生塩酸と呼ばれる（図 1.9）．近年では副生塩酸の生産量が圧倒的に多くなっている．

(1) 合成塩酸：　食塩電解ではアノードから塩素，カソードから水素が生成する．

$$2NaCl + 2H_2O \longrightarrow Cl_2 + H_2 + 2NaOH$$

このプロセスは，本来塩素 Cl_2 とアルカリ NaOH をつくるのが目的であるが，ここで生成する水素と塩素を利用すれば塩酸ができる．

$$H_2 + Cl_2 \longrightarrow 2HCl \quad \Delta H° = -184\,kJ/mol$$

この反応は，大きな発熱反応であり，反応が始まると，ときに爆発的に進行する．その爆発限界 (explosion limit) は塩素中で水素 5.5～89％と幅が広い．この反応の律速段階 (rate-determining step) は Cl_2 の解裂反応であり，爆発的な反

応を抑えるために，常圧でガス組成を制御し，1000℃以上となる燃焼塔の温度を冷却しつつ反応を進ませる．生成した HCl は冷却した後，吸収塔に導かれ，水に吸収させて 35%塩酸として取り出される．この吸収反応は物質移動律速で，HCl 分圧に比例する．したがって，吸収塔では壁を流下する薄い水層への吸収反応が行われる．図 1.10 には合成塩酸プロセスのフローを示す．

反応に際しては，未反応の塩素を減らすため，過剰の水素（$H_2/Cl_2 = 1.1 \sim 1.2$）を入れるのが通常である．また，反応後の遊離塩素を除くためにヒドロキシルアミンが用いられる．

$$2NH_2OH + 5Cl_2 + 2H_2O \longrightarrow 10HCl + 2NO_2$$

乾燥 HCl ではそれほど大きな問題ではないが，高温で HCl と H_2O が共存すると激しい金属腐食が起こる．通常の金属，合金でこの雰囲気に耐えるものはない．したがって，塩酸合成塔で HCl にさらされる箇所に金属を使うことはできない．炭素材料が工業的には利用されており，フェノール樹脂などで封孔処理をした不浸透黒鉛が用いられる．

（2）副生塩酸：塩化ビニールをはじめとする有機塩素化合物は，多種，多量に生産されている．近年の動きとして，塩素の含まれる化合物，トリハロメタン，フロンなどの利用が制限されつつあり，塩化ビニールについても，リサイク

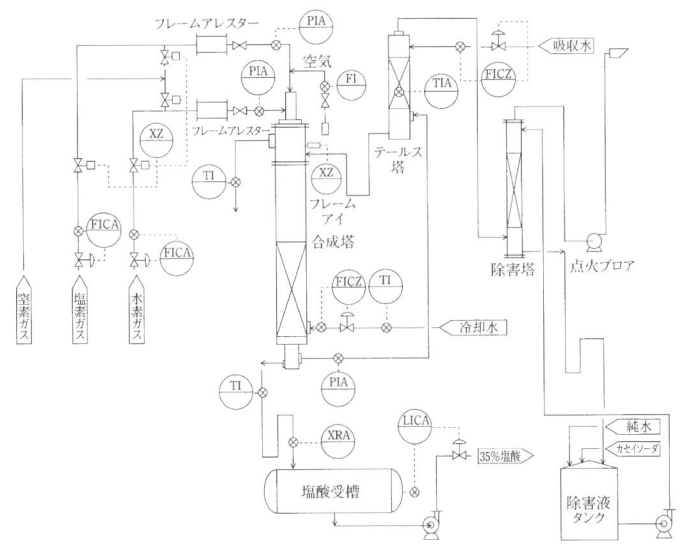

図 1.10　合成塩酸プロセスのフロー

ルの点から問題視されている.しかし,相変わらず莫大な量の有機塩素化合物が実用に供されている.

この有機塩素化合物をつくる際,また反応させる際に,多くの場合塩酸が副生する.

$$C_6H_6 + Cl_2 \longrightarrow C_6H_5Cl + HCl$$
$$CH_2Cl\cdot CH_2Cl \longrightarrow CH_2CHCl + HCl$$

この塩酸は副生塩酸として回収され,利用される.この際,得られる塩酸の濃度はプロセスにより大幅に異なるが,高濃度の場合は精留法(rectification)で,低濃度の場合は抽出法(extraction)で回収される.不純物は活性炭に吸着させるか,粗塩酸を蒸留して,再度水に吸収させて不純物を取り除いている.また,副生塩酸を酸化し塩素を回収するプロセスも開発されている.

有機塩素化合物は生産量が減少しているとはいえ,未だ多くの量が生産されており,それに伴う副生塩酸の量も多く,現在生産されている塩酸の大部分を担っている.

d. 塩素酸塩(chlorate) 塩素を含む酸素酸に過塩素酸 $HClO_4$,塩素酸 $HClO_3$,亜塩素酸 $HClO_2$,次亜塩素酸 $HClO$ がある.これらの酸素酸は不安定であり,通常はナトリウム,カリウムなどのアルカリ金属の塩として利用される.特に,その酸化力を利用して爆薬やマッチ,除草剤,水の殺菌,パルプの漂白など,幅広く利用されている.

塩素酸ナトリウム $NaClO_3$ は酸素酸塩の代表であるが,パルプに対する需要の多い北アメリカではこの活用が盛んである.これは食塩電解類似の方法である電解法によってつくられる.

食塩水を電気分解するとアノードでは塩素,カソードでは水素が生成する.

$$\text{アノード反応:} \quad 2Cl^- \longrightarrow Cl_2 + 2e^-$$
$$\text{カソード反応:} \quad 2H_2O + 2e^- \longrightarrow H_2 + 2OH^-$$

ここで,アノード液とカソード液を仕切る隔膜をなくして無隔膜で電解をすると,次の反応が起こる.

$$Cl_2 + H_2O \longrightarrow HClO + H^+ + Cl^-$$
$$HClO \longrightarrow H^+ + ClO^-$$
$$2HClO + ClO^- \longrightarrow ClO_3^- + 2Cl^- + 2H^+$$

これらの反応は,平衡論的にはアルカリ性で起こりやすいが,実際には中性付近

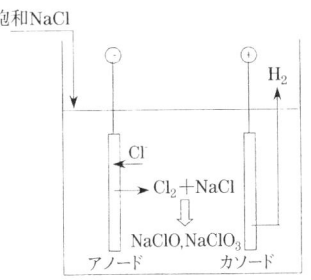

図 1.11 塩素酸電解槽

で効率は最大となる．食塩電解でアルカリ性のカソード液と混ぜることにより塩素酸ナトリウムが生成しやすくなる．図 1.11 には塩素酸電解槽の模式図を示す．アノードには食塩電解と同じ DSA (dimensionally stable anode：寸法安定電極，チタン上に RuO_2 を中心にした白金族金属を熱分解被覆した電極) を用い，槽電圧 3 V，電流効率 93〜95％で運転されている．

1.1.3 硝　酸（nitric acid）

a. 性　質　窒素を含む酸化物には多くの種類がある．N_2O，NO，NO_2，N_2O_4 などであり，NO_x で表され，常温ではこれらの混合物であることが多い．環境汚染物質，光化学スモッグの原因物質とする説もあるが，いずれにしても今後の大気汚染に関連して，排出が厳しく規制されるべき物質である．窒素酸化物と水が反応することにより，窒素を含む酸素酸がつくられる．次亜硝酸 $H_2N_2O_2$，ニトロヒドロキシルアミン酸 $H_2N_2O_3$，亜硝酸 HNO_2，それに硝酸 HNO_3 などがあるが，ニトロヒドロキシルアミン酸，亜硝酸は塩の形でのみ安定に存在する．これらの中で硝酸が最も活用されている．

硝酸は融点 -41.3℃，沸点 86℃であり，常温で液体である．水との混合で，濃度 68％で 120℃の共沸混合物をつくる．この硝酸は他の無機酸と異なり，金属酸化物を溶解させるだけでなく，強い酸化力を有する．

$$4HNO_3 \longrightarrow 4NO_2 + 2H_2O + O_2$$

金，白金を除く多くの金属は硝酸で酸化され，溶解する．塩酸との混合溶液である王水は金，白金も溶解する．また，タンパク質とキサントプロテイン反応を起こし，黄色に変色する．

b. 用　途　市販されている硝酸水溶液の濃度はさまざまであるが，JIS で

は50%,62%,98%が規定されている.図1.12には主な用途を示す.肥料,硝酸アンモンとしての用途が大きいが,アクリロニトリル,ウレタン,アジピン酸をつくるにはなくてはならない.また,酸化力を生かした金属の表面処理,めっき,火薬の原料としても幅広く用いられている.

c. 製造法　硝酸はかつてチリ硝石 $NaNO_3$ と硫酸との反応でつくられていた.

$$2NaNO_3 + H_2SO_4 \longrightarrow 2HNO_3 + H_2SO_4$$

しかし,チリ硝石の枯渇,ハーバー–ボッシュ法によるアンモニアの工業的大量生産が実施されるようになると,アンモニアの酸化によりつくられるようになった.現在わが国ではすべてこのアンモニアの酸化による方法でつくられている.図1.13にはわが国の硝酸生産量の推移を示す.毎年の生産量はおおよそ60万〜70万tの間で推移しており,近年は大きな変動はない.

アンモニアからの硝酸製造は,基本的に次の反応を利用して進められる.

アンモニアの酸化反応(oxidation):

$$4NH_3 + 5O_2 \longrightarrow 4NO + 6H_2O \qquad \Delta H^\circ = -905.4 \text{ kJ/mol}$$

酸化窒素の酸化反応:

$$2NO + O_2 \longrightarrow 2NO_2 \qquad \Delta H^\circ = -123.4 \text{ kJ/mol}$$

$$2NO_2 \longrightarrow N_2O_4 \qquad \Delta H^\circ = -53.6 \text{ kJ/mol}$$

二酸化窒素の水への吸収:

$$3N_2O_4 + 2H_2O \longrightarrow 4HNO_3 + 2NO \qquad \Delta H^\circ = -102.1 \text{ kJ/mol}$$

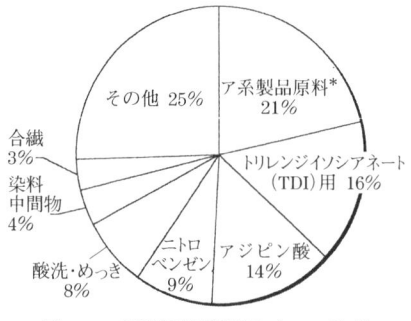

図1.12　硝酸用途別消費量(1999年度)
*2次製品である硝酸窒素肥料原料および硝酸ソーダ,硝酸アンモニウムなど(日本アンモニア協会より).

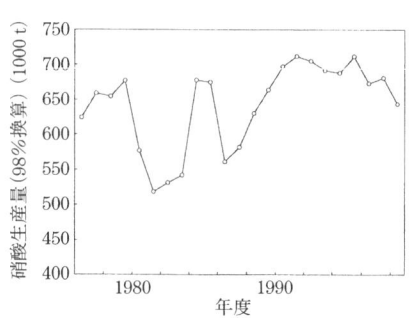

図1.13　硝酸生産量の推移

これらの反応は，温度，圧力に大きく依存し，特に圧力制御をどうするかで多くのプロセスが実施されている．

(1) アンモニアの接触酸化： アンモニアの接触酸化は白金触媒を用い，800～900℃の温度で行われる．この反応は非常にスムースで，ほぼ平衡どおりに進行する．この反応は気体モル数の増大する反応であり，発熱反応であるので，平衡論的には，低圧，低温が望ましい．しかしながら，低温では反応速度の減少を招き，低圧操業では装置が大きくなりコストがかかる．現実には800～900℃で数気圧の加圧下で行われる．

この反応に並行して，遊離窒素の生成など副反応が起こりやすい．特に接触時間が長くなると副反応が多くなる．したがって，反応に際しては空間速度の制御が大切となる．

(2) 酸化窒素の酸化： この反応も発熱反応であり，高温が平衡論的に不利である．この平衡の変化が大きいので，実際の反応速度も高温で小さくなる．通常は高温で得られた NO の冷却過程で酸化され，褐色の NO_2 が生成する．これの2量体である N_2O_4 は無色であり，低温で安定である．

(3) 二酸化窒素の水への吸収： 二酸化窒素は水，あるいは希硝酸に吸収させて硝酸を得る．副生成物である NO は再酸化されて利用されるが，この過程が装置の効率を左右する．また，吸収過程では加圧が有利であり，N_2O_4 の生成も考え，冷却しながら加圧状態で吸収反応は行われる．

1.1.4　リ　ン　酸（phosphoric acid）

a. 性　質　リン酸はV価のリンである五酸化リン（P_2O_5）と水の化合物といえるが，その比により多くの種類がある．最も多く現れるのが，オルトリン酸（orthophosphoric acid）と呼ばれる H_3PO_4 であり，これは $P_2O_5 : H_2O = 1 : 3$ で成り立っていると考えられる．無水のものは常温で固体で，融点42.35℃である．図1.14にはリン酸と水の状態図を示す．

1/2水塩の融点は29.32℃である．このオルトリン酸は3塩基酸であり，その解離定数（dissociation constant）は次のとおりである．

$$H_3PO_4 \longrightarrow H^+ + H_2PO_4^- \quad K_1 = 7.52 \times 10^{-3}$$
$$H_2PO_4^- \longrightarrow H^+ + HPO_4^{2-} \quad K_2 = 7.99 \times 10^{-8}$$
$$HPO_3^{2-} \longrightarrow H^+ + PO_4^{3-} \quad K_3 = 4.8 \times 10^{-13}$$

図1.14には H_3PO_4 を基準にしたリン酸濃度をとっているので，100%以上の

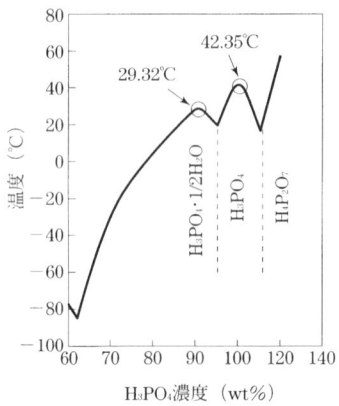

図 1.14　リン酸状態図

濃度のリン酸も存在する．この 100% 以上のものはポリリン酸（polyphosphoric acid）と呼ばれる．いくつかのオルトリン酸が縮合（condensation）して，高分子化したものである．これらは直鎖状であったり，環状であったりする．図 1.15 にはいくつかの例を示す．

縮合リン酸は縮合が進むにつれ粘稠な液体となる．

b. 用 途　リン酸の主要な用途は肥料である．特に最近では濃厚肥料の需要が多く，縮合リン酸の生産量が相対的に増加している．図 1.16 にはリン酸の生産量の推移を，図 1.17 には用途の内訳を示す．

工業用としては，リン酸ならびにリン酸塩が金属イオンのマスキング剤としての機能を有するところから，めっき，電解研磨などの金属表面処理の添加剤として利用されている．かつては縮合リン酸塩であるトリポリリン酸ナトリウムは合成洗剤の混和剤として大量に用いられていたが，廃棄される洗剤を通して，河川あるいは湖沼の富栄養化を誘い，環境破壊につながることから現在では用いられることはなくなった．

c. 製 造　リン酸の原料はリン鉱石である．リン鉱石はリン酸カルシウム $Ca_3(PO_4)_2$ を主成分とするアパタイト（リン灰石）で，含まれる OH，F，Cl によりハイドロオキシアパタイト，フルオロアパタイト，クロルアパタイトと呼ばれる．これらの中で F を含むものがリン酸の製造に多く使われる．

リン酸の製造法は，大きく乾式製造法と湿式製造法に分けられる．乾式製造法

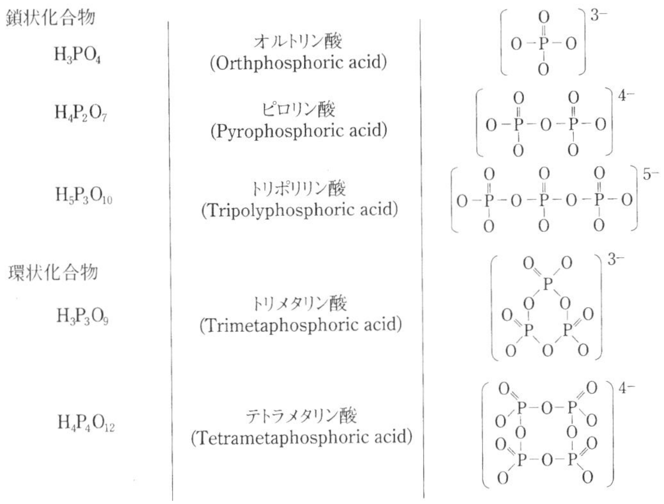

鎖状化合物		
H_3PO_4	オルトリン酸 (Orthphosphoric acid)	$\left[\begin{array}{c} O \\ O-P-O \\ O \end{array}\right]^{3-}$
$H_4P_2O_7$	ピロリン酸 (Pyrophosphoric acid)	$\left[\begin{array}{c} O \quad O \\ O-P-O-P-O \\ O \quad O \end{array}\right]^{4-}$
$H_5P_3O_{10}$	トリポリリン酸 (Tripolyphosphoric acid)	$\left[\begin{array}{c} O \quad O \quad O \\ O-P-O-P-O-P-O \\ O \quad O \quad O \end{array}\right]^{5-}$
環状化合物		
$H_3P_3O_9$	トリメタリン酸 (Trimetaphosphoric acid)	3-
$H_4P_4O_{12}$	テトラメタリン酸 (Tetrametaphosphoric acid)	4-

図 1.15 ポリリン酸の構造

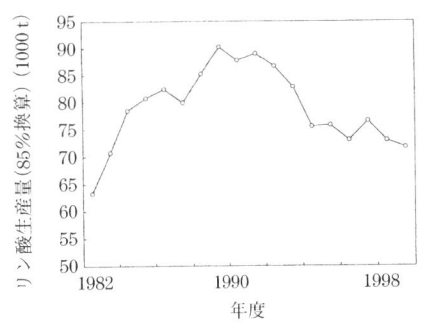

図 1.16 リン酸生産量の推移

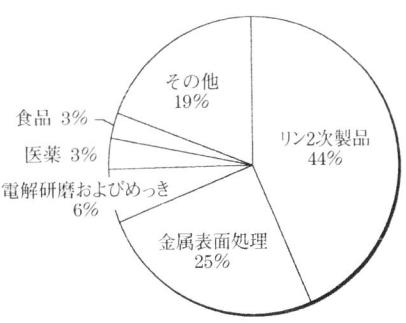

図 1.17 リン酸用途別消費 (1999年度)

は電気炉中で還元して元素リンを得て酸化し,水に吸収させる.製品の純度は高いが多量の電気を使い,コストが高い.湿式製造法はリン酸塩を硫酸で分解してリン酸を得るが,コストは安いものの製品純度が問題となる.

(1) 乾式リン酸製造法: 乾式リン酸製造プロセスは,リン鉱石を電気炉中で還元して元素リンを得る過程,元素リンを五酸化リン(P_2O_5)に酸化する過程,五酸化リンを水に吸収させてリン酸を得るプロセスに分けられる.

リン鉱石の電気炉中での還元に際しては,このほかコークス,ケイ石を加え,反応は1200〜1300℃で行われる.ここで起こる反応は次のとおりと考えられている.

$$Ca_3(PO_4)_2 + 3SiO_2 + C \longrightarrow 3CaSiO_3 + 5CO + P_2$$

　反応機構としては，リン化カルシウム説，酸置換説，CO還元説があるが定説はない．ここで生成したリンは塵を除いた後，冷却され，スラリー状で蓄えられる．このリンは黄リンである．

　黄リンは微粉化されて酸化炉に導かれ，空気により燃焼し，五酸化リンを得る．燃焼炉の温度は 1000～1200℃である．生成した五酸化リンは水和室に導かれ，希酸により吸収されて 80％程度のリン酸水溶液とする．リン酸中には多くの場合，同族の元素で，毒性の高いヒ素 As が含まれるので，硫化水素を吹き込んで硫化ヒ素 As_2S_3 として取り除く．

　(2)　湿式リン酸製造法：　リン鉱石を硫酸で分解するとセッコウ（硫酸カルシウム）$CaSO_4$ とリン酸が生成する．この方法はコストが安いので現在の製造法の主流になっているが，製造法から考えて，多くの不純物が含まれ，製品の品位は低い．

　この製法のポイントは，副生するセッコウの分離とリン酸の品位である．セッコウは水和物をつくり，リン酸濃度にもよるが，150℃以上の高温では無水塩が安定，100℃付近では半水塩 $CaSO_4 \cdot 1/2H_2O$ が準安定，80℃以下では二水塩 $CaSO_4 \cdot 2H_2O$ が安定である．古くは二水塩の安定域で反応を行ってリン酸を得ていたが，リン酸の濃度は 30％程度と低く，副生するセッコウの品質もよくない．そこでわが国で開発されたのが半水二水セッコウ法である．半水セッコウはリン酸濃度 40～50％となる P_2O_5 で析出するのに対して，二水セッコウは 30％で P_2O_5 が析出するので，得られるリン酸濃度は高くなるが，微細な結晶であり，分離が困難となる．これを解決したのが半水二水セッコウ法である．これは半水塩の安定域でリン酸をつくり，得られた半水塩を温度を下げて二水塩として回収する方法である．ここでは次の反応が起こる．

$$Ca_5F(PO_4)_3 + 5H_2SO_4 + 5/2H_2O \longrightarrow 3H_3PO_4 + 5CaSO_4 \cdot 1/2H_2O + HF \quad (80～100℃)$$

$$2CaSO_4 \cdot 1/2H_2O + 3/2H_2O \longrightarrow 2CaSO_4 \cdot 2H_2O \quad (60～70℃)$$

この方法はリン酸の濃度，収率が高く，セッコウの品質も優れているので，湿式法の大半が採用している．

　湿式法のリン酸は，蒸発缶で 70％程度まで濃縮される．また，不純物は，金属塩は溶媒抽出で，有機物は活性炭吸着で，硫酸根は炭酸バリウムを加えて除去

されている．

1.2 アルカリ工業

1.2.1 水酸化ナトリウム (sodium hydroxide)

a. 性質 水酸化ナトリウムは苛性ソーダとも呼ばれる．ナトリウムを含む化合物はソーダ類と呼ばれるが，このほかに，ソーダ灰（無水炭酸ナトリウム），重炭酸ソーダ（重曹，炭酸水素ナトリウム）がある．

水酸化ナトリウムは純粋なものは常温で固体であり，融点328℃である．水酸化物として安定であり，熱をかけても容易に分解しない．潮解性(deliquescence)を示し，水によく溶ける．水溶液は強アルカリ性を示す．アルカリ性物質として最もポピュラーな物質である．

b. 用途 鹸化(saponification)とは，エステルが酸とアルコールに分解することであるが，この反応はアルカリの存在により加速される．中世においては，石鹸をつくるためのソーダの需要が重要であった．現在では，各種化学反応において，アルカリが必要な面で多用途に用いられている（図1.18，図1.19）．

水酸化ナトリウムは固形と水溶液の2つの形で市販されているが，流通量としては水溶液の方が多い．ナトリウム分として98%以上のものが高純度品としてあるが，主な不純物は炭酸ナトリウム，塩化ナトリウム（食塩）である．特に主要な用途である，パルプの蒸解や，レーヨンなどのセルロース系の化学繊維を紡糸をする際には高純度の水酸化ナトリウム水溶液が利用されるが，これは化繊級

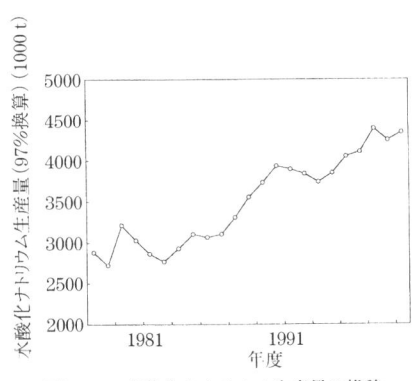

図1.18 水酸化ナトリウム生産量の推移

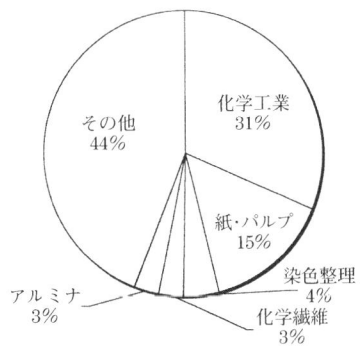

図1.19 水酸化ナトリウム用途別消費 (1999年度)

と呼ばれる．

　水酸化ナトリウムの用途は，石油化学工業の進展とともに大きく変化してきている．かつてはレーヨン，スフなどの化学繊維の紡糸用に需要が多かったが，合成繊維の比率が増大し，その分，紡糸用の需要が減少し，代わりに無機薬品，紙・パルプ工業への需要が伸びている．石鹸・洗剤の製造，グルタミン酸ソーダ，醤油を代表とする食料品製造へは古くから使われている．半数以上が化学プロセスの中で利用されている．pH 調整，中和，鹸化，ポリカーボネート樹脂，エポキシ樹脂の中間体製造にも利用されている．アルミニウムの原料であるボーキサイトはバイヤー法により，高温高濃度の水酸化ナトリウム水溶液に浸漬，溶解させ高純度化される．わが国ではアルミニウム電解が事実上ほとんどなくなったので，隠れてしまっているが，世界的にみるとこのバイヤー法に用いられる水酸化ナトリウムの量は莫大である．

　水酸化ナトリウムは食塩水の電気分解によりつくられているが，この際には水酸化ナトリウムと同時に塩素も生産される．化学反応の宿命で，両者の生産割合は反応で決まってしまい，需要とは関係ない．塩素はビニールなどの高分子，プラスチック，有機溶剤が用途の大半であり，かつては塩素需要に合わせた水酸化ナトリウムの生産があった．しかし，近年では，ダイオキシン，トリハロメタンをはじめとする環境汚染物質としての塩素化合物の責任が論議されており，その需要は今後限定されたものになると予想される．一方，水酸化ナトリウムは，アルカリ性物質としての重要性が今後大きくなるはずであり，需要は減退することはないと予想できる．

c. 製造法

（1）電解法と非電解法：　水酸化ナトリウムの製造法は，「電解法」と「非電解法」に大別される．電解法には，塩の電解や塩酸の電解があり，非電解法は，炭酸ナトリウム（ソーダ灰）を苛性化するものである．

$$Na_2CO_3 + Ca(OH)_2 \longrightarrow 2NaOH + CaCO_3$$

炭酸ナトリウムは石灰石 $CaCO_3$ と食塩 $NaCl$ を原料に，アンモニアを反応媒体としてアンモニアソーダ法でつくられる．この水酸化ナトリウムの製法は 19 世紀における洗剤の需要を満たすための水酸化ナトリウムの製造法としては意味があった．日本では，この製造法は 1976 年に中止しているが，外国では現在も用いられている．

一方，食塩水を電気分解すると水酸化ナトリウムと塩素が生成することは古くから知られていた．

$$2NaCl + 2H_2O \longrightarrow 2NaOH + H_2 + Cl_2$$

かつては，この方法で生産される塩素の使い道がなく，電解法の利点を生かすことができなかったが，石油化学の発展，高分子繊維，プラスチックの進歩により，塩化ビニールに代表される有機塩素化合物の利用拡大が進み，塩素の需要が増大した．これに伴い，現在では，ほとんどの水酸化ナトリウムが電解法でつくられている．

しかしながら，有機塩素化合物需要の将来をみると必ずしも明るくはなく，今後のアルカリ需要の増大も考えると，塩素の生成しないアルカリの製造法を検討しておくことは今後必要になると思われる．

(2) 食塩電解： 食塩水を電気分解して得られる水酸化ナトリウム（苛性ソーダ）と塩素を製造するプロセスは食塩電解工業と呼ばれ，化学工業における基幹産業になっており，わが国の電解工業の中で電気エネルギーの消費量が最も大きい．食塩電解プロセスは隔膜法（diaphragm process），イオン交換膜法（ion exchange membrane process）および水銀法（mercury process）の3つがある．このうち，イオン交換膜法プロセスは食塩電解工業に製法革命をもたらしたもので，わが国の電解技術は世界のトップレベルにあり，隔膜法や水銀法といった既存の電解法に比べて大幅な省エネルギーを達成できている．

最も高性能なイオン交換膜プロセスでは，既存の電解法の約2/3の電力で，高純度の水酸化ナトリウムを生産することができる．この革新的なプロセスは，寸法安定性陽極（DSA），新規なフッ素系イオン交換膜，高性能な活性陰極および新規な電解槽といった技術革新により達成されている．なお，わが国においては，水銀法は，水銀の環境への影響から1986年をもって全廃された．

隔膜法およびイオン交換膜法における化学反応式は以下に示される．

アノード反応　　$2Cl^- \longrightarrow Cl_2 + 2e^-$

カソード反応　　$2H_2O + 2e^- \longrightarrow H_2 + 2OH^-$

全反応　　　　　$2NaCl + 2H_2O \longrightarrow 2NaOH + H_2 + Cl_2$

アノード上では塩化物イオンの酸化による塩素が生成し，カソード上では水分子の還元による水素とOH^-が生成し，それがNa^+と結合して水酸化ナトリウムを生成する．しかし，そのまま電解を継続すると，製品である水酸化ナトリウム

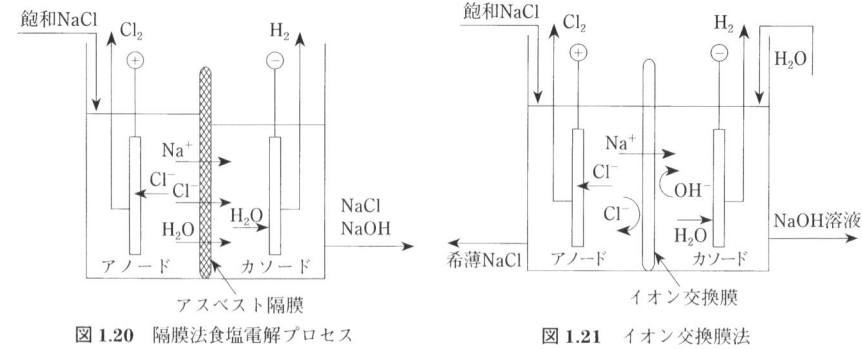

図 1.20　隔膜法食塩電解プロセス　　　図 1.21　イオン交換膜法

と塩素は互いに反応して収率が低下し，また塩素ガスと水素ガスが混合すると爆発の恐れが生ずるため，これらの生成する領域を分離する必要がある．この分離を行うための方法として，隔膜としてアスベスト製ろ隔膜を用いてカソード室とアノード室に分離する方法いわゆる隔膜法電解プロセスと，密隔膜である陽イオン交換膜を用いるイオン交換膜法電解プロセスとに大別される．

① 隔膜法食塩電解プロセス：　図 1.20 に隔膜法食塩電解プロセスの概念図を示す．

アノードとしては，前述した寸法安定性陽極が用いられており，カソードとしては安価で比較的水素過電圧（hydrogen overvoltage）が低い軟鋼が用いられている．カソード室で生成した OH^- がアノード室へ拡散すると，塩素を不均化分解して HClO や ClO^- を生成し，また，陽極上で OH^- が放電して酸素を生成し塩素の収率と純度を低下させるので，水溶液の透過が可能なアスベスト製ろ隔膜を用い，アノード室の食塩水の水位をカソード室より高く保ち，アノード室の食塩水を一定速度でカソード室へ流すことで OH^- のアノード室への拡散を防止している．このプロセスにおけるカソード液は，約 13 wt%の水酸化ナトリウムと約 20 wt%の食塩との混合溶液であるため，電解工程の後に両者の分離工程と水酸化ナトリウムを 50 wt%まで濃縮する工程が必要となる．また製品水酸化ナトリウム中には分離しきれない食塩と，カソードから溶出した Fe^+ および酸化性の $NaClO_3$ が微量含まれているため，高純度の水酸化ナトリウムが必要な用途には使用できない．

② イオン交換膜法食塩電解プロセス：　図 1.21 にイオン交換膜法食塩電解プロセスの概念図を示す．

このプロセスにおいては，隔膜として陽イオン選択透過性が高く，ガスや水溶液，陰イオンを透過させないイオン交換膜を用いることを特徴としている．アノード室には飽和食塩水を，カソード室には純水を供給し，カソードには高温・高濃度の水酸化ナトリウム中で耐蝕性の優れた材質を用いて電解することで，水銀法と同等の高純度水酸化ナトリウムを製造することが可能となる．

食塩電解の隔膜としてイオン交換膜を用いるアイデアは昭和30年代からあり，多くの検討がなされたが，従来の炭化水素系イオン交換膜は高温・高濃度の水酸化ナトリウムおよび塩素ガスで分解されるので使用不可能であった．このような苛酷な環境に耐えるものとしてはフッ素樹脂が唯一の材料であり，陽イオンの選択透過性をもったフッ素系イオン交換膜としては，アメリカで宇宙開発計画における燃料電池用隔膜として開発されたペルフルオロスルホン酸型イオン交換膜があった．この膜は抜群の化学的安定性を示した．しかし，開発の目的が異なっていたため当然ではあるが，この膜のOH^-の透過が大きすぎ，得られる水酸化ナトリウム濃度は 10～20% 前後で電流効率は 60～70% と低く，実用的な食塩電解用の隔膜としては不十分であった．この問題を克服したのは，ペルフルオロカルボン酸型イオン交換膜の出現であった．この膜の出現により，高純度で高濃度（35 wt% 前後）の水酸化ナトリウムが高い電流効率（95% 前後）で製造できることが初めて明らかにされた．その後，国内および欧米で多くの努力が傾注され，アノード側には膜抵抗の低いスルホン酸またはカルボン酸型膜を用い，カソード側に高い電流効率を発現する薄層のカルボン酸型膜を積層した低抵抗膜が開発された．低抵抗膜の開発と平行して電極および電解槽にも技術革新がなされた．カソードにはニッケル系材料で電極表面積を拡大した活性陰極が開発された．電解槽は，電解液オーム損を極限にまで低減するため，アノード/膜/カソードを密着して電解できるゼロギャップセルと呼ばれる電解槽が開発された．以上の膜，電極，および電解槽の技術革新により，既存の隔膜法または水銀法で必要な電解エネルギーを約30%以上も切り下げたプロセスが確立された．図1.22には代表的なイオン交換膜法食塩電解槽の写真を示す．

現在では，世界の水酸化ナトリウム生産量の約23%がイオン交換膜法により生産されており，製品純度，経済性，環境への配慮などの点から今後はイオン交換膜法への転換が加速されるものと思われる．わが国の水酸化ナトリウムの生産は，隔膜法のアスベスト隔膜をイオン交換膜に代えたものも含めると，ほとんど

図 1.22　イオン交換膜法食塩電解槽

イオン交換膜法で生産されており，わが国の技術により達成された世界に誇れる画期的な電解プロセスである．さらに，未来技術として現在開発中の酸素陰極型の電解法は，優れた省エネルギー技術として期待されている．

(3) 寸法安定性陽極（DSA）：　これはチタン金属基板に RuO_2 系貴金属酸化物と TiO_2 系との固溶体を熱分解により被覆した電極であり，金属陽極とも呼ばれる．従来使用されていた黒鉛アノードに比べて塩素発生の触媒能が格段に優れており，工業電解での電流密度（current density）は 0.3 A/cm^2 で，過電圧（overvoltage）は 50 mV 程度である．黒鉛アノードは電解中に消耗して電極間隔が増大するために電圧が増加し，定期的に調整しなければならず，電極形状にも限界があった．一方，DSA は長期間の運転でも触媒の脱落や劣化がほとんどなく，形状の自由度も増え，理想的な電極材料といえる．

(4) 活性陰極（activated cathode）：　イオン交換膜法プロセスにおいては，陰極は隔膜法より高温（90℃）高濃度（35 wt%前後）の水酸化ナトリウムにさらされる．軟鉄系材料を活性化すると熱力学的に不安定となり腐食が激しくなるため，耐久性および水酸化ナトリウム純度の点で問題が多い．そのため，熱力学的により安定なニッケルを基本とし，ラネーニッケルなどで電極表面積を増加することが検討されている．しかし，通常のラネーニッケルは，電解槽の停止時に逆方向に流れる電流により酸化されて失活するため，長期の耐久性は望めなかった．これを解決したものの1つが多元系ラネーニッケルと水素吸蔵合金を分散めっきした電極である．この電極は，電解槽の停止時には，水素吸蔵合金に吸蔵された水素が電気化学的に酸化されることでラネーニッケルの酸化を防ぐもので，従来の軟鋼製陰極の過電圧 300～350 mV に対して約 200 mV の電圧の切下げ

1.2.2 アンモニア（ammonia）

a. 性　質　アンモニア NH_3 は窒素と水素からなる物質で，この存在は古く古代エジプト時代から知られており，食塩と尿から塩化アンモニウムが生成することと関係する．

常温，常圧では気体であり，刺激臭を有するが，少し加圧すると簡単に液化する．融点は$-77.7℃$，沸点は$-33.4℃$である．液体アンモニアは水素結合（hydrogen bond）を有し，水と似た性質を示す．ただし，水よりは比誘電率（relative dielectric constant）が小さく，有機物はよく溶かすが，イオン性の無機化合物は，アンモニウム錯体を形成するとき以外は，あまり溶かさない．液体アンモニアにはアルカリ金属，アルカリ土類金属がよく溶ける．この際には金属が金属イオンと溶媒和電子（solvated electron）に解離しており，水中と異なり，アンモニア中では溶媒和電子の寿命が長い．

$$Na \longrightarrow Na^+ + e^- \quad （溶媒和電子）$$

アンモニアは水によく溶けて塩基性を示す．

$$NH_3 + H_2O \longrightarrow NH_4^+ + OH^-$$

また，強塩基に対してはプロトン供与体としての機能も有する．

$$2NH_3 \longrightarrow NH_4^+ + NH_2^-$$

空気中では比較的安定であるが，純酸素中では酸化されやすく，通常は窒素と水を生成する．

$$4NH_3 + 3O_2 \longrightarrow 2N_2 + 6H_2O$$

この反応は 900℃ 程度の高温で，白金触媒存在下では N_2 の代わりに NO が生成する反応に変わる．

$$4NH_3 + 5O_2 \longrightarrow 4NO + 6H_2O$$

b. 用　途　アンモニアは古くから肥料として利用されている．古くは天然物起源によるものであったが，20世紀初頭にハーバー-ボッシュ法により，空気中の窒素起源の製法が確立され，大量のアンモニアが製造可能になっても，世界的にみれば，その90％は肥料用である．わが国においては1965年以前はアンモニアは大半が肥料に使われていたが，その後のナイロン，アクリルなどの合成繊維技術，合成樹脂の技術の進歩により，現在では肥料の比率は小さくなっている．生産量は1973年をピークに減少したが，現在ではほぼ年産180万t前後で定常

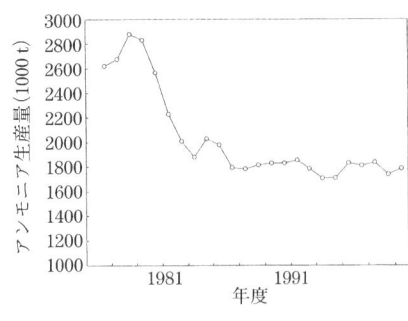

図 1.23 アンモニア生産量の推移

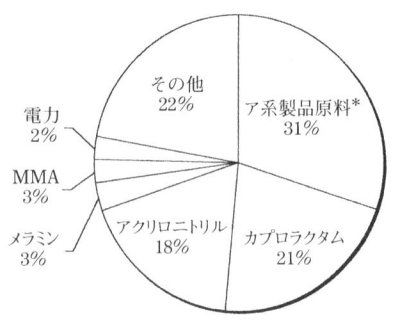

図 1.24 アンモニア用途別消費（1999年度）
＊2次製品である硝酸態窒素肥料原料および硝酸ソーダ，硝酸アンモニウムなど．

となっている．図 1.23 にはわが国における生産量の推移を，図 1.24 にはわが国におけるアンモニアの用途の内訳を示す．

工業用アンモニアの用途は，肥料向けとなる回収アンモニアを除くと約半分が，カプロラクタム，アクリロニトリルといった合成繊維，合成樹脂向けである．次に主要な用途は工業用硝酸向けである．

c. 製造法 アンモニアは 20 世紀初頭のハーバー（F. Haber），ボッシュ（C. Bosch）らの開発による水素と窒素の気相反応を利用してつくられる．

ここで水素と窒素の製造法をまず考えてみよう．

(1) **水素の製造**： アンモニアの原料は水素と窒素であるが，価格の上からは水素の方が高く，アンモニアの製造コストに大きな影響を与えている．水素は天然には存在しないので，水あるいは化石燃料中に含まれる炭化水素がそのもとになる．

水を電気分解することにより，水素は容易に得られる．

$$H_2O \longrightarrow H_2 + 1/2 O_2$$

この水電解は水から水素をつくる工業的手法の唯一のものであり，電解質に 30% 水酸化カリウム水溶液，隔膜にアスベスト（現在では高分子隔膜），電極に鉄，ニッケルを用いるアルカリ水電解が古くから用いられている．国の基幹産業である農業を支えるため，以前はまずアルカリ水電解工場がつくられた．しかしながら，水電解には多量の電力を使用するので，電力単価の安価なところでしか現在では成立しない．わが国は世界的に電力単価の高い国であり，20 年以上前

に大規模な水電解工場はなくなった．しかも，クリーンで取扱い容易な電気エネルギーは2次エネルギーとしての需要が増大しており，アンモニア用の水素をつくるための水電解は比率がずっと小さくなっている．

炭化水素を原料に水素をつくるには大きく分けて，水蒸気改質法（steam reforming）と部分酸化法（partial oxidation）の2通りある．メタンを例にして示すと次のとおりである．

水蒸気改質法

$$CH_4 + H_2O \longrightarrow CO + 3H_2 \quad \Delta H° = 49.3 \text{ kcal/mol}$$
$$CO + H_2O \longrightarrow CO_2 + H_2 \quad \Delta H° = -9.6 \text{ kcal/mol}$$

部分酸化法

$$CH_4 + 1/2O_2 \longrightarrow CO + 2H_2 \quad \Delta H° = -38.4 \text{ kcal/mol}$$

水蒸気改質法は，メタンの場合，800℃程度でニッケル系の触媒のもと，水と反応させると水性ガス反応（water gas reaction）により容易に一酸化炭素と水素ができる．この反応は吸熱反応（endothermic reaction）であり，高温で進みやすくなるとともに，外熱を取り入れ，生成系の方が反応系よりエネルギーレベルが高くなっていることに注目すべきである．水性ガス反応で生成した一酸化炭素は400℃以下の温度で，シフト反応を利用し，酸化鉄（Fe_3O_4とFe_2O_3）-Cr_2O_3触媒上でさらに水と反応して，水素を多くつくる工夫がされている．

部分酸化法は発熱反応であり，触媒無しで反応は進行するが，酸素が多く供給されると完全な酸化が進み水素が得られないことになるので，反応の制御がポイントとなる．原料の油は重質油でも利用でき，酸化反応によりエネルギーは奪われて損をするが，空気中の酸素を利用した残りの窒素をアンモニア合成には有効に使える利点がある．圧力40気圧，温度1400℃付近の条件で反応は行われる．

一酸化炭素，二酸化炭素はアンモニア合成の触媒に被毒作用があり，原料の水素中から除く必要がある．これらの反応で生成した二酸化炭素は回収され，尿素製造のために利用される．

$$2NH_3 + CO_2 \longrightarrow (NH_2)_2CO + H_2O$$

(2) 窒素の製造： 窒素は空気中の主成分であり，冷却による深冷分離でつくられる．常圧では酸素の沸点は-183.0℃であり，窒素の沸点は-195.8℃で，この沸点の差が利用される．冷却には圧縮後に膨張タービンを用いた断熱膨張が利用される．

(3) アンモニアの合成： アンモニアは20世紀初頭，ハーバー，ネルンスト（H. W. Nernst）らの基礎研究に基づいた開発により空気中の窒素，水からの水素を用いて合成に成功した．

$$N_2 + 3H_2 \longrightarrow 2NH_3 \quad \Delta H° = -91.9 \text{ kJ/mol}$$

この反応は発熱反応であり，気体モル数が減少する反応であるので，低温，高圧が有利となる反応である．実際には反応速度を得るために，良好な触媒とある程度の温度は必要である．温度は400～450℃で反応させ，触媒には酸化鉄を酸化物に担持させたものが利用されている．

合成法にはいくつかあるが，圧力で分類すると低圧法（100～150気圧），中圧法（300気圧），高圧法（600～1000気圧）となるが，生成するアンモニア濃度が適当な中圧法が主流である．

反応後のガスは熱交換器，廃熱ボイラ，エコノマイザで冷却され，アンモニアを液体として分離，回収する．未反応ガスは反応系に戻し，再利用される．

【演習問題】

1.1 中性水（純水）のイオン解離反応の25℃における平衡定数を求めよ．

1.2 酸と塩基のいくつかの定義について記せ．

1.3 アンモニアは次の反応を利用して合成される．

$$N_2 + 3H_2 \longrightarrow 2NH_3$$

この反応の400℃における$\Delta G°$は-47.86 kJ/molである．

① 400℃における平衡定数を求めよ．

② この反応を加圧で行うとアンモニア合成にどのような影響を与えるか論拠とともに示せ．

③ この反応をより高温で行うとアンモニア合成にどのような影響を与えるか論拠とともに示せ．

1.4 食塩電解は次の反応を利用して進められる．

$$2NaCl + 2H_2O \longrightarrow 2NaOH + 2H_2 + Cl_2$$

次の問いに答えよ．

① 食塩電解ではかつて水銀をカソードに用いたプロセスが使われていた．この水銀法において，水銀のどのような性質が利用されたか記せ．

② 電流効率95%で運転されていたとき，水酸化ナトリウム1 tをつくるのに必要な電気量(Ah)を求めよ．

③ 電流効率95%，槽電圧3.2 Vで運転されているとき，水酸化ナトリウム1 t製造するのに必要な電気エネルギー(kWh)を求めよ．

1.5 硫酸製造において，SO_2 の接触酸化は次の反応で進む．
$$SO_2 + 1/2 O_2 \longrightarrow SO_3$$
この反応の $\Delta H° = -95$ kJ/mol であることを考慮して，実際のプロセスが 450℃ で行われる理由を考察せよ．

【参考図書】
1) F. A. コットン・G. ウィルキンソン（中原勝儼訳）：無機化学，上・下，培風館，1987〜1988.
2) 日根文男：改訂 無機製造化学，さんえい出版，1989.

2

電気化学とその工業

電気化学工業とは,電気化学という学術領域の諸原理を工業的規模で実用に供しているものを総称している.電気化学という学術領域自体が境界領域のものであるため,その応用分野は化学工業,生化学,医療,原子力,エレクトロニクス,金属工業,自動車工業,電池工業など多岐にわたっている.これらすべてを本章で記述するのは紙数の関係で困難であり,他の章でも記述されているものもあるので,本章では電気化学の基礎的事項と電池工業,表面処理・防食技術について述べる.なかでも,IT産業に代表される携帯型情報機器の電源として重要な電池技術については,詳しく解説する.

2.1 電気化学の基礎的事項

2.1.1 電気化学系とは

化学を志す学生には,どうも物理や数学が嫌いという人が多い.そのためか,「電気」という言葉が入っているだけで電気化学を敬遠する学生が多いのも事実である.しかし,電気化学は,取り扱う対象が多岐にまたがる境界領域(interdisciplinary)の学問であり,単なる異分野の専門家が協力して研究する多領域間の学際領域(multidisciplinary)の学問とは異なるもので,そのマルチタレント性が最先端の技術・学問にとって大切なのである.本節では,電気化学の基礎的事項を記述するが,この内容が理解できていれば,ほとんどのものに応用できるので,ぜひ理解してほしい.

電気化学系について,電子回路のプリント基板作成工程における銅のエッチング反応を例として説明する(図2.1).これは,紙エポキシなどの絶縁板上に張ってある銅フォイルを塩化第二鉄溶液に浸し,酸化溶解する反応である.

$$Cu(0) + 2Fe(III)Cl_3 \longrightarrow Cu(II)Cl_2 + 2Fe(II)Cl_2 \quad (2.1)$$

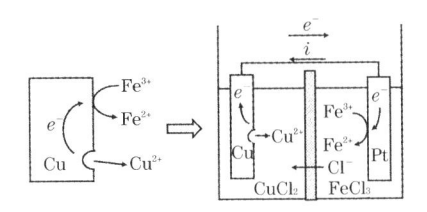

図 2.1　銅のエッチングの電気化学系

　金属銅以外の各原子は水溶液中でイオンに解離して溶解しているが，ここでは塩としての形式的な反応式で示した．金属銅の表面で Fe^{3+} が Fe^{2+} に還元されるとともに，金属銅が酸化されて Cu^{2+} となって溶解していく酸化還元反応である．このような酸化還元反応は，酸化反応と還元反応に分解して考えることができる．

$$Cu \longrightarrow Cu^{2+} + 2e^- \tag{2.2}$$

$$2\,(Fe^{3+} + e^- \longrightarrow Fe^{2+}) \tag{2.3}$$

すなわち，Cu の酸化反応と Fe^{3+} の還元反応という 2 つの電子移動反応に明解に分離して考えることができる．このように個々の酸化反応と還元反応に分解した反応を電極反応（あるいは半電池反応）という．

　金属銅は電子の良導体であるから，式 (2.2) の反応と式 (2.3) の反応が同じ場所で起こる必要はなく，遠く離れていても全体の反応は変わらない．そこで，各反応を意図的に全く別の反応場で進行させることを考えてみよう．これは，図 2.1 のようにすることで可能となる．電解液は隔膜と呼ばれるイオンを通す膜で 2 つに隔てられ，片方の電解液は $FeCl_3$ 溶液であり，不溶性の白金電極が浸されている．もう一方の電解液には Cl^- を含む電解液（たとえば $CuCl_2$ や KCl など）で，銅電極が浸されている．銅電極と白金電極を銅線で短絡すれば，銅電極上では式 (2.2) の反応が起こって Cu^{2+} が溶出し，銅中に電子を残す．この電子が銅線を通って白金電極に移動し，白金電極から電子を受け取って Fe^{3+} が Fe^{2+} に還元される式 (2.3) の反応が起こる．電解液中では隔膜を通してイオン電流が流れ，全体に電流が流れる．すなわち，個々の電極反応に分離し，別の場所で反応させても，全電池反応は式 (2.1) の反応となる．

　すべての酸化還元反応は個々の電極反応に分解することができる．この電極反応の表記法は，IUPAC（International Union of Pure and Applied Chemistry：国際純正応用化学連合）によって還元反応が進行する方向で記述することになっ

ている．すなわち，銅の電極反応は，

$$Cu^{2+} + 2e^- \longrightarrow Cu \tag{2.2'}$$

と表記する．また，2つの電極反応を組み合わせて酸化還元反応の対をつくることにより，電池を構成することができる．すなわち，酸化還元反応を電池として表現することが可能であり，IUPACによって電池式が決められている．

$$Cu \mid CuCl_2 \parallel FeCl_3 \mid Pt \tag{2.4}$$

還元反応が進行する電極反応を右側に，酸化反応が進行する電極反応を左側に書く．これは，電極電位と関係しており，より電極電位が高い方を電位が貴（noble）であるといい，電極反応としては還元反応が進行する．逆に電極電位が低い方は電位が卑（base, less noble）であるといい，酸化反応が進行する．この電位は，分子，原子，イオン内の電子のエネルギー準位に対応しており，より電子が安定な状態にあるものは電極電位がより貴にある．

2.1.2 平衡電気化学

電極電位は，電極反応に伴う熱力学的な自由エネルギー変化と対応している．電極反応は温度と圧力が一定の状態での化学反応であり，電極電位 E はこの条件下で系外に取り出しうる最大の仕事量に対応するギブス（Gibbs）の自由エネルギー変化 ΔG に対応し，以下の式で示される．

$$\Delta G = \Delta H - T\Delta S = -nFE \tag{2.5}$$

ここで，ΔH はエンタルピー変化（熱エネルギー変化），T は絶対温度，ΔS はエントロピー変化，n は反応電子数，F はファラデー（Faraday）定数（$= 96486$ C/mol）である．F は電子の電荷 1.6021×10^{-19} C（クーロン）の1mol量に相当する電気量 eN_A（N_A はアヴォガドロ（Avogadro）定数）に相当する．

式（2.5）は，H.W.Nernstによって導入された電気化学ポテンシャル $\tilde{\mu}$ を用いて導出されたものである．

$$\tilde{\mu} = \mu + zF\phi \tag{2.6}$$

ここで，μ は化学ポテンシャル，z は化学種の電荷，ϕ はその化学種が存在する場の内部電位である．電気化学系は酸化還元反応を扱うものであり，必然的に電荷をもった化学種の反応を扱うことになるから，反応に伴うエネルギー変化には電荷の変化と電位の効果を考慮しなければならない．1Vの電位差があるところへ1Cの電荷を移動するのに要する仕事は1Jである．すなわち，電気化学ポテンシャルとは，エネルギー保存の法則に基づいて化学ポテンシャルに静電エネル

ギーを加味したものであり，反応に伴う自由エネルギー変化 ΔG と電極電位を結びつけるのに必要不可欠な概念である．

化学ポテンシャルの活量依存性から，電極電位を表す有名なネルンスト式が導出される．これを平衡電位（equiribrium potential）という．

$$bB + cC + ne \rightleftarrows dD + gG \tag{2.7}$$

$$E = E° + \frac{RT}{nF} \ln \frac{a_B^b a_C^c}{a_D^d a_G^g} = E° + \frac{2.303RT}{nF} \log \frac{a_B^b a_C^c}{a_D^d a_G^g} \tag{2.8}$$

標準状態（すべての化学種の活量が1の状態）の電極電位 $E°$ に対して，各化学種の活量変化の効果を組み入れた式である．$E°$ を標準電極電位（standard electrode potential），あるいは単に標準電位という．

自然は自然数 e に従う系がほとんどであり，e を用いた方が平易な形で数式を表現できる．しかし，人間は10進数に慣れ親しんでおり，常用対数（底が10の対数）の方が計算は楽になる．このため，式（2.8）には常用対数に換算した式も示してある．ちなみに熱力学での標準状態である25℃，1気圧（atm）を考慮すると，$2.303RT/nF$ は $0.059/n$ [V] となる．この数字を覚えておくと計算に便利である．

電位というものは，その基準に関して任意性をもつ．これは，電位というものが位置エネルギーに対応する物理量であること，電極電位の定義が内部電位を用い，酸化反応と還元反応の自由エネルギー変化として計算されるものであることに由来する．そこで，熱力学でのエネルギー変化の基準に準じ，電位の基準反応として標準水素電極反応が選ばれ，いかなる温度においてもこの電極反応の各化学種の活量が1である状態の電位を0Vとして定め，個々の電極反応の電位を，この標準水素電極電位に対する相対値で表現することになっている．

$$2H^+ + 2e^- \rightleftarrows H_2 \quad E° = 0.000 \text{ V} \tag{2.9}$$

このようにして求められたいくつかの電極反応の標準電極電位を表2.1に示す．表から明らかなように，イオン化傾向と電極電位は対応しており，アルカリ金属などの電位が卑な電極反応ほどイオン化傾向が大きく，酸化反応が進行しやすい．逆に銀やパラジウムなどの金属は標準電極電位が貴であり，そのイオンは還元されやすく，金属として安定に存在することになる．このような金属を貴金属（noble metal）というのは，標準電極電位が貴であることに由来する．

表 2.1 25℃における酸化還元反応の標準電極電位

電極反応	$E°$ (V)	電極反応	$E°$ (V)	電極反応	$E°$ (V)
$Li^+ + e^- \longrightarrow Li$	-3.01	$Al^{3+} + 3e^- \longrightarrow Al$	-1.66	$Pb^{2+} + 2e^- \longrightarrow Pb$	-0.13
$Rb^+ + e^- \longrightarrow Rb$	-2.98	$Mn^{2+} + 2e^- \longrightarrow Mn$	-1.05	$2H^+ + 2e^- \longrightarrow H_2$	0.00
$Cs^+ + e^- \longrightarrow Cs$	-2.92	$Zn^{2+} + 2e^- \longrightarrow Zn$	-0.76	$Cu^{2+} + 2e^- \longrightarrow Cu$	0.34
$K^+ + e^- \longrightarrow K$	-2.92	$Ga^{3+} + 3e^- \longrightarrow Ga$	-0.52	$Cu^+ + e^- \longrightarrow Cu$	0.52
$Ba^{2+} + 2e^- \longrightarrow Ba$	-2.92	$Fe^{2+} + 2e^- \longrightarrow Fe$	-0.44	$Hg^{2+} + 2e^- \longrightarrow Hg$	0.80
$Sr^{2+} + 2e^- \longrightarrow Sr$	-2.89	$Cd^{2+} + 2e^- \longrightarrow Cd$	-0.40	$Ag^+ + e^- \longrightarrow Ag$	0.80
$Ca^{2+} + 2e^- \longrightarrow Ca$	-2.84	$In^{3+} + 3e^- \longrightarrow In$	-0.34	$Pd^{2+} + 2e^- \longrightarrow Pd$	0.83
$Na^+ + e^- \longrightarrow Na$	-2.71	$Tl^+ + e^- \longrightarrow Tl$	-0.34	$Ir^{3+} + 3e^- \longrightarrow Ir$	1.00
$Mg^{2+} + 2e^- \longrightarrow Mg$	-2.38	$Co^{2+} + 2e^- \longrightarrow Co$	-0.27	$Br_2 + 2e^- \longrightarrow 2Br^-$	1.07
$Ti^{2+} + 2e^- \longrightarrow Ti$	-1.75	$Ni^{2+} + 2e^- \longrightarrow Ni$	-0.23	$O_2 + 4H^+ + 4e^- \longrightarrow 2H_2O$	1.23
$Be^{2+} + 2e^- \longrightarrow Be$	-1.70	$Sn^{2+} + 2e^- \longrightarrow Sn$	-0.14	$Cl_2 + 2e^- \longrightarrow 2Cl^-$	1.36

2.1.3 電極反応速度

電極電位 E も,化学反応に伴う自由エネルギー変化 ΔG も,反応の原料である反応物と反応の結果である生成物の間のエネルギー変化のみに関係した量であり,その途中の状態には関係しない「状態量」である.反応速度(reaction rate, kinetics)はこの途中の状態が重要なパラメータとなる.

電極反応速度について議論する前に,電流が化学反応速度に対応するということを理解してもらわねばならない.これはファラデーの法則として有名な概念から理解できる.ファラデーの法則とは,電極反応における反応量 M (mol) と,その反応に伴う電気量 q (C) の関係を示したものであり,以下の式で示される.

$$q \text{ (C)} = nFM \tag{2.10}$$

たとえば,式 (2.9) の反応で 1 mol の H_2 が生成したとすると,この電極反応によって $2F$ (C) の電気量が流れることになる.一方,電流 J の単位 (A) は,1 秒間に流れる電気量 (C/s) のことであるから,電流 J は反応速度を表していることになる.電極反応は 2 次元の電極表面で進行する反応であり,J は電極面積に比例する.そこで,単位面積あたりの電流値として規約化しておけば,電極面積 S (cm^2) という任意性を排除した形で反応量を議論できることになる.これを電流密度 (current density) といい,j (A/cm^2) として表現される.

$$j = \frac{J}{S} = \frac{1}{S} \cdot \frac{dq}{dt} = \frac{nF}{S} \cdot \frac{dM}{dt} \tag{2.11}$$

電極反応においては,酸化(アノード)電流と還元(カソード)電流があるが,

規約により酸化電流を正にとり，還元電流は負の電流として表現することになっている．

電極反応速度は，電極表面における電子移動反応速度（電荷移動過程）と，反応物が電極表面に供給され，生成物が電極表面から離れていく物質移動速度（物質移動過程）の2つに分けて考えることができる．全体の反応速度は，一番遅いプロセスによって決まる．これを律速段階という．

物質移動過程は，拡散，電気泳動，撹拌や対流などによって決まるが，効率的に反応物を供給するためには，流体系を撹拌するのがよい方法であり，一般的に行われている．静止流体系では拡散が支配的と考えてよい．拡散現象については熱拡散と同様な数学的取扱いが可能であり，その詳細な取扱いに関しては別の書籍を参照していただき，反応電流と物質移動の流束（flux）の関係のみ簡単に述べる．式 (2.11) に示したとおり，電極反応における電流は反応速度に対応している．これは，式 (2.12) の一般化した電極反応を仮定すると，電極表面における物質移動の流束と以下の関係にある．

$$\text{Ox} + ne \rightleftarrows \text{Red} \quad (2.12)$$

$$\frac{j}{nF} = -D_{\text{Ox}}\frac{dC_{\text{Ox}}}{dx} = D_{\text{Red}}\frac{dC_{\text{Red}}}{dx} \ (\text{mol}/(\text{s}\cdot\text{cm}^2)) \quad \text{at} \quad x=0 \quad (2.13)$$

ここで，Ox は酸化体，Red は還元体のことであり，x は電極表面からの距離，C は濃度，D は拡散係数である．すなわち，電極表面（$x=0$）における Ox と Red の流束がファラデーの法則によって電流と関係づけられる．式 (2.13) では酸化電流を正にするという規約と電極表面での濃度勾配を考慮し，酸化体側の流束 $D_{\text{Ox}}(dC_{\text{Ox}}/dx)$ には負号がついている．

電極表面での電子移動反応速度は，電極表面のごく近傍，数 Å の領域での反応物と生成物のポテンシャルエネルギー曲線の関係と，それに対する電位勾配の効果とから量子化学的な取扱いにより表現され，これを簡単な形で表現したものがバトラー–フォルマー（Butler–Volmer）式と呼ばれる以下の式である．

$$j = j_0 \left\{ \exp\left[\frac{\alpha nF}{RT}\eta\right] - \exp\left[\frac{(1-\alpha)nF}{RT}\eta\right] \right\} \quad (2.14)$$

ここで，η は過電圧（overpotential）であり，平衡電位 E^e からの電極電位 E のずれ（$\eta = E - E^e$）を表す量，j_0 は交換電流密度（exchange current density），α（$0 \leq \alpha \leq 1$）は通過係数（transfer coefficient）である．式 (2.14) から，電極

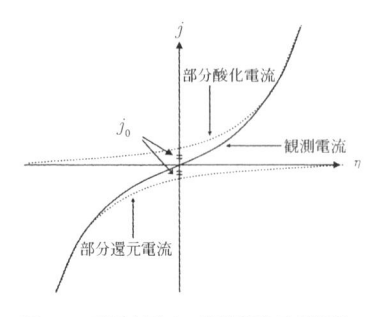

図 2.2　電極表面での電荷移動反応速度 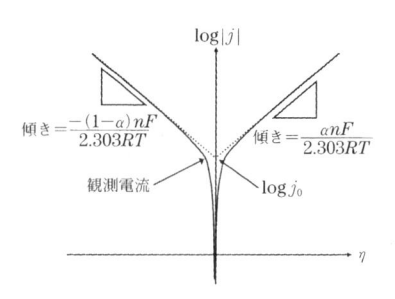　　　図 2.3　ターフェルプロットによる解析

反応の電流は図 2.2 のように表現できる．右辺第 1 項の酸化電流は電位が貴になるとともに指数関数的に増加し，右辺第 2 項の還元電流は電位が卑になると指数関数的に負の大きな値をもつようになる．この酸化電流と還元電流の和が外部に流れる電流であり，平衡電位では外部に流れる電流が 0 になるが，正反応と逆反応の反応速度が等しいために，結果として反応物の減少や生成物の増加が起こらないだけである．これを動的平衡という．

化学平衡は多かれ少なかれ，このような動的平衡状態にあると考えてよい．この動的平衡状態にあるときの正反応あるいは逆反応の反応速度が交換電流密度 j_0 であり，反応のしやすさ（可逆性）を表す重要なパラメータである．j_0 が大きい（およそ 1 mA/cm² 以上）ときは，ほんの少しの過電圧で大きな電流を流すことができ，物質移動律速になりやすい．逆に j_0 が小さい（およそ 1 μA/cm² 以下）ときは，電流を流すためには大きな過電圧が必要になり，電荷移動律速になってエネルギーロスが大きくなる．

j_0 や α を求める方法としては，図 2.3 に示したターフェル (Tafel) プロットが有名である．これは，縦軸に電流の絶対値の常用対数 $\log|j|$ を，横軸に電位あるいは過電圧をとったもので，物質移動過程の濃度分極が無視できるような場合では，過電圧の大きな領域で直線関係が得られる．酸化電流の方でみれば，式 (2.14) において $\eta \gg RT/\alpha nF$ のときは右辺第 2 項の還元電流が無視できるほど小さくなるため，

$$\log j = \log j_0 + \frac{\alpha nF}{2.303RT}\eta \tag{2.15}$$

となり，$\eta = 0$への外挿値からj_0を，勾配からαを求めることができる．これは還元電流を用いても同様である．

もし目的反応がj_0の小さな系であれば，何らかの電極触媒を用いて反応速度を大きくしてやる対策が必要になるであろう．腐食反応では逆にこのj_0を小さくするための対策が必要になる．そのときにαの値が重要な助けとなり，その値によって詳細な電極反応機構を推察し，$\alpha \cong 0.5$では電子移動過程が律速と考えられるし，$\alpha \cong 0$や$\alpha \cong 1$のときは電子移動過程の前後の化学反応過程が律速と考えられるので，その律速段に対する対策を設計する目安になる．

2.2 電池工業

2.2.1 電気化学エネルギー変換

わが国での原子力発電による発電量の増加は，パソコンの中央演算装置（CPUあるいはMPU）開発におけるビット数増加と見事に符合しており，OA化などのIT産業の勃興とともにその電力を原子力発電によってまかなってきたといっても過言ではない．情報とはエントロピーであり，情報が産業として成立するのは，エネルギーを投入してエントロピーを減少させるという形で情報を集約させ，付加価値を創造するからである．すなわち，科学技術の進歩による生活環境の激変はエネルギーの大量消費を必然として要求する．これは，熱力学第3法則が教えるところである．しかし，原子力発電は立地条件の点で住民の理解が得がたい．また，地球が有限な資源であることも一般に認識されるに至り，地球上のエネルギー資源の有効利用や環境にやさしい技術が叫ばれている．特に最近は，携帯情報機器という新しい道具の普及に伴い，高効率で高出力な小型の携帯用電源が必要となってきている．これらの要求に対して，新型電池に対する期待が大きいのである．では，なぜ電池（battery）なのか．

電池は，コンデンサーのような電気エネルギーの一時的な溜め池とは異なり，定温・定圧下における化学反応の最大エネルギー変化であるギブスの自由エネルギー変化ΔGを電気エネルギーに変換するデバイスである．理想的な熱力学的可逆変化（reversible process）を仮定すると，以下の関係が成立する．

$$\Delta G = \Delta H - T \Delta S = -nFE_{\text{cell}} \qquad (2.5')$$

化学反応におけるエネルギー変化を熱として取り出す場合はΔHとなるから，電池の理論エネルギー変換効率は，熱エネルギーΔHを基準とすれば，

$$\varepsilon_{\mathrm{th}} = \frac{\Delta G}{\Delta H} \tag{2.16}$$

となる．ここで，$\Delta G = \Delta H - T\Delta S$ であるから，電気化学反応を利用することにより，理想的には熱エネルギーのうち，エントロピー変化に伴うエネルギー変化を除いた量が電気エネルギーに変換できることになる．$\Delta G/\Delta H$ は多くの場合ほとんど 1 に近いから，電池のエネルギー変換効率は理想的には 100% に近いことになり，利用できないエントロピー変化分が排熱として生じることになる．すなわち，電気化学的エネルギー変換系は，本質的に高効率なエネルギー変換系としての素性のよさをもっている．だからこそ，電池が注目されているのである．

しかし，これは「熱力学的な可逆過程」の場合の理想論（ideal theory）であり，電流 I を出力しない開路（open circuit）状態での話である．電池とは電流を出力する（出力 $W = I \times E$）ことを目的としたデバイスであり，電流が 0 である開路状態の議論は絵に描いた餅である．電流を取り出すためには過電圧が必要であり，この過電圧分だけ出力電圧が E_{cell} よりも小さくなる．また，電池内にある反応物（電池では活物質という）のすべてを反応させることも難しく，活物質の利用効率も 100% 以下になる．このため，実際の電池のエネルギー変換効率は，

$$\varepsilon_{\mathrm{load}} = \frac{\Delta G}{\Delta H} \times \frac{E}{E_{\mathrm{cell}}} \times \frac{Q}{Q_{\mathrm{o}}} \tag{2.17}$$

となる．ここで，E は電流を取り出している状態での電池の出力電圧であり，Q は電池から取り出された電気量，Q_{o} は電池内に有する活物質の理論電気量である．E/E_{cell} を電圧効率，Q/Q_{o} を電流効率という．実用電池における技術の真髄は，電流を出力した状態でもこの電圧効率と電流効率をいかに 1 に近づけつつ，安全に動作させるかにある．

2.2.2 電池活物質の化学

実用電池を活物質の反応の観点から分類すると，大きく分けて 1 次電池，2 次電池，燃料電池に分類される．1 次電池とは充放電の繰返しができないものであり，1868 年に発明されたルクランシェ（Leclanché）電池から発展した二酸化マンガン電池（俗にいうマンガン乾電池）に代表される．これに対して 2 次電池とは充放電の繰返しが可能なものであり，鉛蓄電池やニッケル－カドミウム電池（通称ニッカド電池）が代表的である．燃料電池とは電池筐体内には活物質をもたず，外部から燃料のような形で供給することによって発電するもので，酸素–

水素燃料電池が代表的である．

実用電池には，(1) 小型・軽量で強力であること，(2) 保存性や電力貯蔵性に優れること，(3) エネルギー変換効率が高いこと，(4) 安全性・信頼性・経済性に富むこと，などが要求される．ここで小型・軽量であるということは，単位体積あるいは単位重量あたりのエネルギー密度（Wh/g あるいは Wh/cm^3）が高いことであり，強力であるということは，単位体積あるいは単位重量あたりの出力密度（W/g あるいは W/cm^3）が大きいことである．電極反応式から決まる活物質の理論上の反応量に基づく単位体積あるいは単位重量あたりの出力密度を，理論重量エネルギー密度あるいは理論体積エネルギー密度という．出力電圧を無視して単に理論容量（Ah/g あるいは Ah/cm^3）を用いることもある．自発的に進行する酸化還元反応はすべて電池として表現できるが，上のような要求をすべて満足させるような酸化還元物質の組合せは限られたもののみである（表 2.2）．

では，実用電池にはどのような物質が用いられているのであろうか．図 2.4 に水溶液系での代表的な実用電池における活物質の組合せと標準電極電位の関係を示した．正極反応に関与する活物質（酸化剤あるいは酸化体）を正極活物質という．負極反応に関与する活物質は負極活物質である．正極活物質の電位は高電位であり，負極活物質の電位は低電位になっており，両者の電位差が電池の開路電圧 E_{cell} である．実用電池のほとんどが正極活物質として金属酸化物を，負極活物質には亜鉛を用い，電解液にはアルカリ溶液（KOH）を用いること，電池の名

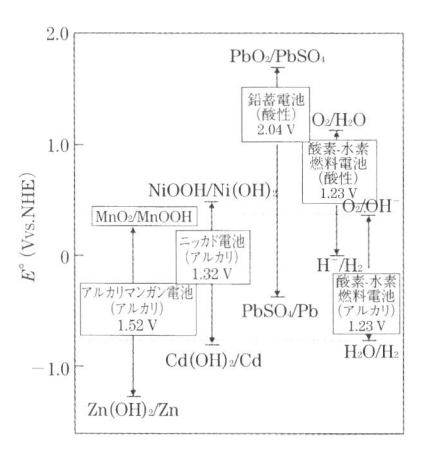

図 2.4 実用電池系の活物質の標準電極電位

表 2.2 主な電池系における理論起電力と理論エネルギー密度

	電池系	負極	正極	電池反応	出力電圧 (V)	理論容量 (Wh/kg)[*1]
1次電池	(アルカリ)マンガン	Zn	MnO_2	$Zn + 2MnO_2 \rightarrow ZnO + Mn_2O_3$	1.6	358
	水銀	Zn	HgO	$Zn + HgO \rightarrow ZnO + Hg$	1.34	255
	水銀-カドミウム	Cd	HgO	$Cd + HgO + H_2O \rightarrow Cd(OH)_2 + Hg$	0.91	148
	酸化銀-亜鉛	Zn	Ag_2O	$Zn + Ag_2O + H_2O \rightarrow Zn(OH)_2 + 2Ag$	1.6	288
	空気-亜鉛	Zn	O_2(空気)	$Zn + 1/2\,O_2 \rightarrow ZnO$	1.65	1086
	Li/SO_2	Li	SO_2	$2Li + 2SO_2 \rightarrow Li_2S_2O_4$	3.1	1175
	Li/MnO_2	Li	MnO_2	$Li + Mn^{IV}O_2 \rightarrow Mn^{III}O_2(Li^+)$	3.5	1001
保存電池	銅(I)塩化物	Mg	Cu_2Cl_2	$Mg + Cu_2Cl_2 \rightarrow MgCl_2 + 2Cu$	1.6	386
	亜鉛-銀酸化物	Zn	AgO	$Zn + AgO + H_2O \rightarrow Zn(OH)_2 + Ag$	1.81	512
2次電池	鉛蓄電池	Pb	PbO_2	$Pb + PbO_2 + 2H_2SO_4 \rightarrow 2PbSO_4 + 2H_2O$	2.1	252
	エジソン	Fe	Ni酸化物	$Fe + 2NiOOH + 2H_2O \rightarrow 2Ni(OH)_2 + Fe(OH)_2$	1.4	314
	ニッケル-カドミウム	Cd	Ni酸化物	$Cd + 2NiOOH + 2H_2O \rightarrow 2Ni(OH)_2 + Cd(OH)_2$	1.35	244
	銀-亜鉛	Zn	AgO	$Zn + AgO + H_2O \rightarrow Zn(OH)_2 + Ag$	1.85	524
	ニッケル-亜鉛	Zn	Ni酸化物	$Zn + 2NiOOH + 2H_2O \rightarrow 2Ni(OH)_2 + Zn(OH)_2$	1.73	372
	ニッケル-水素	H_2	Ni酸化物	$H_2 + 2NiOOH \rightarrow 2Ni(OH)_2$	1.5	434
	ニッケル-金属水素化物	MH[*2]	Ni酸化物	$MH + 2NiOOH \rightarrow M + Ni(OH)_2$	1.35	278[*3]
	銀-カドミウム	Cd	AgO	$Cd + AgO + H_2O \rightarrow Cd(OH)_2 + Ag$	1.4	318
	亜鉛-塩素	Zn	Cl_2	$Zn + Cl_2 \rightarrow ZnCl_2$	2.12	835
	亜鉛-臭素	Zn	Br_2	$Zn + Br_2 \rightarrow ZnBr_2$	1.85	442
	$C_6/LiMn_2O_4$	C_6	$LiMn_2O_4$	$LiC_6 + Mn_2O_4 \rightarrow C_6 + LiMn_2O_4$	3.9	413
	Li/FeS_2	Li(Al)	FeS_2	$2Li(Al) + FeS_2 \rightarrow Li_2FeS_2 + 2Al$	1.73	493
	Li/FeS	Li(Al)	FeS	$2Li(Al) + FeS \rightarrow Li_2S + Fe + Al$	1.33	459
	Na/S	Na	S	$2Na + 3S \rightarrow Na_2S_3$	2.1	792
	$Na/NiCl_2$	Na	$NiCl_2$	$2Na + NiCl_2 \rightarrow 2NaCl + Ni$	2.58	787
燃料電池	H_2/O_2	H_2	O_2(or 空気)	$H_2 + 1/2\,O_2 \rightarrow H_2O$	1.23	3659

*1 O_2を含む負極・正極活物質の質量のみに基づいて計算(電解液やセパレータ,集電板,筐体質量などは除外).
*2 金属水素化物.
*3 重量あたり1.2%の水素を蓄えたとして計算.

称に正極活物質の金属名を利用したものが多いことが読み取れる.

アルカリ中での酸素-水素燃料電池の電位でもわかるように,水溶液系では,水の理論分解電圧は 1.23 V である.しかし,実用電池のほとんどは,水の分解電圧をこえる出力電圧をもっており,鉛蓄電池などは 2.04 V という出力電圧をもっている.熱力学的には,水の分解により自己放電して使えないはずである.

どうしてこのようなことが可能になっているのであろうか．

まず，正極についてみてみよう．アルカリ中の酸素電極反応の標準電極電位は $E°(O_2 + 2H_2O + 4e^- \to 4OH^-) = 0.401$ V である．逆反応は OH^- の酸化（すなわち H_2O の酸化）であるから，この電位よりも貴な正極活物質は水を酸化して，より酸化数の小さな金属酸化物に還元される可能性がある．活物質が溶媒と反応することも自己放電の一種であるため，これを避けるか抑制しなければならない．PbO_2 は水の分解による酸素発生の反応速度が非常に遅く，酸素を発生させるためには，大きな過電圧が必要となる．このため，水の分解反応が実用上は無視できる．材料自身が水の分解を抑制しているのである．

逆に，$E°(O_2/OH^-)$ よりも卑な電位にある活物質は，水を酸化分解しないから電池活物質として適しているが，出力電圧が高い方がエネルギー密度が高くなるので望ましい．$E°(O_2/OH^-)$ よりも卑で，かつ $E°(O_2/OH^-)$ に近い活物質ほど出力電圧が大きくなり，正極活物質として優位である．この点から，信頼できる正極活物質として MnO_2 や Ag_2O が多用される．

負極についても同様な議論が適用できる．アルカリ中での水の還元電位は，$E°(2H_2O + 2e^- \to H_2 + 2OH^-) = -0.828$ V であるから，これよりも卑な電位を有する負極活物質は，H_2 を発生して自己放電する可能性があり，熱力学的には不安定といえる．しかし，負極活物質として多用されている亜鉛の標準電極電位は，$E°(Zn(OH)_4^{2-} + 2e^- \to Zn + 4OH^-) = -1.211$ V と，水の還元電位よりもはるかに卑な電位であるにもかかわらず，実用電池の負極活物質として欠かせない．これは，高純度な亜鉛は水の還元による水素発生が起こりにくい金属であり，速度論的に無視できるほど反応速度が小さい（水素過電圧が大きいという）ため，実用上は問題なく使用できるのである．このような水素過電圧の大きな金属は，亜鉛，水銀，鉛など限られており，これらが電池負極材料として多用される．

このように，電池技術とは，水素過電圧や酸素過電圧などの大きな材料を巧みに利用し，熱力学的には 1.23 V しかない水の安定領域をこえる 1.5 V といった出力電圧を実現しているのであり，熱力学的には不安定で危険なものを巧みに制御し，積極的に利用する技術の集大成のようなものなのである．

2.2.3 1次電池

a. マンガン乾電池　マンガン乾電池は，正極に MnO_2，負極に Zn を用い，出力電圧は 1.5 V 前後である．この電池の祖先となるルクランシェ電池では電解液として NH_4Cl を用いていたが，重負荷特性を改良するために電解液を $ZnCl_2$ 中心のものに変更し，高速性能をもたせるために少量の NH_4Cl が添加されている．安価でかつ電池性能が優れていることから，わが国では1次電池生産量の約60％がこの電池であったが，その生産は中国などの発展途上国にシフトした．乾電池としての歴史も長く，携帯用機器の電源として 100 年以上にもわたってこの電池が果たしてきた役割は大きいが，先進諸国では次に述べるアルカリマンガン電池にその席を譲っている．

円筒形電池（図 2.5）では，負極活物質の亜鉛自身が円筒缶として容器を兼ねている．内側にセパレータを介し，MnO_2 粉末とアセチレンブラック（導電材）の混合物を $ZnCl_2$ 電解液で練り固め，成形した正極合材を挿入し，中央部には集電体として炭素棒を打ち込んでいる．MnO_2 は電気伝導性に乏しく，単独では電流を取り出すことが難しいために導電材と混練することによって MnO_2 表面への導電性を付与している．これはほとんどの電池において共通に使用されている技術であるが，良導体であれば何でもよいというわけではなく，酸素過電圧が大きくかつ仕事関数の大きな良導体でなければ機能しないようである．また，資源的にも豊富で軽く，安価な材料が必要なため，実用的には炭素の微粉末が唯一の導

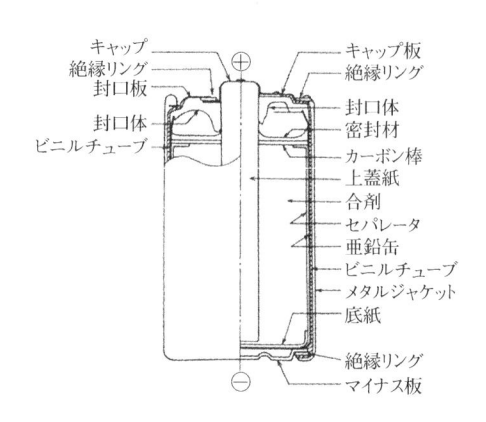

図 2.5　マンガン乾電池の構造

電材となっており，これに代わる材料は見当たらない．電極反応は，

正極： $MnO_2 + H_2O + e^- \longrightarrow MnOOH + OH^-$ (2.18)

負極： $ZnCl_2 \cdot 4Zn(OH)_2 + 8e^- \longleftarrow 4Zn + ZnCl_2 + 8OH^-$ (2.19)

全電池反応： $4Zn + 8MnO_2 + ZnCl_2 + 8H_2O \longrightarrow ZnCl_2 \cdot 4Zn(OH)_2$
$+ 8MnOOH$ (2.20)

となる（矢印の方向に反応が進行する）．水も反応物として消費されるため，漏液しにくい電池となっている．負極に使用する亜鉛中に鉄などの不純物があると水素化電圧が小さくなり，自己放電による水素発生により液漏れを起こす．これを防止するため，亜鉛よりも水素化電圧が大きい水銀を亜鉛表面に微量塗布していた．しかし，水銀は環境汚染物質としてその使用が制限されるようになり，水銀無添加での水素発生防止技術が確立され，現在日本で生産されているすべての民生用マンガン乾電池とアルカリマンガン電池には水銀が含まれていない．マンガン乾電池のパッケージには「水銀0使用」の表示があるので，ご存知の方も多いことであろう．

b．アルカリマンガン乾電池　アルカリマンガン乾電池は，正極，負極の活物質はマンガン乾電池と同じであるが，電解質として濃厚なアルカリ溶液（KOH）を使うことにより，大電流放電と低温特性を向上させ，大容量化を図った．単3～単5形の小型電池を主体に急速に生産量・需要ともに伸びており，わが国での生産と需要のほとんどがこのアルカリマンガン乾電池になっている．電池構造（図2.6）はマンガン乾電池と外観形状はほぼ同じであるが，大電流，大

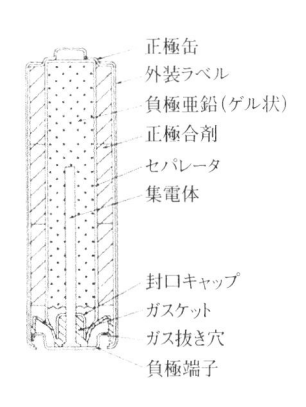

図 2.6　アルカリマンガン電池の構造

容量を取り出すための工夫と改良がなされた結果,内部構造は大きく異なっている.特に正極と負極の活物質量についてバランスをとりながら,いかに多くの活物質を電池筐体に詰め込むかの工夫がなされており,その結果として通常のマンガン乾電池よりも重くなり,大容量化を実現している.ボタン形電池(図2.7)は,酸化銀電池の価格が高騰したときに,作動時間が短いことを承知の上での代替品として普及した.

正極合剤はγ型の高純度電解合成MnO_2に黒鉛あるいはアセチレンブラックを導電材とし,KOH電解液を加えて混練したものである.負極には粉末亜鉛を用いて反応面積を広くし,これに増粘剤(カルボキシメチルセルロースなど)とアルカリ電解液を加え,ゲル状にしている.亜鉛の腐食による水素ガス発生を防ぐため,電解液に飽和近くまでZnOを添加するとともに,水素過電圧の大きなインジウム,アルミニウムなどを加えて合金化することにより水銀を使用しないように改良が加えられ,環境問題への対応が図られている.

電極反応は,

正極: $MnO_2 + H_2O + e^- \longrightarrow MnOOH + OH^-$ (2.18)

負極: $Zn(OH)_4^{2-} + 2e^- \longleftarrow Zn + 4OH^-$ (2.21)

全電池反応: $2MnO_2 + Zn + 2H_2O + 2OH^- \longrightarrow 2MnOOH + Zn(OH)_4^{2-}$ (2.22)

となる.負極で生成した$Zn(OH)_4^{2-}$は溶解度以上になると$Zn(OH)_2$もしくはZnOとなって析出する.電池電圧はマンガン乾電池と同じで1.5 V前後であるが,大電流放電特性に優れ,容量も大きい.実用化初期のものは,放電終了時になる

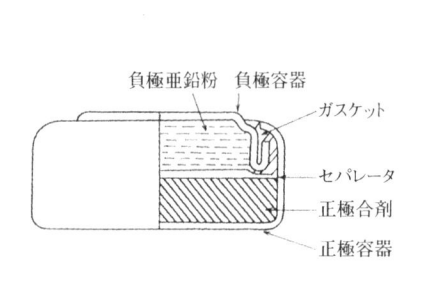

図2.7 ボタン形アルカリマンガン電池の構造

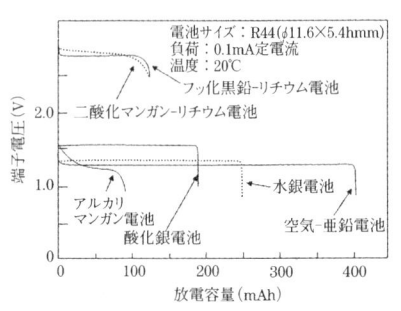

図2.8 主なボタン形1次電池の放電曲線

と液漏れを起こすものがまれにみられたが，現在では改良が加えられ，わが国で製造されたものは液漏れをほとんど起こさなくなっている．

濃厚なアルカリ電解液を使用し，負極活物質にはゲル状亜鉛を使用する電池として，酸化銀電池，水銀電池，および空気電池が存在する．いずれもボタン形が主体で，前2者の構造は図2.7と基本的に同じである．同一サイズでの放電曲線は図2.8のようであり，各々の特徴を生かし，用途によって使い分けがなされている．酸化銀電池は正極活物質として酸化銀 Ag_2O を用い，低温・大電流特性に優れる．アナログ型の腕時計用として汎用され，わが国では30種類近くのサイズが生産されている．水銀電池は正極活物質として酸化水銀 HgO を，空気電池は空気中の酸素を利用する．水銀電池は放電電圧が平坦でエネルギー密度も高いため，多くの分野で使われていたが，環境問題の点で敬遠され，リチウム電池に置き換わりつつある．空気電池は，電池内に触媒を担持した空気極（正極）を備え，缶底に空気流入孔をもつ特殊な構造で，正極活物質自体を電池筐体内に保持する必要がないため，軽量でエネルギー密度が高く，補聴器などの用途に利用されている．

c. 二酸化マンガンリチウム電池　これまで述べてきた電池の出力電圧は1.5 V前後のものがほとんどで，2次電池である鉛蓄電池でも2 Vがせいぜいである．これは，電解液として水を使用するための制限であり，リチウムなどのアルカリ金属といった酸化電位が卑な金属は水と反応してしまうため，使えなかったのである．しかし，電解液に非水溶媒を用いることにより，酸化電位が卑なリ

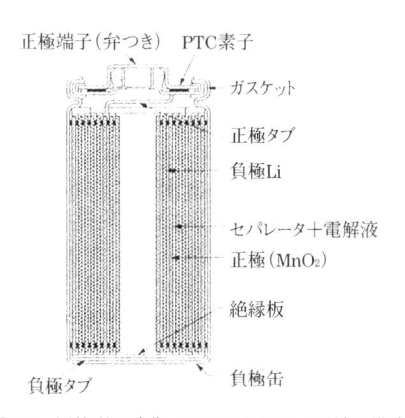

図2.9　円筒形二酸化マンガンリチウム電池の構造

チウムを活物質とすることが可能になり，3 V 級の出力電圧を有するリチウム電池の実用化が達成された．リチウム電池とは，負極活物質として金属リチウムを，電解液に非水溶媒を用いる電池の総称で，正極活物質には MnO_2，フッ化カーボン $(CF)_n$ をはじめ，さまざまな物質が用いられている．この中で MnO_2，$(CF)_n$ を用いる電池はわが国で発明された電池であり，各国へも技術輸出されている．

二酸化マンガンリチウム電池の正極活物質には高温で脱水処理した電解二酸化マンガンに導電剤として黒鉛，結着剤（バインダ）としてフッ素樹脂を加えた合剤を用いる．電解液はプロピレンカーボネート（PC）を主体とする有機溶媒に過塩素酸リチウム $LiClO_4$ を加えて使用する．有機溶媒の導電率は一般に水溶液系よりも 1～2 桁低いので，電池抵抗を下げる手段としてコイン形や渦巻き状円筒形（図 2.9）として電極間距離を短くしている．

電池反応は次式で示される．

$$Li + Mn(IV)O_2 \longrightarrow Mn(III)O_2(Li^+) \qquad (2.23)$$

正極では MnO_2 の還元が起こるとともに，負極での放電の結果として生成した Li^+ が MnO_2 内に固相拡散により侵入する．コイン形電池の用途はメモリーバックアップ，電卓，カメラ，デジタルウォッチ，体温計，薄型ラジオ，RAM カードなどであり，円筒形電池の用途は自動フィルム巻上げカメラ，水道・ガス・電力メータ，通信・計測機器，各種メモリーバックアップ用などである．

d．その他の 1 次電池　　水中に投入すると動作を開始する注液電池（Mg $(Al)/PbCl_2$ など），発熱剤の着火により高温状態で大電流放電可能な熱電池（$Mg/CaCrO_4$ など），測定機器の電圧較正用のカドミウム標準電池などがあるが，その用途は特殊であり，目にする機会はほとんどない．

2.2.4　2 次電池

充電することにより何度も繰返し使用が可能な電池を 2 次電池という．鉛蓄電池とニッケル-カドミウム電池が代表的なものであり，これに最近リチウム電池やニッケル-水素電池が加わった．実用的には鉛蓄電池が圧倒的に多く，2 次電池生産額の 70% 近くを占め，さらに鉛蓄電池生産量の 80% を自動車用が占めている．2 次電池は大別すると開放型と密閉型に分類され，開放型では 10^4 Ah に近い超大型から利用でき，密閉型のコイン形での 10^{-2} Ah まで広い容量範囲にわたり，大きさや形状もさまざまである．

a. **鉛蓄電池** 構造は開放型（大型）と密閉型（シール型）に分けられる．図2.10はシール型電池の構造例で，極柱と一体になっているストラップに所要枚数の電極板を溶接する．正極板にはペースト式（高出力・シール向き）とクラッド式（高信頼性・長寿命）がある．ペースト式では鉛合金で格子を鋳造し，これに亜酸化鉛を希硫酸で練ったペーストを練り込み，乾燥する．クラッド式極板はガラス繊維製の多孔性チューブに鉛合金心金を入れ，隙間にPbO_2粉末を充填する．いずれの電極もアノード酸化（化成）してPbO_2とする．電池反応（放電）は

正極：　　　$PbO_2 + 4H^+ + SO_4^{2-} + 2e^- \longrightarrow PbSO_4 + 2H_2O$ 　(2.24)

負極：　　　　　　　　$PbSO_4 + 2e^- \longleftarrow Pb + SO_4^{2-}$ 　(2.25)

全電池反応：$PbO_2 + Pb + 4H + 2SO_4^{2-} \underset{充電}{\overset{放電}{\rightleftarrows}} 2PbSO_4 + 2H_2O$ 　(2.26)

となる．放電すると硫酸が消費され，充電すると硫酸が生成する．端子電圧は2Vで，より高電圧が必要な場合は直列に接続し，1つのパッケージに入れている．過放電や未使用のまま放置すると活物質がサルフェーションを起こし，電極不活性な結晶形態の$PbSO_4$が析出して容量が減少し，充電できなくなる．定められた終止電圧を守り，過充電をしないように注意すれば，小型シール型で200～300サイクル，可搬型で300～400サイクルの充放電が可能である．

最近，炭素微粉体やポリビニルアルコール（PVA）などの添加剤を少量電解液に添加し，大電流での充放電を数回繰り返すことによって，サルフェーションを起こした電極を復活させ，鉛蓄電池の再生と長寿命化が可能であることが明らかになりつつある．これは，サルフェーションによって大きく成長した電極不活性

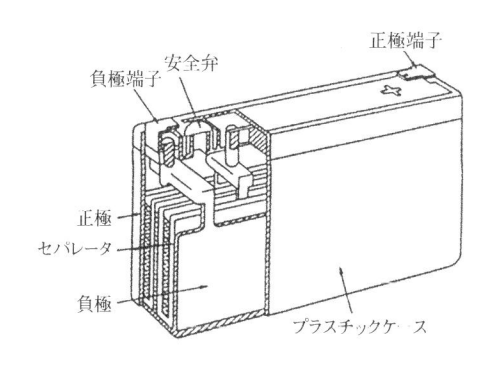

図2.10　密閉型鉛蓄電池の構造例

なPbSO$_4$結晶を炭素微粉体が活性化し,充放電を繰り返すことによりPVAの効果と相まって微細で電極活性なPbやPbO$_2$に転化するというもので,車のセルモータを回すときのような大きな電流で充放電することがポイントのようである.この技術は,環境問題の観点からは望ましい技術であり,特に発展途上国での鉛蓄電池の有効利用法として注目すべきであろう.

用途は,発電所や変電所での制御機能の維持,電信電話などの通信回線の確保,瞬時の中断も許されないコンピュータの無停電電源,電力貯蔵用,自動車用,火災報知器などの非常用電源,ポータブルOA機器,ポータブル音響機器など多岐にわたっている.

b. ニッケル-カドミウム電池　ニッケル-カドミウム電池は,充放電サイクル寿命が長い,過酷な使用に耐える頑丈さをもつ,完全密閉化され使いやすいなどの特長を有することから,圧倒的に多く生産され,利用されている.据置き用の大型(20 Ah以上が主体)と小型密閉型(6 Ah以下の円筒形や0.5 Ah以下のボタン形)に大別される.

電極板として,一般に多孔度85%程度の細孔をもつニッケル焼結板もしくは発泡ニッケルを用いる.正極では,このニッケル基板にNi(OH)$_2$を含浸させる.負極は同じく焼結基板にCd(OH)$_2$を含浸させるか,Cd(OH)$_2$にバインダを加えたペーストを塗布する.図2.11は円筒形の構造で,セパレータ(高分子不織布)を挟み,上記の正極と負極を渦巻き状にして缶に挿入し,安全弁つきの蓋をし,密閉する.電解液は30〜40% KOH溶液で,少量のLiOHを添加することが多い.

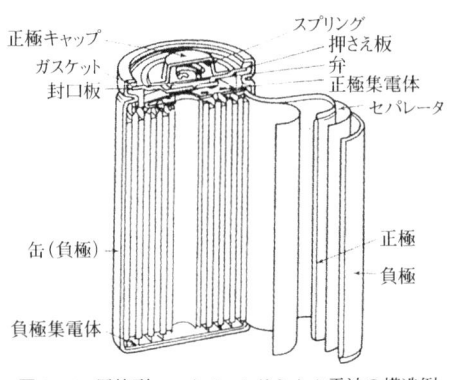

図2.11 円筒形ニッケル-カドミウム電池の構造例

正極： $NiOOH(\beta) + H_2O + e^- \longrightarrow Ni(OH)_2 + OH^-$ (2.27)

負極： $Cd(OH)_2 + 2e^- \longleftarrow Cd + 2OH^-$ (2.28)

全電池反応： $2NiOOH + Cd + 2H_2O \underset{放電}{\overset{放電}{\rightleftarrows}} 2Ni(OH)_2 + Cd(OH)_2$ (2.29)

開路電圧は1.35 V,作動電圧は1.2 V前後で大電流放電に優れ,$-20 \sim 60$℃の広い温度範囲で作動する.

図2.4からもわかるように,もし正極と負極の活物質量が等しければ,充電の末期では,水の分解により正極からは酸素,負極からは水素が発生する.そのまま充電を続ければ電池内の圧力が上昇し,ついには破裂事故を起こしかねない.そこで,次のような巧妙な対策がとられている.

(1) 負極(Cd)容量を正極(NiOOH)に比べて$20 \sim 30\%$多くする.
(2) 多孔性のニッケル導電板に正極,負極活物質を含浸して高表面積化する.
(3) 通気性と含液性に富む多孔性のセパレータ(不織布)に電解液を保持させ,両極を介して強く圧着し,電極が湿る程度に制限する.

この結果,正極が充電完了に近づき,酸素ガスを発生しても,負極は充電完了まで余裕があるので水素ガスは発生しない.また,正極から発生した酸素ガスはセパレータの空隙を通って負極に達し,直ちに充電されたばかりの活性の高いカドミウムに吸収され,カドミウムは充電前の形に戻る.

$$2Cd + 2H_2O + O_2 \longrightarrow 2Cd(OH)_2 \quad (2.30)$$

ここで消費された水は,正極での充電反応によって再生される.すなわち,負極での酸素吸収速度以上の速さで充電しない限り,電池内圧力は上昇しない.このように,鉛蓄電池に比べて過充電に対する耐性が強く信頼性が高い優れた電池であるが,カドミウムを用いているために環境問題の点でも危惧され,ニッケル-水素電池への転換が検討されている.

本電池は,充電したままの状態で長期間放置しておくと,充電した容量よりもはるかに少ない容量しか放電できなくなる,メモリー効果と呼ばれる現象があるため,定期的に十分放電させるといった使用法と保守に注意が必要である.このメモリー効果についてはその原因が解明されているわけではないが,正極の$NiOOH/Ni(OH)_2$に関係した現象のようである.

c. ニッケル-水素電池 ニッケル-水素電池には2つのタイプがある.1つ

は負極に水素を外部から供給するタイプで,正極にはニッケル-カドミウム電池と同じ NiOOH/Ni(OH)$_2$ 系を用いており,ニッケル-カドミウム電池と燃料電池のハイブリッド型のようなものであるが,特殊なものである.もう1つは,ニッケル-カドミウム電池の負極であるカドミウムの代わりに金属水素化物を用いるもので,厳密にはニッケル-金属水素化物電池と呼ばれるものである.

この電池の基礎はニッケル-カドミウム電池にあり,環境問題上その使用の制限が叫ばれているカドミウムを金属水素化物で置き換え,さらには高容量化も実現しようというもので,開路電圧も 1.35 V とほぼ同じである.図 2.12 にその構造を示す.

正極： $\mathrm{NiOOH}(\beta) + \mathrm{H_2O} + e^- \longrightarrow \mathrm{Ni(OH)_2} + \mathrm{OH}^-$ (2.27)

負極： $\mathrm{M} + \mathrm{H_2O} + e^- \longleftarrow \mathrm{MH} + \mathrm{OH}^-$ (2.31)

全電池反応： $\mathrm{NiOOH} + \mathrm{MH} \underset{\text{放電}}{\overset{\text{放電}}{\rightleftarrows}} \mathrm{Ni(OH)_2} + \mathrm{M}$ (2.32)

ここで,M は水素吸蔵合金である.この電池でも充電末期における正極での酸素発生と負極での水素発生が問題になるが,ここでも負極容量を正極容量よりも多く充填し,正極で発生する酸素ガスを負極での $4\mathrm{MH} + \mathrm{O_2} \rightarrow 4\mathrm{M} + 2\mathrm{H_2O}$ の反応により水に戻すという,ニッケル-カドミウム電池での技術を巧みに応用している.これにより電池内でのガス発生は抑えられ,内圧上昇を防止している.

この電池のカギを握る構成要素は,負極に用いる水素吸蔵合金である.合金の組成は,長い充放電サイクルでも安定なように決められており,AB$_5$ 型と AB$_2$ 型

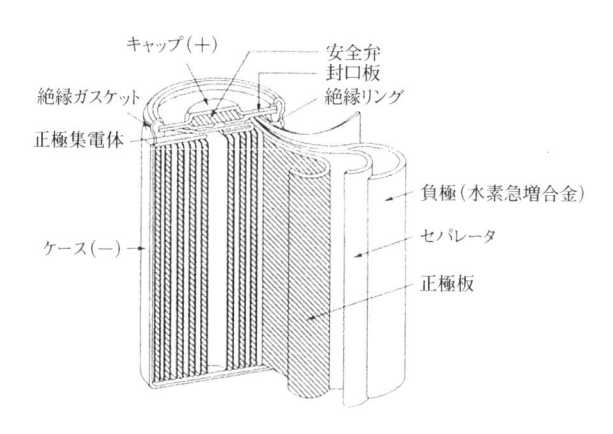

図 2.12　密閉円筒形ニッケル-水素化物電池の構造例

の2つのタイプが一般に用いられている．

AB_5型合金は主として$LaNi_5$をベースとした希土類（ミッシュメタル）合金で，充放電サイクル中でも合金を安定化するために，ランタンとニッケルをさまざまに置換している．たとえば，体積増加はニッケルをコバルトで部分的に置換することにより抑制され，界面特性は少量のアルミニウムもしくはケイ素の添加によって改善される．希土類金属サイトをチタンやジルコニウムで置換するか，ジスプロシウム，ネオジウム，セリウムのような他のランタノイドで置換すると表面皮膜を形成し，サイクル寿命が向上する．このことから，希土類金属の自然混合物である比較的安価なミッシュメタルを使用するようになった．

AB_2型合金はチタン，ジルコニウムをベースとしたもので，V-Ti-Zr-Ni系の合金を用いて改良されてきた．一般にAB_2型合金はAB_5型合金よりも高い容量（AB_5型の 250～300 mAh/g に対して 400 mAh/g）をもつ．水素吸蔵合金はカドミウム電極よりも密であり，金属水素化物電極の体積エネルギー密度はニッケル–カドミウム電池のカドミウム負極よりも約 50% 高い．

充電保持率と安定性に優れているため，最近はAB_5型合金が使用される傾向にある．この電池は携帯用のパソコンや電気自動車用電源として実際に使用され，ニッケル–カドミウム電池の代替品として急速に需要を伸ばしている．

d. リチウムイオン電池

リチウムは全元素中で最も卑な酸化還元電位（標準水素極に対して $-3.01\mathrm{V}$）をもつ軽い金属（密度 $0.534\ \mathrm{g/cm^3}$）であり，これを使うことができれば出力電圧を大きくとることができ（単セルで 4 V 級が可能），エネルギー密度の大きな電池（150 Wh/kg, 300 $\mathrm{Wh/dm^3}$ まで）を構築することができる．このため，多くの努力が払われてきた．その実用化のカギは，極度に卑な電位でも安定な電解液の開発にあり，非プロトン性有機電解液の利用により，これが可能となった．

負極として金属リチウムを用いるものは，充電により析出するリチウムがデンドライト（樹枝）状のものであるため，放電でのロスや正極との短絡などを起こしやすく，安全性と充放電サイクル寿命の点で問題があり，実用化には至っていない．この点を克服するため，リチウム–アルミニウム合金系などの合金系負極が検討されたが，充放電に伴う体積変化が大きく，大容量型の電池としては安全性に欠けるものであった．

20世紀の最後の10年間にわが国で開発され，大きな衝撃を世界に与え，携帯

用パソコンや携帯電話・携帯用ビデオカメラなどの携帯情報機器の爆発的な浸透と歩調を合わせ，その根幹を支える電源として世界を変えた記念すべき新型電池がリチウムイオン電池である．図2.13にリチウムイオン電池の原理図を示す．

この電池の長所は，金属リチウムの代わりに黒鉛材料を負極に用い，黒鉛層間にリチウムが挿入/脱離するインターカレーション反応を用いていることである．正極にはリチウム化した遷移金属酸化物を用いており，電解液には安全性と伝導性の観点から $LiPF_6/EC + DEC$ などが用いられている．

正極： $Li_{1-x}MO_2 + xLi^+ + xe^- \longrightarrow LiMO_2$ (2.33)

負極： $C + xLi^+ + xe^- \longleftarrow Li_xC$ (2.34)

全電池反応： $Li_xC + Li_{1-x}MO_2 \underset{放電}{\overset{放電}{\rightleftarrows}} LiMO_2 + C$ (2.35)

ここで，$LiMO_2$ はリチウム化した遷移金属酸化物正極で層状構造を有し，固相内での Li^+ が移動しやすいものが使用されている．現在利用されているのは $LiCoO_2$ である．Li^+ は充電中および放電中に正極と負極の間を往復する．負極上では，リチウムが電析したり溶解したりするのではなく，充電中はリチウムが炭素に吸蔵され，放電中はこの吸蔵リチウムの放出が起こり，正極酸化物に吸蔵される．このように電池中に金属リチウムが存在しないため反応性が低く，金属リチウムを含む電池に比べて安全で，より長い寿命をもつ．

リチウムイオン電池は，その製造法においても安全性と操作性に優れている．電池はリチウム供与体となる正極活物質とリチウム受容体となる負極活物質（黒鉛）の組合せを基本とする．多くの粉末状の層間化合物では，リチウムを挿入さ

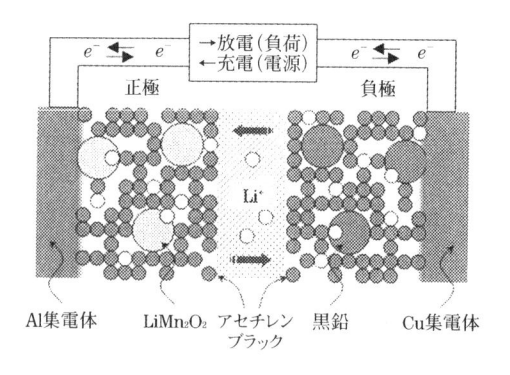

図2.13　リチウムイオン電池の作動原理

せた状態では自然発火性である．しかし，もしリチウムが層間化合物中にしっかり固定されていれば，自然の状態では空気や湿気と反応して発火するようなことはない．リチウム層間化合物では，その電気化学ポテンシャルが -3.5 V 以下であれば，一般的に空気中では安定である．リチウム置換度が相当に高い $Li_{1-x}CoO_2$ （$0 \leq x \leq 0.5$），$Li_{1-x}NiO_2$ （$0 \leq x \leq 0.5$），$Li_{1-x}Mn_2O_4$ （$0 \leq x \leq 0.8$）でさえこの分類に入る．したがって，リチウム供与体としてはこのような酸化物は安全に取り扱うことが可能であり，工業的にも優れた方法である．

一方，負極である黒鉛は，製造時はリチウムを挿入しておらず，これも安全に取り扱うことができる．しかも，リチウムの挿入/脱離反応の電位はほとんど金属リチウムと同じであり，単セルでも 4 V 級の電池が構成できるのである．

リチウムイオン電池は，現在研究されている 2 次電池系の中で，最も魅力的なものである．この電池は高密度ニッケル-水素電池に比べて重量エネルギー密度（Wh/kg）では約 40〜50%，体積エネルギー密度（Wh/dm^3）で約 10〜20% 大きく，充放電サイクルにおいても 1200 サイクルという驚異的なサイクル寿命を達成している．また，自己放電速度は約 10%/月程度であり，ニッケル-カドミウム電池のような NiO_2 系 2 次電池の約 30%/月程度よりも優れており，メモリー効果もない．

リチウムイオン電池を電気自動車や電力貯蔵用にするための大型化の開発が現在進められている．大型化のためには，正極活物質として使用されている $LiCoO_2$ ではコバルトが高価なため，資源的にも豊富で安価な $LiMn_2O_4$ を代表とする MnO_2 系の化合物を使いこなすための研究が展開されている．高分子固体電解質のリチウムイオン電池への応用もまた検討されている．IT 産業の花形である携帯電話の電源は，ほぼすべてがリチウムイオン電池である．

e. ナトリウム-硫黄電池　夜間と昼間で電力消費量が大幅に異なるわが国では，夜間に余剰電力を貯蔵しておき，これを昼間の消費ピーク時に利用することで発電量を均一にする効率のよい発電方式（ロードレベリング）が望ましいという要請から，1 MW 級を目標に大型 2 次電池による電力貯蔵の研究が進んでいる．その 1 つの候補はすでに述べたリチウムイオン電池であるが，もう 1 つ忘れてはならないものがこのナトリウム-硫黄（Na/S）電池である．

この電池は 300〜350°C で作動させる 2 次電池であり，正極活物質には溶融状態にある硫黄，負極活物質にも溶融状態にある金属ナトリウム，電解質兼セパレ

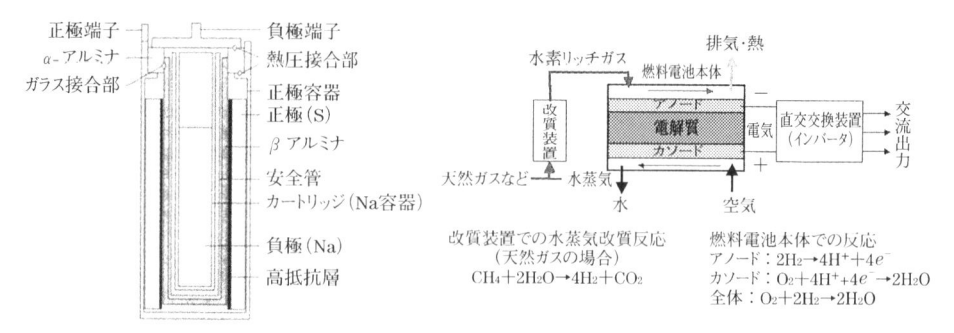

図 2.14　ナトリウム-硫黄電池の構造例

図 2.15　燃料電池の原理

ータとしてナトリウムイオン伝導体である β-アルミナ $Na_2 \cdot 11Al_2O_3$ を用いる（図 2.14）．

$$2Na + xS \underset{放電}{\overset{放電}{\rightleftarrows}} Na_2S_x \qquad (x = 5 \sim 2.7) \qquad (2.36)$$

出力電圧は 2.076 V でエネルギー密度は 780 Wh/kg と非常に大きく，実際にも 100〜200 Wh/kg 取り出されている．溶融状態の活物質を用いるため，金属リチウムを用いた電池のような樹枝状の電析はないが，ナトリウムと硫黄が直接接触すると爆発的に反応が進行するため，電解質兼セパレータである β-アルミナの強度と安全性，長寿命化がカギとなっている．また，充放電反応時の発熱による温度上昇があり，高負荷状態での温度管理が必要であるが，保温と防爆構造など改善が進み，実用化に近いレベルまできているようである．現在，さらなる大型化に向けた開発が進められており，長寿命化や安全性が確立できれば，ロードレベリング用として期待できる電池である．

2.2.5　燃料電池

燃料電池（fuel cell）は，これまで述べてきた活物質を電池内に保有する 1 次電池や 2 次電池とは異なり，外部から燃料と空気を導入して発電する一種の直流発電機である．原理的には燃料の酸化反応と酸素の還元反応の組合せによる化学エネルギー変換であり，化学力発電とも呼ばれる．燃料には水素やメタノールなどが考えられるが，基本は水素を燃料とするものである（図 2.15）．

酸素-水素型の燃料電池は，使用している電解質の種類によって分類されている（表 2.3）．しかし，電解質がアルカリであろうが酸であろうが，25 ℃の標準状態における起電力は 1.229 V である．

表 2.3 燃料電池の種類と特徴

燃料電池の種類	アルカリ型 (AFC)	固体高分子型 (PEFC)	リン酸型 (PAFC)	溶融炭酸塩型 (MCFC)	固体酸化物型 (SOFC)
反応温度(℃)	60〜80	60〜80	160〜210	600〜660	900〜1000
反応ガス 酸化剤	H_2 O_2	H_2 O_2, 空気	H_2 O_2, 空気	H_2, CO O_2, 空気	H_2, CO O_2, 空気
燃料	純水素	天然ガス, メタノール	天然ガス, メタノール	天然ガス, メタノール, ナフサ, 石炭ガス化ガス	天然ガス, メタノール, ナフサ, 石炭ガス化ガス
電解質	KOH	陽イオン交換膜	高濃度 H_3PO_4	Li_2CO_3, Na_2CO_3, K_2CO_3	ZrO_2 (Y_2O_3)
電荷担体	OH^-	H^+	H^+	CO_3^{2-}	O^{2-}
電極材料	多孔質炭素板, PTFE	多孔質炭素板, PTFE	多孔質炭素板, PTFE	多孔質 Ni-Al 焼結体, 多孔質 NiO 焼結体	Ni 板, ランタンニッケル酸化物
電極触媒	Pt, ラネー Ni	白金類	白金類	不要	不要
発電効率(%)	—	35〜45	35〜45	45〜60	45〜60
廃熱利用	温水	温水	温水, 蒸気	ガスタービン, 蒸気タービン	ガスタービン, 蒸気タービン
総合効率(%)	—	70〜80	70〜80	70〜80	70〜80
特徴	低温で作動, 電力密度が高い, 瞬時動作が期待できる, CO_2 を吸収してしまう欠点あり, 宇宙用	低温で作動, 電力密度が高い, 瞬時動作が期待できる, 電気自動車への適用可能	発電用, 排熱を給湯・冷暖房に使える	排熱を複合発電システムに使える, 燃料の内部改質が可能	電力密度が高い, 排熱を複合発電システムに使える, 燃料の内部改質が可能
開発段階	宇宙用, 数十 kW	数 kW〜数十 kW 級電池スタック, 周辺機器を開発中	1 MW, 5 MW 実証プラント運転試験, 実用化の最終段階	1 MW パイロットプラント試験	数百 W〜数 kW 級電池スタックの開発中, セラミック材料, 製造法の基礎研究段階

(1) アルカリ電解質:

正極: $O_2 + 2H_2O + 4e^- \longrightarrow 4OH^-$ (2.37)

負極: $2H_2O + 2e^- \longleftarrow H_2 + 2OH^-$ (2.38)

全電池反応: $O_2 + 2H_2 \longrightarrow 2H_2O$ $E_{cell} = 1.229$ V (25℃) (2.39)

(2) 酸性電解質:

正極: $O_2 + 4H + 4e^- \longrightarrow 2H_2O$ (2.40)

負極: $2H^+ + 2e^- \longleftarrow H_2$ (2.41)

全電池反応: $O_2 + 2H_2 \longrightarrow 2H_2O$ $E_{cell} = 1.229$ V (25℃) (2.39)

要するに, 水素の燃焼反応そのものを個々の酸化還元反応に分解し, 電極反応と

して化学エネルギーから電気エネルギーを直接取り出すプロセスである．この反応の起電力は温度が高くなると減少し，650℃では 1.019 V となる．

燃料電池の歴史は 200 年にも及び，1839 年のグローブ卿（W.R.Grove）による実験が燃料電池の発明とされている（図 2.16）．燃料電池の実用化が促進されたのは，1961 年からのアメリカによる有人宇宙船計画への応用開発にあり，1965 年にはジェミニ 5 号宇宙船に固体高分子型（PEFC 型）の燃料電池が初めて搭載され，その後はアルカリ型の燃料電池が搭載されている．アポロ 13 号の事故原因が，燃料電池に使われていた酸素バルブの故障であった点は有名である．この宇宙計画での成果を民生用にも展開しようという計画がアメリカで 1967 年に TARGET 計画（小容量燃料電池開発）としてスタートし，1971 年からは FCG-1 計画（大容量燃料電池開発）がスタートしている．1973 年の中東戦争に端を発する第一次エネルギー危機の反省から，わが国ではサンシャイン計画（新エネルギー技術開発）がスタートし，1981（昭和 56）年からはムーンライト計画（省エネルギー技術開発）の 1 つとして燃料電池発電技術が取り上げられ，1993 年からはニューサンシャイン計画として 2010 年での実用化を目指して開発研究が継続され，現在では世界をリードしている．

酸素電極反応は数ある電気化学反応の中で，最も起こりにくいガス電極反応の 1 つであり，通常は貴金属触媒（Pt）が必要である．酸性溶液よりもアルカリ溶液中の方がいくぶん酸素還元反応の反応速度が大きいため，最初の燃料電池はアルカリ電解質が用いられた．

アルカリ型燃料電池の欠点は，燃料として純水素が必要とされる点にある．民生用には天然ガスなどの改質燃料（$CH_4 + 2H_2O \rightarrow 4H_2 + CO_2$）を用いることになるが，アルカリ電解質は CO_2 を吸収して変質してしまうため，酸性電解質の

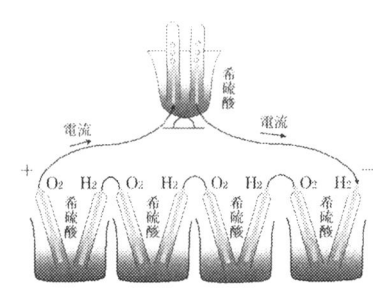

図 2.16　W. R. Grove による燃料電池の実験

使用が求められた．酸素還元反応の反応速度を少しでも高める（可逆性を高める）ためには，触媒性能を向上させること以外にも，温度を上げることが有効である．中高温（〜200℃）でも比較的安定な酸性電解質として濃厚リン酸（〜98％）を用いるリン酸型燃料電池（PAFC）が開発され，実用化の第1歩を踏み出している．

低温型電池の欠点は，白金触媒が不可欠であること，酸素過電圧が大きいため，エネルギー変換効率の飛躍的な増加が見込めないことにある．それでも発電効率として40％という値が得られており，新発電技術として開発が進められている．燃料電池には次のような利点がある．(1) 直接発電方式のため，高効率である，(2) 小規模（数十〜数百kW）でも大規模火力なみの発電効率をもつ，(3) 部分負荷効率が高く，負荷変動に対する応答性に優れている，(4) 有害物質を排出せず，低騒音である．

したがって，需要地近くに設置するオンサイト型，あるいは分散発電に適しており，送変電設備と送変電ロスの軽減，排熱の有効利用を図ることができる．燃料電池は熱を経由しない直接発電方式だから，装置を大型化することによるスケールメリットをあまり考慮する必要がない．このため，比較的小型のオンサイト型（〜数百kW）をホテル，レストラン，病院などに，あるいは分散発電（〜数MW）プラントを工場あるいは団地などの需要地に設置することが可能である．これによるメリットはきわめて大きい．特に電池からの排熱を冷暖房・給湯などに利用（コジェネレーション，熱電併給という）すれば，総合熱効率は80％にも達すると見込まれている．

リン酸型に対して，高温型では溶融炭酸塩型（MCFC，動作温度650℃）と固体電解質型（SOFC，動作温度〜1000℃）の2つがある．これらは低温型と比較して酸素還元反応の過電圧が小さくなるため，電流出力時の電圧を大きく維持でき，電圧効率 E/E_{cell} を高く維持することができる．SOFCは開発途上の基礎研究段階にあるが，MCFCはわが国でも精力的に研究開発が進められ，2000（平成12）年3月に三重県の中部電力川越火力発電所内で1 MWプラントの実証試験が終了し，大きな成果をあげている．MCFCの課題は長寿命化（〜4万時間）と高出力密度化，コストダウンであり，運転圧力を12 atmまで上げることにより，現状の0.8 V，150 mA/cm^2 から出力電圧を落とさずに250 mA/cm^2 程度までの高出力密度化が検討されている．しかし，加圧運転は電池寿命を短くしてしまうと

いうジレンマがあり，高耐食性材料の開発やセル構造の最適化が検討されている．わが国における最新成果では，0.9 V，150 mA/cm² という電池性能で 12000 時間の運転実績があり，2010 年に向けた真の実用化への期待が大きい．

　最近，さらに注目を集めているのが固体高分子型燃料電池（PEFC）である．PEFC の実用化はアメリカにおける有人宇宙船計画においてジェミニ 5 号に搭載されたものが最初であるが，これは G.E.社が開発していた水電解用のプロトン導電性高分子薄膜（カチオン交換膜）を用いたものであった．当時は固体高分子電解質型燃料電池（SPE‒FC）と呼ばれていたが，その後は PEM‒FC（高分子電解質薄膜型燃料電池）と呼称が変わり，現在の PEFC（高分子電解質型燃料電池）と呼ばれるようになった．

　PEFC は 80°C 程度で運転される低温型の燃料電池で，酸素極，水素極ともに電極触媒が必要なものであるが，これはリン酸型燃料電池での技術が流用できる．カギは丈夫で水素透過が少なく，かつプロトン伝導率の高い高分子電解質薄膜をいかに薄く，信頼性よく製造するかにある．現在は膜厚 50 μm 程度のものができており，驚くべきスピードで開発が進められ，小型で高出力の電池が開発されつつある．カチオン交換膜としてはフッ素系の有機高分子に SO_3H 基を導入したものが主流のようで，高性能高分子電解質薄膜の開発競争が激しい．

　この PEFC が特に注目を集めているのは，電気自動車への応用という点にある．その背景には，アメリカで 1993 年から進めている PNGV 計画がある．ガソリンエンジン車のエネルギー変換効率を図 2.17 に示した．これからわかるように，現在の内燃機関（エンジン）は，市街地走行では約 13%，高速走行では約 20% を利用しているにすぎない．PNGV 計画では，自動車の重量削減，エネルギー変換効率の改良（最低でも 40%），ブレーキングでのエネルギー回収などを組み合

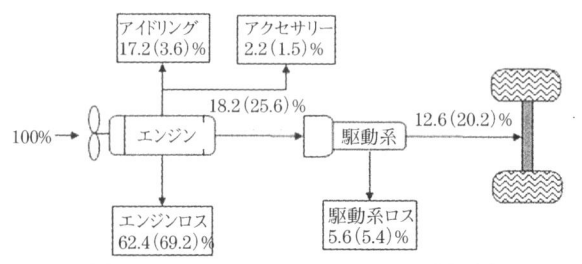

図 2.17　ガソリンエンジンのエネルギー変換効率
数値は市街地走行（高速走行）となっている．

図 2.18 Ballard 社の燃料電池バス（1993 年発表）

わせ，2004 年にはプロトタイプの製造まで行おうという計画で，エネルギー変換効率の計算に用いる原燃料については規定していない．純水素を原燃料としてもよいのである．燃料としては今のところ，純水素とメタノールが有望である．

この計画の背景には環境問題があるのはもちろんだが，1993 年に PEFC 駆動のバスが発表されており（図 2.18），ある程度の見通しがあったものと思われる．さらには，環境問題への配慮から，CO_2 排出総量規制が COP3 として議定され，石油に依存したエネルギー体系からの脱却を目指しているという側面もある．これに対応できなければ，自動車業界ばかりではなく石油業界にとっても死活問題になる．この観点から，国家の壁をこえた，まさにグローバルな経済と産業技術構造の再編が進行している．

燃料電池は電池本体の電気化学系と燃料改質器という化学反応装置，燃料輸送や排熱回収などの流体機械，インバータなどの電力関連機器を総合した複合分野にまたがるシステム技術である．PEFC 駆動の乗用車開発が成功すれば，これらの複数分野における技術ばかりでなく，社会システム的にも大きな革命となるであろう．

2.3 電気化学表面処理

2.3.1 表面処理の目的と用途

代表的な表面処理法を表 2.4 に示す．いずれの処理法も表面を美しくするため（装飾化），強くするため（耐食・耐摩耗性化），あるいは特殊な機能をもたせるもの（機能化）に応用されている．

2.3.2 腐食の種類

表面処理の最たるものは腐食（corrosion）とその抑制（防食あるいは耐食性）

表 2.4 表面処理法とその目的・用途

表面処理法	目的	用途（具体例）
めっき		
電気めっき	(1)装飾，(2)耐食，(3)耐摩耗，(4)機能	(1)装飾品(金ボタン，時計)
		(1)+(2)耐食性装飾品(自動車用マーク)
		(3)耐摩耗品(エンジンシリンダー)
		(4)合金めっき(ワイヤメモリー，磁気ヘッド)
無電解めっき	(1)装飾，(4)機能	(1)下地めっき(自動車用マーク)
		(4)磁性めっき(磁気ディスク)
気相めっき	(2)耐食，(3)耐摩耗，(4)機能	(2)+(3)耐食・耐摩耗品(切削工具)
		(4)酸化物超伝導体(電子デバイス)
アノード処理		
エッチング	(4)機能	(4)砂目立て(PS版)
		(4)回路形成(プリント基板)
		(4)表面積増大(電解コンデンサー)
アノード酸化	(1)装飾，(2)耐食，(3)耐摩耗	(1)+(2)+(3)アルマイト処理(アルミサッシ)
化成	(2)耐食，(3)耐摩耗，(4)機能	(4)Alの酸化膜(電解コンデンサー)
		(2)+(3)+(4)Alの酸化膜(PS版)
電解研磨	(1)装飾，(2)耐食，(4)機能	(1)+(2)耐食装飾品(ステンレス鋼)
		(4)超精密研磨(超精密部品)
塗装		
塗装	(1)装飾，(2)耐食	(1)+(2)耐食性装飾品(カラーステンレス，バンパー)
電着塗装	(1)装飾，(2)耐食	(1)+(2)耐食性装飾品(自動車ボディ)
化学処理	(1)装飾	(1)装飾品(カラーステンレス)
泳動電着	(1)装飾，(2)耐食，(4)機能	(1)+(2)耐食性装飾品(自動車ボディ)
		(4)酸化物超伝導体(磁気シールド)
表面硬化		
浸炭，窒化，浸透	(2)耐食，(3)耐摩耗	(2)+(3)耐食・耐摩耗品(工具)
化学修飾	(4)機能	(4)電極の機能化(電池用電極，センサ)
電鋳	(1)装飾，(4)機能	(1)装飾品(精巧な美術品)
		(4)複雑形状金属(精密機器部品，電子部品)

にある．簡単にいえば，いかに錆を防ぐか（金属が腐るのを防ぐか）という技術である．実際の腐食の形態も単純なものではない．1973年の調査によれば，わが国における腐食による直接的な経済的損失は約2%にもなる．環境に曝されている表面全体あるいは広い面積にわたってほぼ均一に進行する腐食を全面腐食といい，金属材料の最も一般的な腐食形態であり，腐食による損失の最大の部分を占める．しかし，この全面腐食は発見しやすく，寿命予測も立てやすいため，対策はそれほど困難ではない．しかし，以下に示す特殊な腐食がある．

孔食および隙間腐食は，ともにステンレス鋼で問題となるもので，腐食発生部と環境溶液との間の物質移動の起こりにくさが腐食進行のカギとなっている．粒

界腐食は，金属材料の結晶粒界に沿った選択的腐食で，粒内はほとんど腐食されないにもかかわらず，材料の機械的破壊を引き起こす．よく知られているのはステンレス鋼のクロム欠乏による粒界腐食で，結晶粒界に$Cr_{23}C_6$などのクロム炭化物が析出してクロム濃度が数％にまで低下し，腐食してしまう．また，アルミニウム合金，亜鉛，スズ，鉛などでも結晶粒界に不純物が偏析し，粒界腐食する場合がある．

合金成分のうち，特定の成分だけが腐食によって選択的に溶出する現象を脱成分腐食といい，黄銅（銅-亜鉛合金）の脱亜鉛腐食がよく知られている．これはCl^-を含む高温の水溶液中で起こりやすい．家庭用温水器の蛇口栓に使われている黄銅製のコマが，数年の使用で銅色になっているのがその例である．

摩耗腐食は，局部的，衝撃的な機械的作用で材料の表面が削り取られるエロージョン（errosion）と同時に腐食が起こっている場合をさし，両作用が互いに加速し合って大きな腐食を引き起こす．気相流体中の液滴，液相流体中の固体粉末，流体中の回転翼に生じるキャビティー，オリフィス・曲がり管などに発生する乱流などが金属材料や表面の保護皮膜を破壊し，腐食が加速される．最近では，このような摩擦現象（トライボロジー）に伴う化学反応を積極的に利用しようというトライボケミストリーという分野も提唱されている．

応力腐食割れは，アルミニウム合金やステンレス鋼と塩化物水溶液，銅合金とアンモニア水，軟鋼とアルカリ水溶液などのように，特定の腐食環境下にある金属材料がきわめて小さい引張り応力によって割れる現象である．割れが粒界に沿って進む場合（粒界割れ）と結晶粒を貫いて割れが進展する場合（粒内割れ）がある．強酸などの激しい腐食性環境よりも，環境の腐食性が弱く不動態皮膜が表面全体を保護している場合の方が発生しやすい．割れ以外の材料表面はほとんど腐食せず，割れ先端部での溶液のpH低下，金属溶解の加速，応力集中による変形が起こり，割れが進行すると考えられている．H_2の吸収が起こらない程度のカソード防食により応力腐食割れが防止できることから，機械的な割れ進行よりも電気化学反応による溶解が重要な過程であると考えられている．特にステンレス鋼の応力腐食割れは，原子炉の冷却水漏れや化学プラントの事故につながるため，注意が必要である．

これらの特殊な腐食を見渡すと，いずれも金属組織の不均一性，不完全性に根本的な原因がある．しかし，完全な金属組織をもった材料は存在しない．現実の

材料は大なり小なり何らかの欠陥をもっている．これをいかに騙し，制御し，使いこなすかが技術なのである．

2.3.3 腐食の平衡論

金属材料の安定性を調べることは，その環境で金属，酸化物，水酸化物，イオンなどのいずれが熱力学的に最も安定かを検討することに対応する．これは，個々の反応の熱力学的電位の関係を調べることによって可能となる．通常の環境で腐食に関係するのは水であるから，水溶液系について電位-pH 図によって検討できる．これを亜鉛を例にして説明しよう（図 2.19）．

亜鉛の水酸化物 $Zn(OH)_2$，イオンとして Zn^{2+} を考える．これらの化学種と金属亜鉛との平衡関係を検討すると，次の反応が考えられる．

$$Zn^{2+} + 2e^- \longrightarrow Zn \quad E = -0.762 + 0.0295 \log a_{Zn^{2+}} \quad (2.42)$$
$$Zn(OH)_2 + 2H^+ + 2e^- \longrightarrow Zn + 2H_2O \quad E = -0.410 - 0.059\,pH \quad (2.43)$$

Zn，$Zn(OH)_2$ は固相として存在するため，その活量を 1 として電位を示している．M.Pourbaix は，溶解した金属イオンの濃度が 10^{-6} mol/dm^3 のときに腐食が進行していると評価しており，便宜的にこの基準に従うと，式（2.42）の反応の電位は -0.939 V となり（図中の直線 a），これよりも電位が貴であると腐食により Zn^{2+} の濃度が増加する．

一方，式（2.43）の反応の電位は pH 依存性を有し（直線 b），これよりも貴な電位では $Zn(OH)_2$ が安定となる．直線 a と b の交点は両反応の電位が等しい状態であり，両反応の電池を構成して電極間を短絡したときに，反応が進行して平

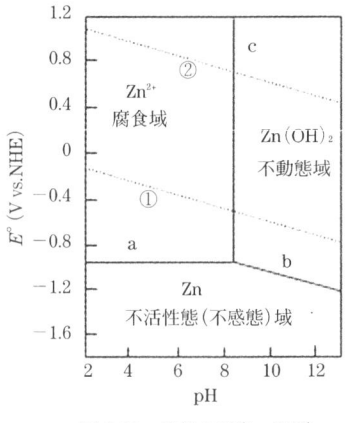

図 2.19 亜鉛の電位-pH 図

衡電位に差がなくなった状態に対応する．これは，両反応の差をとれば，

$$Zn^{2+} + 2H_2O \longleftrightarrow Zn(OH)_2 + 2H^+ \quad \log a_{Zn^{2+}} = 12.26 - 2pH \quad (2.44)$$

という沈殿平衡反応に相当し，電子の授受がないために電位に依存しない．ここでも Zn^{2+} の活量を 10^{-6} mol/dm^3 とすると pH = 9.13 となり（直線 c），これよりも pH が低い酸性領域では Zn^{2+} の活量が増加し，pH が高いアルカリ性領域では水酸化物 $Zn(OH)_2$ が安定であることがわかる．

以上より，亜鉛の電位-pH 図は，直線 a, b, c に区切られた 3 つの領域に分けられ，それぞれ Zn, Zn^{2+}, $Zn(OH)_2$ の安定領域を示していることがわかる．金属亜鉛が安定で腐食が起こらない領域は不活性態域あるいは不感態域と呼ばれ，腐食域では Zn^{2+} への溶解が起こる．不動態では Zn の腐食は進行するが，生成する $Zn(OH)_2$ が安定であるため，表面を $Zn(OH)_2$ が覆いつくしてしまうと $Zn(OH)_2$ 自体の生成が極端に遅くなり，実質的に腐食反応が停止してしまう．この状態を不動態と呼ぶ．

金属が腐食するということは，金属の酸化反応が進行することであり，これと対をなす還元反応が必ず存在する．水溶液中では，この還元反応として水の分解反応による水素発生（直線①）と，溶液中に溶け込んでいる酸素の還元反応（直線②）がある．

$$2H^+ + 2e^- \longrightarrow H_2 \quad E_1 = -0.059\,pH + 0.0295\log P_{H_2} \quad (2.45)$$

$$O_2 + 4H^+ + 4e^- \longrightarrow 2H_2O$$
$$E_2 = 1.229 - 0.059\,pH + 0.0147\log P_{O_2} \quad (2.46)$$

金属の酸化還元電位が直線①より下の領域では水素分圧が 1 atm 以上になり，水素発生が起こって腐食を進行させ，直線②より下の領域では溶存酸素が還元されて腐食を進行させることになる．つまり，水や酸素があるから金属は腐食する．

2.3.4 腐食の速度論

電位-pH 図は熱力学的な平衡状態における議論である．しかし，腐食はある速度で進行する非平衡状態にある系であり，腐食速度すなわち反応速度を議論しなければならない．

同一の電極上で 2 つ以上の電極反応が同時に起こっている系を複合電極系といい，それぞれの反応の電流の総和が 0 になる電位を混成電位（mixed potential）という．これは，単一電極の平衡電位と対比して理解することができる．平衡電位においてはその反応は動的平衡状態にあり，正・逆（アノード・カソード）反

応の電流が等しくなり，外部電流は0になる．たとえば鉄の平衡電位では，Feの溶解とFe^{2+}の析出が同じ速度で起こっており，正味の溶解は起こらない．一方，混成電位では，酸性溶液中の鉄は水素ガスを発生しながら溶解する．

$$Fe \longrightarrow Fe^{2+} + 2e^- \qquad (2.47)$$

$$2H^+ + 2e^- \longrightarrow H_2 \qquad (2.48)$$

の2つの反応が同じ鉄上で起こるが，外部には電流が流れない．Feの溶解（酸化）電流J_aと水素発生（プロトンの還元）電流J_cの絶対値が等しく，外部に流れる電流J_{ex}が$J_{ex} = J_a + J_c = 0$となり，外部に流れる電流が0であっても，J_aに相当する速度でFeの溶解が起こるのである．この腐食における混成電位を腐食電位（corrosion potential）という．

この関係を図2.20に基づきながら，酸性溶液中での鉄の腐食反応速度を例として，数式で説明する．Feの溶解析出反応（式(2.47)）と水素発生反応（式(2.48)）の個々の反応の電位-電流曲線は，物質移動による濃度分極を無視すればバトラー-フォルマー式に従う．

$$j_{Fe} = j_{Fe,a} + j_{Fe,c}$$

$$= j_{0,Fe} \left\{ \exp\left[\frac{\alpha_{Fe} n_{Fe} F}{RT}(E - E_{Fe}^e)\right] - \exp\left[\frac{-(1-\alpha_{Fe}) n_{Fe} F}{RT}(E - E_{Fe}^e)\right] \right\} (2.49)$$

$$j_{H_2} = j_{H_2,a} + j_{H_2,c}$$

$$= j_{0,H_2} \left\{ \exp\left[\frac{\alpha_{H_2} n_{H_2} F}{RT}(E - E_{H_2}^e)\right] - \exp\left[\frac{-(1-\alpha_{H_2}) n_{H_2} F}{RT}(E - E_{H_2}^e)\right] \right\} (2.50)$$

ここで，j_0，E^eはそれぞれの反応の交換電流密度と平衡電位，α，nはそれぞれ

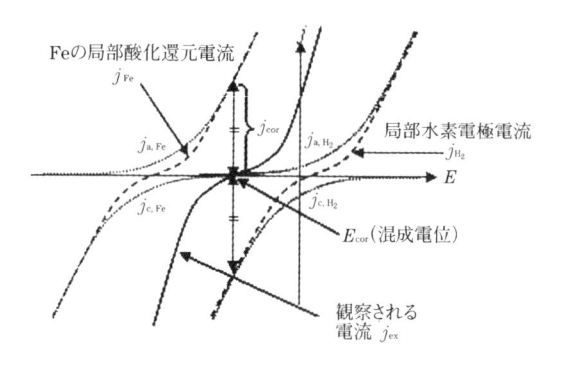

図2.20 腐食系の電位-電流曲線

の反応のアノード方向の通過係数と反応電子数である．鉄の腐食における複合電極系では，これらの個々の電流の総和が外部に流れる電流 J_{ex} となり，腐食電位 E_{cor} においては $J_{\mathrm{ex}} = 0$ となる．

$$j_{\mathrm{ex}} = j_{\mathrm{Fe}} + j_{\mathrm{H_2}} = j_{\mathrm{Fe,a}} + j_{\mathrm{Fe,c}} + j_{\mathrm{H_2,a}} + j_{\mathrm{H_2,c}} = 0 \tag{2.51}$$

図 2.20 には，これらの電流の関係を示しておいた．ここで，腐食電位と個々の反応の平衡電位の差（過電圧）が十分大きい（$|E - E^{\mathrm{e}}| \gg RT/nF$）とすると，それぞれの反応における逆反応は無視できるほど小さくなる（$j_{\mathrm{Fe,a}} \gg -j_{\mathrm{Fe,c}}, j_{\mathrm{H_2,a}} \ll -j_{\mathrm{H_2,c}}$）．

$$\begin{aligned}j_{\mathrm{ex}} &= j_{\mathrm{Fe}} + j_{\mathrm{H_2}} = j_{\mathrm{Fe,a}} + j_{\mathrm{H_2,c}} \\&= j_{0,\mathrm{Fe}} \exp\left[\frac{\alpha_{\mathrm{Fe}} n_{\mathrm{Fe}} F}{RT}(E - E^{\mathrm{e}}_{\mathrm{Fe}})\right] - j_{0,\mathrm{H_2}} \exp\left[\frac{-(1 - \alpha_{\mathrm{H_2}}) n_{\mathrm{H_2}} F}{RT}(E - E^{\mathrm{e}}_{\mathrm{H_2}})\right]\end{aligned} \tag{2.52}$$

腐食電位 E_{cor} では $J_{\mathrm{ex}} = 0$ であるから，鉄の酸化溶解電流が水の還元分解による水素発生の電流に対応することが理解できる．つまり，単一電極反応での交換電流密度に対応するものとして，腐食電流 j_{cor} を定義できる．

$$\begin{aligned}j_{\mathrm{cor}} &= j_{0,\mathrm{Fe}} \exp\left[\frac{\alpha_{\mathrm{Fe}} n_{\mathrm{Fe}} F}{RT}(E_{\mathrm{cor}} - E^{\mathrm{e}}_{\mathrm{Fe}})\right] \\&= -j_{0,\mathrm{H_2}} \exp\left[\frac{-(1 - \alpha_{\mathrm{H_2}}) n_{\mathrm{H_2}} F}{RT}(E_{\mathrm{cor}} - E^{\mathrm{e}}_{\mathrm{H_2}})\right]\end{aligned} \tag{2.53}$$

$$j_{\mathrm{ex}} = j_{\mathrm{cor}}\left\{\exp\left[\frac{\alpha_{\mathrm{Fe}} n_{\mathrm{Fe}} F}{RT}(E - E_{\mathrm{cor}})\right] - \exp\left[\frac{-(1 - \alpha_{\mathrm{H_2}}) n_{\mathrm{H_2}} F}{RT}(E - E_{\mathrm{cor}})\right]\right\} \tag{2.54}$$

単一電極反応での平衡電位と交換電流密度が，複合電極系である腐食での E_{cor} と j_{cor} に対応しており，$\log|j_{\mathrm{ex}}|$ を E_{cor} に対してプロットすることにより，ターフェル外挿法をそのまま適用して腐食電流を求めることができる．

金属の腐食速度は単位時間，単位面積あたりどれくらいの金属が失われるかを mg/(cm²·h) などの単位で表したり，1 年間に何 mm 溶けるかを mm/year の単位で表したりするが，腐食は電気化学反応であるから，酸化反応での価数変化（反応電子数）がわかっていれば，ファラデーの法則により容易に腐食電流に換算できる．腐食速度の測定法としては，腐食による重量変化や，溶液に溶け出したイオン量を化学分析する方法，腐食減肉量を電子顕微鏡などによって直接測定する方法などがある．しかし，これらの方法はある種の破壊検査であり，結果が

出るまでに時間がかかる場合が多く，ステンレス鋼などの耐食性の高い材料の腐食速度を正確に求めるのは困難である．一方,電気化学的測定によって $1\ \mu A/cm^2$ の腐食速度を測定することは難しいものではないが，これは鉄の場合では約 0.012 mm/year の肉厚減少に相当し，電気化学的手法は感度が高く，短時間で測定できるのである．

2.3.5 防食技術

安価で実用的な金属は，そのほとんどが水系に対して不安定であり，数々の防食技術が適用されている．

電位-pH図は，あくまでも熱力学的な平衡状態での関係であり，腐食速度に関する情報は含まれていないし，熱力学的な関係も温度や電解質の種類によって変わるため，万能ツールではない．実際，電解質中に金属イオンと錯体を形成する化学種（CN^-，NH_4^+，Cl^- など）が存在する場合は，酸化物や金属の安定領域が狭まり，腐食域が拡大する．特に Cl^- が存在する場合には酸化物が局所的に不安定になり，孔食などの局部腐食が発生するが，電位-pH図からはこれを予測できない．

しかし，防食技術の基本原理やその概念的背景については，電位-pH図を用いて整理して理解することができる．そのポイントは，金属の環境を不感態あるいは不動態領域にいかに維持するかにある．図2.21は鉄の場合の電位-pH図である．もしある鉄が pH = 5.0 の環境にあり，溶存酸素の影響もあってその電位が -0.2 V であったと仮定する．この点を図中に○で示してある．図から明らか

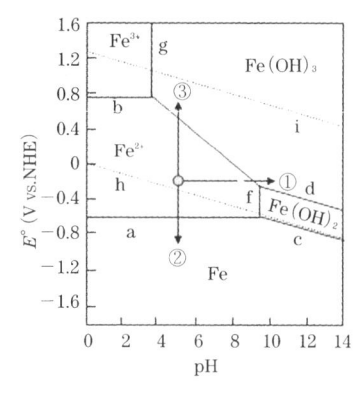

図 2.21 鉄の電位-pH図

なように，熱力学的にはこの環境は腐食域にあるが，水素発生領域にはなく，溶存酸素の還元による酸素消費型の腐食が進行することがわかる．したがって，酸化剤である酸素を除去すれば腐食速度を小さくできるが，そのほかにも図中の矢印①〜③に示したように次の3つの方法が考えられる．① 環境のpHを高くして不動態領域にする方法，② 外部から電圧をかけるか別の還元剤によってカソード分極し，不感態領域にもっていく方法（カソード防食法），③ 外部から電圧をかけるか別の酸化剤によってアノード分極し，不動態領域にもっていく方法（アノード防食法）．

　実際の防食法は，これらの手法をそのまま用いたり，組み合わせたり，応用したものである．

a．カソード防食法　　グラファイト，酸化鉄，白金などの不溶性材料をアノードとした別電極を用意し，外部から電流・電位を印加してカソード分極する方法を，外部電源方式によるカソード防食と呼ぶ．この方式では，過大な防食電流を与えると大量の水素ガスが発生するため，材料に水素が吸収されて脆性破壊（水素脆性）が起こったり，塗膜の劣化・剥離が起こったりすること，防食のためにある程度の電力が必要になることに注意が必要である．

　これに対して，外部電源を用いない方法として，犠牲アノード方式がある．これは，自動車産業や航空機産業で利用されている亜鉛めっき鋼板のように，2種類の金属の電池作用を利用したもので，Fe^{2+}/Feの標準電極電位 -0.440 Vに対して，Zn^{2+}/Znの標準電極電位は -0.763 Vと卑であり，亜鉛の方が熱力学的に酸化されやすい．このため，表面を亜鉛めっきすることによって，亜鉛が腐食されることにより，鉄はよりカソード側に分極され，その腐食が防止できることになる．亜鉛は腐食されていくため，犠牲アノードと呼ばれる．亜鉛を犠牲アノードとして用いるもう1つの理由は，安価な材料であることもあるが，2.2節でも述べたように，亜鉛上での水素過電圧が大きく，腐食を進行させる局部カソード反応の反応速度が小さくなるという点も見逃してはならない．防食のための犠牲アノードとしては，亜鉛のほかにマグネシウム，アルミニウムなどの卑な金属またはその合金が使用されている．マグネシウムやアルミニウムの場合は，犠牲アノードという機能のほかに，その表面に次項で述べる安定な不動態皮膜が生成するという効果も利用されている．

b．アノード防食法　　金属の表面に生成させた薄い不動態皮膜の化学的安定

性と緻密性によって金属素地を保護するのであり，その作用自体は高分子有機物の塗膜による金属表面保護と本質的には変わらない．塗膜との違いは，不動態皮膜の自己修復作用（自己不動態化）が期待できる点にある．

昔は「不働態」と記述していたが，近年では腐食防食学会でも「不動態」と表記している．ワープロによる誤変換がきっかけになっているのだろうが，「働」でも「動」でも意味自体は誤っていないことから容認され，現在では不動態が大勢を占めている．同様な現象は化学式においてもみられ，昔は硫酸イオンをSO_4^{2-}と表記していたが，日本語ワープロが一般化し始めたころはこのような表示・印刷制御ができないものが多かったため$SO_4{}^{2-}$という表記を日本化学会で容認するようになり，SO_4^{2-}という表記が簡単にできるようになった現在においてももとに戻ることはなく，逆に$SO_4{}^{2-}$の方が正書法だというのが，一般の認識になっている．

防食への不動態皮膜の利用は，「錆びない鉄」，すなわちステンレス鋼の開発にその原点がある．ステンレス鋼の発明に先立つ18世紀末ごろは，希硫酸や希硝酸中では容易に溶解する鉄が，濃硝酸中では溶けなくなり，濃硝酸で処理した鉄は硫酸銅溶液に浸しても置換めっきによる銅の析出がないことが報告されていた．当時はその理由が理解できなかったが，これが濃硝酸中での鉄の不動態皮膜生成によるものである．1912年には現在のオーステナイト系ステンレス合金（18Cr-8Ni）がドイツで特許出願され，フェライト系，マルテンサイト系についても1912年，1913年にアメリカとイギリスで発明されている．

不動態というのはどういう現象なのであろうか．希硫酸溶液に浸した鉄電極をアノード方向へ電位掃引すると，図2.22のような電位-電流曲線が得られる．腐食電位よりもカソード側（①の領域）では水素発生が起こっている．腐食電位よ

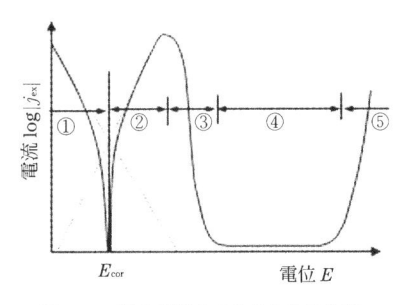

図 2.22 酸性溶液中での鉄の分極曲線

りもアノード側（②の領域）になると，急激にアノード電流が増加し，鉄が急速に溶解し，電極表面は銀白色を示し，$\log j$ が電位に比例するターフェル直線を示す．さらに電位が上昇すると，電位-電流曲線はターフェル直線からずれ始め，皮膜がときどき剥がれると電流が急激に増加したりする電流の振動がみられる．そのうちに電流が急激に小さくなり，表面を黒い皮膜が一様に覆い，腐食電流よりも数桁以上も小さなほぼ一定の電流が流れる．この状態が不動態である．さらに電位が上昇し，1Vをこえる付近から電流が再び上昇し始めるが，この電位範囲では顕著な鉄の溶解はなく，流れる電流のほとんどが鉄電極上での水の分解による酸素ガス発生である．

図2.22の分極曲線は5つの領域に分けることができる．① 水素発生が起こり，鉄は安定に存在する不感態域，② 裸の電極から鉄が溶解する活性溶解域，③ 濃厚な鉄イオンが水酸化物や鉄塩として沈殿し表面を覆うが，保護性に欠けるため容易に破壊する活性-不動態遷移域，④ きわめて薄い不動態皮膜に覆われた安定な不動態域，⑤ 不動態皮膜上での水の電気分解が起こる酸素発生領域である．

光の反射・屈折率による研究（エリプソメトリー），オージェ電子分光法などの表面分析や電気化学測定などによれば，鉄の場合には不動態皮膜は2〜5nmのきわめて薄い γ-Fe_2O_3 1層または Fe_3O_4 と γ-Fe_2O_3 の2層からなる半導体または良導体の酸化物であり，アルミニウム上の Al_2O_3 などの絶縁体（誘電体）とは異なり，酸素発生領域でも不動態皮膜は破壊されていない．

これに対してアルミニウム上の Al_2O_3 などの絶縁体では，⑤の流域は不動態の絶縁破壊が起こるブレイクダウン（200V以上にもなる）という現象であり，元素によって挙動が異なる．ニッケルやクロムでは⑤よりも低い電位で4価あるいは6価のイオンとして溶解が起こる過不動態溶解がみられる．

ステンレス鋼はクロムを12%以上含む鉄合金であり，最も重要な合金成分クロムは不動態皮膜として安定なクロムオキシ水酸化物および鉄-クロム複合酸化物を形成する．これらの酸化物は容易には還元されず，機械的に削り取っても空気中の酸素と水分により瞬時に不動態皮膜が形成される．さらに活性溶解の電流も低くなり，溶液に浸した状態で不動態になっている（自己不動態化）．

c. 腐食抑制剤 環境側を変えることによる防食技術は，環境のpHを変えて不動態化を促進する方法や，中性，アルカリ性溶液中で溶存酸素を除去してカソード反応を抑えることであり，ボイラー水へのアルカリおよび脱酸素剤の添加

としてヒドラジンや亜硫酸塩がよく利用される．

これに対し，微量（数十 ppm～数 %）の腐食抑制剤（インヒビター）を加えることがある．腐食抑制剤は，その抑制機構により不動態促進型，沈殿皮膜形成型，吸着皮膜形成型の機能に分けることができる．

不動態促進型としてはクロム酸や亜硝酸塩があり，その強い酸化力により不動態化を促進するために 100～200 ppm の濃度で利用されていたが，クロム酸は環境汚染の点で敬遠され，現在ではほとんど使用されていない．

沈殿皮膜形成型のものはポリリン酸塩，ポリケイ酸塩，有機リン酸塩などが代表例で，腐食生成物や環境中に存在する Ca^{2+}，Mg^{2+} などとの間で沈殿皮膜をつくり，防食機能を発現する．

吸着皮膜形成型の多くは有機物で，金属表面に物理的あるいは化学的に吸着し，単分子から数分子層の吸着皮膜により金属表面を水から遮断する．腐食抑制剤分子は，金属表面に吸着するのに必要な電気陰性度の大きな N，O，P，S を含む陰性基と，金属表面を水から遮断する非極性基（炭化水素基）とからなる．添加直後は吸着皮膜によって防食するが，時間の経過とともに溶解してきた金属イオンと不溶性のキレート化合物を形成して，その沈殿皮膜による防食効果が主となる複合型のものも多い．

2.3.6 表面の装飾

a. 装飾めっき　　めっきとは，対象物表面に金属イオンを還元析出させて，その金属薄膜で被覆する技術であり，耐食性を上げるものや，表面の装飾として高級感を演出するためのものがほとんどである．金属だけでなくプラスチックやセラミックスにも，強固で美しい金属のめっきができる．

金属イオンを還元する方法は，電気によって還元する電気めっき法と，電気を使わずに還元剤を用いて還元する無電解めっき法（化学めっき法）があるが，まず電気めっき法について述べる．

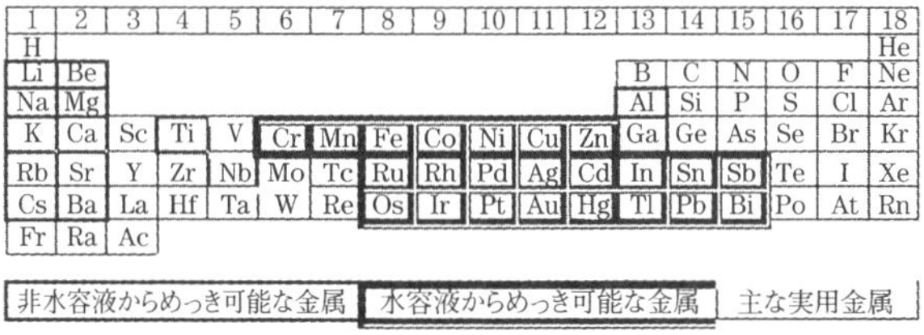

図 2.23　周期表におけるめっき金属の分類

2.3 電気化学表面処理

図2.23に電解析出可能な金属の分類を示す．有機溶媒や溶融塩などの非水溶液系から電析することができる金属は，水溶液系では水素発生が優先して電析しない．

装飾めっきは，金（表2.5）や銀（表2.6）などの貴金属めっきが主要部分を占めてきた．たとえば，時計のパラジウム-ニッケル合金めっきによる白色仕上げ

表2.5 金合金めっき液の組成と諸条件，めっき特性

タイプ	金および金合金めっき液		
	酸性	中性	塩基性
pH	3～6	6～8.5	8.5～13
浴の基本塩	有機酸＋その塩	PO_4^{3-}，EDTA	CN^-，CO_3^{2-}，一部 PO_4^{3-}
代表的液組成および作業条件	リンカー浴 クエン酸ナトリウム　80～100 g/l $KAu(CN)_2$　8 g/l スルファミン酸ニッケル　3 g/l 酢酸亜鉛として　0.5 g/l pH　4.5～5.0 D_K*2　1.0～2.0 A/dm² 温度　40℃	スプレッター-バーミロッド浴 シアン化金カリウム　12 g/l EDTA-Cu-2K*1　2.5 g/l EDTA-Zn-2K　2.0 g/l EDTA-Ni-2K　2.0 g/l EDTA-2K　5.0 g/l pH　8.0 D_K　2～2.5 A/dm²	オスロー浴 シアン化金カリウム　7.5 g/l $NiK_2(CN)_4$　3.0 g/l $K_2Sn(OH)_3$　4.0 g/l 遊離 KCN　80 g/l n-methylglycinelauricpotassium 　　　20 g/l D_K　2 A/dm² 温度　20～30℃
電流効率	30～60%	90～98%	100%
光沢剤	Co, Ni, In, アミン系塩	—	Ag, Co, Ni, ロート油
硬度（H_v）	160～250	90～450	80～130
析出状態	一般的に層状	Au-Cu合金めっきの場合，金属間化合物熱処理によってAu, Cuのようなやわらかい金属が異常な硬度を出すとされている	柱状
有孔度	少	やや少	多
つきまわり性	あまり良くない	良	きわめて良

*1　EDTA-Cu-2K は銅EDTAの2カリウム塩を表す．
*2　D_K は陰極電流密度を表す．

表2.6　銀めっき浴

		ストライク浴		普通浴	高速度浴
		鉄用	非鉄用		
AgCN	g/l	2	5	36	70～112
KCN	g/l	75	60	60	90～135
K_2CO_3	g/l		15	15	15
KOH	g/l				0～30
CuCN	g/l	11			
温度	℃	20～30	20～30	20～30	35～50
電流密度	A/dm²	1.5～2.5	1.5～2.5	0.5～1.5	5～10
その他				光沢剤使用	光沢剤使用

や，パラジウム-ニッケル合金めっき上にホワイトゴールドめっき仕上げしたものなどがある．また，クロムなどの単純な光沢調よりもスモーク調やサテン調を出すために，新しい色調を有するスズ-コバルト，スズ-銅，ニッケル-タングステンなどの合金めっきも多く用いられている．

装飾めっきとして忘れてはならないものが，クロムめっきである．いつまでも美しく光り輝く表面を与えるため，自動車部品のマークやフロントパネル，家電製品のマーク，つまみ，一部の装飾品などに利用されている．しかし，金属を基材としたものはほとんど見かけなくなり，プラスチック上に無電解めっき（表2.7）を施した上に平滑性のよい電気銅めっきを行い，その上にニッケルめっき（表2.8），仕上げのクロムめっき（表2.9）を施したものがほとんどになっている．金属の顔をしたプラスチックをつくることにより高級感を演出し，高付加価値化する．その技術の基本となっているのが，以下に説明する無電解銅めっきであり，エレクトロニクス分野も含めた表面の高機能化という点においても，非常に重要な技術である．

b. 無電解めっき　　電気を通さない絶縁体であるプラスチックやセラミック表面上へのめっきを最も得意とする．古くから鏡の製造に使われている銀鏡反応による銀めっきやプラスチックへの下地銅めっき，機能性めっきとしてのアモルファスめっきや磁性めっきなど，多方面に応用されている．無電解めっきの特徴は，(1) 不規則な表面上に均一にめっきできる，(2) 絶縁体へ直接めっきできる，(3) 電気めっきできない金属でもめっきできるという点にある．

無電解銅めっきは，コンピュータ用の多層配線基板の配線としても応用されている．現在のスーパーコンピュータでは 5 mm ほどの厚さの基板中に 40 層以上もの多層配線がされている．これができるのも，不規則な表面上に均一にめっきできるという特性を生かしたスルーホールめっき技術のおかげである．

プラスチックなどの絶縁体上に電気めっきするためには，その表面に電気が流れるようにしなければならない．無電解めっきの目的と機能がここに集約される．これを実現するためには，まず絶縁体表面をエッチングして表面の汚れを落とし，表面に微細な凹凸や，ときには適当な官能基をつけ，めっき膜の密着性を高める．次に，その表面に適当な触媒（パラジウムが一般的）を付着（吸着）させる．この処理は，無電解銅めっきの場合，以下のようにして行われる．

(1) Sn^{2+} と Pd^{2+} を混合熟成し，Pd^0 の核に Sn^{2+} が吸着して保護コロイド化

2.3 電気化学表面処理

表2.7 無電解(化学)銅めっきおよび電解解(化学)ニッケルめっき

無電解銅めっきの諸条件		無電解ニッケルめっきの諸条件	
ロッシェル塩	22 g/l	塩化ニッケル	15～30 g/l
水酸化ナトリウム	10 g/l	クエン酸ナトリウム	40～80 g/l
硫酸銅	7 g/l	次亜リン酸ナトリウム	10～20 g/l
チオ尿素	1 mg/l	塩化アンモニウム	30～50 g/l
ホルマリン	40 mg/l	使用直前に3 mol/l NH$_4$OHでpH 8～9に調整	
液温	常温	液温	約45℃
時間	10～15分	時間	10～15分

表2.8 ニッケルめっき液組成と電解条件

		普通浴	ワット浴(高 pH)	ワット浴(低 pH)	全塩化物浴(ストライク浴)	高濃度スルファミン酸浴	黒色ニッケル浴	ホウフッ化(物)浴
硫酸ニッケル	g/l	150	240	330			75	
塩化ニッケル	g/l		45	45	300	0～10		
塩化アンモン	g/l	15						
ホウ酸	g/l	15	30	38	30	40		30～40
硫酸ニッケルアンモン	g/l						45	
チオシアン酸ナトリウム	g/l						15	
硫酸亜鉛(結晶)	g/l						37	
ホウフッ化ニッケル	g/l							300～450
遊離ホウフッ酸	g/l							5～40
スルファミン酸ニッケル	g/l					600		
pH		5.8～6.2	4.5～6.0	1.5～4.5	2.0	3.5～4.5	5.6～5.9	2.0～3.5
浴温	℃	室温	45～70	45～60	50～70	40～60	室温	40～80
電流密度	A/dm^2	0.8～1.0	2～10	3～10	5～10	3～40	0.05～0.2	4～10

表2.9 各種クロムめっき液組成と電解条件

		サージェント浴	テトラクロメート浴(ボルンハンザ浴)	フッ化物添加浴 浴A	フッ化物添加浴 浴B	ケイフッ化物添加浴 浴A	ケイフッ化物添加浴 浴B	ケイフッ化物添加浴 浴C	SRHS 自動調節高速度浴
CrO$_3$	g/l	250	400	250	250	250	250	50	250
H$_2$SO$_4$	g/l	2.5	0.75	0～0.4		1.5	0.5	0.5	
NaOH	g/l		58						
3価のクロム (Cr$_2$O$_3$として)	g/l		7.5						
フッ化アンモニウム	g/l			4～6					
フッ化カルシウム	g/l				6.5				
硫酸ストロンチウム	g/l				6.5				3.7
ケイフッ化ナトリウム	g/l					5	10	0.5	
ケイフッ化カリウム	g/l								8.8
浴温	℃	15～55	16～21	25～30	55～60	50～60	40～50	53～55	50～60
電流密度	A/dm^2	15～20	2～90	2～20	30～60	20～50	10～30	20～30	17～75

した触媒（混合パラジウム/スズ触媒と呼ぶ）を絶縁体表面に吸着させる（キャラクタライジング工程）．

(2) これを HCl などで処理して Sn^{2+} を追い出し，図 2.24 のように Pd^0 のみを絶縁基板上に吸着させる（アクセラレータ処理）．

(3) 表 2.7 のような化学めっき浴に浸すことにより，式（2.55）のようにホルマリンによる Cu^{2+} の Cu への還元がパラジウム触媒の作用によって絶縁体表面上で促進され，絶縁体の凸凹に沿って密着性よくめっきされる．

$$Cu^{2+} + HCHO + 3OH^- \longrightarrow Cu + HCOO^- + H_2O \quad (2.52)$$

ホルマリンによる Cu^{2+} の Cu への還元はパラジウム触媒上でしか起こらないので，パラジウム触媒が存在する絶縁体表面にのみめっきされる．

絶縁体表面上に密着性のよい金属薄膜ができ，導電性が付与されれば，あとは通常の電気めっきが可能となり，その目的に応じた表面処理工程へと回される．無電解めっき面は下地表面をエッチングして密着性を上げているため，表面が凸凹であるので，平滑性のよい電気銅めっきが施されるのが普通である．先に述べた光沢クロムめっきの場合，めっき膜（約 1 μm 厚）にはピンホールやごく小さな割れが生じやすく，下地の腐食が起こりやすいこと，銅との密着性が悪いこともあり，強力な耐食性をもたせるために図 2.25 のような三重ニッケルめっきが施され，何年間も美しく光り輝くクロムめっきが施される．

c. カラーステンレス　　金属表面の着色も重要な表面装飾による高付加価値化，高機能化技術である．有名なものとしては，アルミニウム陽極酸化皮膜（アルマイト）の電解着色法として有名な浅田法があるが，これはやわらかいアルミ

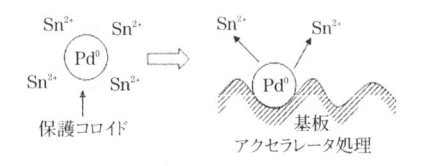

図 2.24　無電解めっきにおけるキャタリスト処理機構

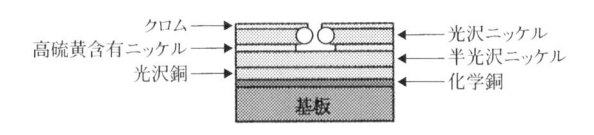

図 2.25　三重ニッケルめっき皮膜の腐食模式図

表 2.10　ステンレス鋼の着色方法

着色技術	方法
化学処理	酸性酸化法, アルカリ酸化法, 溶融塩法
有機物被覆	塗装法, フィルムラミネート法
無機物・金属被覆	めっき法, ほうろう, 七宝
その他	高温酸化法, イオンプレーティング法

ニウム金属の耐食性・耐磨耗性をも付与したものであり，次項で説明する．

　ステンレス鋼の着色技術は表2.10のように大別される．ここでは，カラーステンレスの主要部分を占める化学処理法であるインコ法を簡単に紹介する．ステンレス鋼を $250\,g/l\,CrO_3 + 500\,g/l\,H_2SO_4$ を基本組成とする着色浴中に浸けると，表面に着色膜が成長する．この着色膜は，その膜厚に応じて光の干渉により，青 → 金 → 赤 → 青 → 緑 の順に色が変わる．インコ法では，この着色膜の膜厚を電位制御して発色の管理を行い，コンピュータによる自動管理が組み込まれて色の再現性などのプロセスの精度が飛躍的に向上している．

　d. 電解研磨　　人間は光り輝く外観に，ある種の高級感や美学を見出す性癖があり，これの実現が製品の高付加価値化を生む．表面に光沢があるということは，表面が高度に平滑であるということに対応する．表面を電気化学的に平滑化する手法が電解研磨である．

　電解研磨とは，電気化学的に金属表面をアノード溶解させて鏡面仕上げする技術であり，そのほとんどが腐食の項で説明した不動態化現象における活性-不動態遷移を利用する．このため，電解研磨技術は不動態化と密接な関係にあり，鉄鋼，特にステンレス鋼への応用が工業的には最大の分野である．化学，医薬品，食品などの工業における各種装置，外科用医療機器，原子力関係装置などへのステンレス鋼製機器の研磨に広く用いられる．機械的研磨よりも電解研磨を用いた方が，研磨面の物理的・化学的性質において優れたものが得られるからである．

　電気化学的アノード溶解の特徴は，凸部に電流が集中して表面が平滑化し，後々腐食反応の起点となるような活性点（格子欠陥や格子歪みなどの不安定な部分）は優先溶解してしまう点にある．このため，電解研磨を施したものが腐食の発生や腐食速度の点で最も優れた耐食性表面となるといわれている．最近では，加工物の大きさに対する寸法・形状の相対誤差が 10^{-6} 以下という超精密研磨へと技術的に発展している．

2.3.7 表面の耐食性・耐摩耗性処理

アルミニウムはやわらかい金属であるが，アルミサッシには傷がつきにくい．これは，表面にアルマイト処理，すなわち表面にアルミニウムアノード酸化皮膜を形成しているからである．この酸化皮膜は耐食性・耐摩耗性に優れ，美しい着色も可能であり，アルミニウム自体が資源的にも恵まれ，安価でしかも軽いため，きわめて広く用いられている．

硫酸などの酸性溶液やアジピン酸アンモニウムなどの中性水溶液系でアルミニウムをアノード分極すると，次式の反応によってアルミニウム表面に強固で緻密な酸化皮膜が形成する．

$$2Al + 3H_2O \longrightarrow Al_2O_3 + 6H^+ + 6e^- \tag{2.56}$$

中性溶液中では，生成したばかりの Al_2O_3 皮膜は安定であり，強固で緻密なバリア層を形成するが，酸性溶液中では酸化皮膜の一部が化学溶解する．

$$Al_2O_3 + 6H^+ \longrightarrow 2Al^{3+} + 3H_2O \tag{2.57}$$

すなわち，酸性溶液中では，皮膜の各所に微細な細孔が生じ，その後の皮膜の成長はこの細孔の底部で起こり，生成した酸化物は押し出されて上へ伸び，幾何学的に規則的な美しいポーラス（多孔質）層を形成する（図 2.26, 2.27）．穴の上部（溶液側）が電解液に曝されている時間は，底部で生成した酸化物よりも長いために少し広がっているが，約 200 μm もの膜厚まで得られるという細孔の長さを考えれば，同じ口径（〜 1 μm）といってもよいものであろう．バリア型アルミニウムアノード酸化皮膜の形成機構自体は不動態化と同じであり，不動態領域で流れている不動態維持電流は，アノード酸化皮膜成長の電流に対応する．この電流は，アルミニウムのアノード分極電圧がほとんどすべてアノード酸化皮膜内

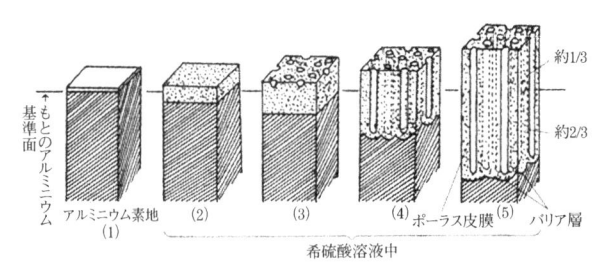

図 2.26 アルミニウムアノード酸化での多孔質皮膜生成過程のモデル
(1) 空気中，自然酸化薄膜 2 nm 程度，(2) バリア皮膜の成長，(3) 15〜20 nm の厚さで突然，孔が発生する．(4) 孔の部分で皮膜の溶解と生成が同時に起こって孔が下がる．(5) ポア（孔）の直径約 10 nm．

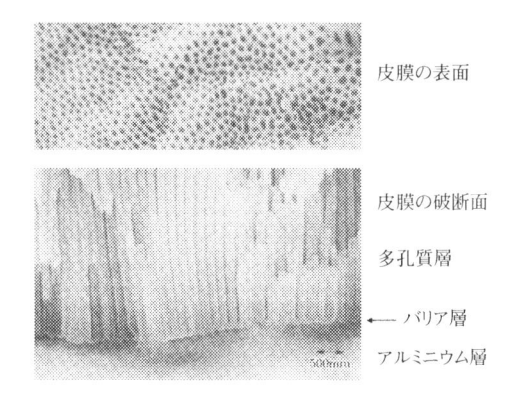

図 2.27 アルミニウムアノード酸化による多孔質皮膜の走査型電子顕微鏡写真

表 2.11 アルミニウムアノード酸化皮膜の電解着色法

析出物	色	電解液
Ni	黄色〜褐色〜黒色	$NiSO_4 + H_3BO_3$
Co	黄色〜褐色〜黒色	$CoSO_4 + H_3BO_3$
Cu	えび茶・赤褐色	$CuSO_4 + H_2SO_4$
Sn	赤褐色	$SnSO_4$
Pb	ブロンズ系	$Pb(CH_3COO)_2$
Ag	鮮黄緑色	$AgNO_3$
Au	赤紫色	$HAuCl_4$
Se	淡黄金色	H_2SeO_3
MnO_2	褐色	$KMnO_4$

部にかかるため，隣の原子間でのポテンシャル障壁をこえての Al^{3+} あるいは O^{2-} のホッピング伝導におけるカブレラ-モット（Cabrera-Mott）の関係式で表現でき，アノード酸化電流は皮膜内部の電場強度の指数にほぼ比例する．

ポーラス層 Al_2O_3 は酸化に対しては安定であるが，表面は非常に活性で，この上に種々の物質を吸着させたり析出させることができる．たとえば，ポーラス皮膜を形成したアルミニウムを硫酸ニッケルを含む電解液中で交流電解すると，細孔中にニッケルが析出して褐色となる．これは析出した金属微粒子が，コロイドの光散乱と同じ原理で特定の色を示すためである．この電解着色法が浅田法であり，わが国で開発され，今でも世界中で広く用いられている．アルミニウムの着色法（表 2.11）は，ほかにも有機染料や無機染料を用いる染色法や，有機酸を主成分にした電解液を用いて金色，ブロンズ，グレーなどの色調を得る電解法（自然発色法）がある．さらに，熱水（沸騰水）あるいは加圧水蒸気と反応させる封

酸化物　水和酸化物

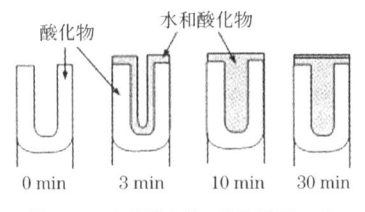

0 min　3 min　10 min　30 min

図 2.28　多孔質皮膜の封孔処理モデル

孔処理（図 2.28）によって皮膜の退色を抑え，耐食性・耐候性・耐摩耗性を大幅に改善することができる．近年では，沸騰水に酢酸ニッケルとホウ酸を添加して封孔効果を高めた方法が一般的である．このようにしてアルミ建材などのカラー化が行われている．アルミニウムアノード酸化皮膜の機能および応用は，耐食性・耐候性・耐摩耗性を目的としたものばかりでなく，アルミ電解コンデンサーなどのエレクトロニクス用デバイスなど，非常に幅広く利用されている．

このようなアルミニウムと同様なアノード酸化挙動を示す金属が，一般にバルブ金属と呼ばれているものであり，タンタルは固体電解コンデンサーとして，チタンは高耐食性の電極集電体や電極材として，ジルコニウムは原子炉での冷却水による腐食を防ぐために利用されている．

2.3.8　表面の高機能化

a. 電着塗装　塗装の防食機能は，外界の腐食性物質と素地との接触を阻止する遮断機能と，防食顔料やインヒビターによる腐食反応抑制機能にある．遮断機能では，塗膜と素地との相互作用に大きく依存する湿潤接着力や，腐食性物質（酸素や水，腐食性イオンなど）の塗膜透過性を抑えることが重要である．腐食反応抑制機能では，塗膜自体に防錆顔料やインヒビターの添加が行われる．一般には，遮断機能は下地塗装に受け持たせ，腐食反応抑制機能は塗装全般の役割として塗装が設計されている．この中で，自動車工業においてボディの下地塗装としてなくてはならない技術の1つとなったのが電着塗装である．

電着塗装とは，電着槽内に浸したボディと対極との間に電圧をかけると，水の電気分解によって電極近傍の界面 pH が急変し，そのため塗料粒子が凝縮・付着する物性を利用した技術である．塗料は高分子電解質あり，その電荷の正負によってカソードあるいはアノードに電着するので，それぞれカチオン電着塗装あるいはアニオン電着塗装と呼ばれる．塗料が電着した部分は皮膜抵抗となり，皮膜内での分極が大きくなるために電着しにくくなる．このため，電着は未塗装部分

に順次移動していくことになり，自動車のボディのような複雑な形状のものでも塗装ムラのない均一な塗膜が得られる．また，皮膜内では電場による電気浸透によって内部の水が脱水されるため，腐食性の物質に対する遮断機能に優れ，かつ塗膜が素地の形状によらずに一様で緻密であるという防食用下地塗装として理想的な特長をもっている．

　自動車産業では環境問題や省エネルギー化への対応のために軽量化が必要であり，鋼板を高張力化・高剛性モノコック構造化して，鋼板を薄くすることが進められてきた．しかし，高剛性モノコック構造はボディ形状を複雑化し，塗装による耐食性処理が難しくなる．腐食が発生すれば，このような協調高強度化技術を無意味にしてしまう．この問題を一気に解決したのが電着塗装である．アニオン電着塗装では素地をアノード分極するため，素地金属が溶出する．このため，防食基準の厳しい自動車業界ではカチオン電着塗装が用いられている．カチオン電着塗装では，エポキシウレタン，アクリルウレタンなどのポリアミン樹脂を低級有機酸で部分的に中和・分散した塗料を使用している（表2.12）．通常，印加電圧は150〜400 V，温度25〜30℃，膜厚20〜25 μmの場合2〜3分で塗装が終了し，塗膜をより強固に安定化させる焼付け工程へと回される．

b. 泳動電着　　電着塗装は自動車業界に福音をもたらしたが，同様な技術は微粉状酸化物の電着にも広く利用されている．これらの技術は，電荷を有する物

表2.12　電着塗装における塗料の電着過程

(1)	浴の流動，電気泳動による被塗物界面への塗料粒子の輸送・補給
(2)	アニオン電着塗装： 　アノード（被塗物） 　　$H_2O \longrightarrow 2H^+ + 1/2\,O_2 + 2e^-$ 　　$\sim COO^- + H^+ \longrightarrow \sim COOH$　凝析 　カソード（対極） 　　$2H_2O + 2e^- \longrightarrow H_2 + 2OH^-$ 　　$CH_2OHCH_2NH_3^+ + OH^- \longrightarrow CH_2OHCH_2NH_2 + H_2O$　解膠剤（エタノールアミン）の遊離 カチオン電着塗装： 　アノード（対極） 　　$H_2O \longrightarrow 2H^+ + 1/2O_2 + 2e^-$ 　　$CH_3COO^- + H^+ \longrightarrow CH_3COOH$　解膠剤（酢酸）の遊離 　カソード（被塗物） 　　$2H_2O + 2e^- \longrightarrow H_2 + 2OH^-$ 　　$\sim NH_3^+ + OH^- \longrightarrow \sim NH_2$（凝析）$+ H_2O$
(3)	分子間力，アンカー効果による凝析塗料粒子の付着・保持，積層・成膜化
(4)	電気浸透による水分の膜外への移動 → 脱水

質が電場存在下で電気泳動する現象を利用したもので，これを総称して泳動電着と呼ぶ．その代表例として，酸化物高温超伝導体の細線化法としての応用を紹介する．

たとえば，Y_2O_3，$BaCO_3$，CuO（モル比 1：4：6）を粉砕混合後，880℃で熱処理して仮焼し，酸化物超伝導体紛をつくる．これをアセトン中（微量の水とヨウ素を含む）で超音波懸濁させ，図 2.29 に示したようにカソード基板上に電圧 200〜600 V，約 200 μm 泳動電着させ，その後 940℃で本焼して高温超伝導体薄膜を得る．アセトンと水とヨウ素によって生成したプロトン（下式参照）が酸化物表面に強く吸着して正に帯電し，これが数百 V の電圧下でカソードに析出するというものである．

$$\text{ケト-エノール反応：} CH_3-\underset{\underset{\displaystyle CH_3}{|}}{\overset{\overset{\displaystyle O}{\|}}{C}} \underset{\xrightarrow{H_2O, I_2}}{\rightleftarrows} CH_3-\underset{\underset{\displaystyle CH_3}{|}}{\overset{\overset{\displaystyle O-H}{|}}{C}} \quad (2.58)$$

$$CH_3-\underset{\underset{\displaystyle CH_3}{|}}{\overset{\overset{\displaystyle O-H}{|}}{C}} + I_2 \longrightarrow CH_3-\underset{\underset{\displaystyle CH_3I}{}}{\overset{\overset{\displaystyle O}{\|}}{C}} + H^+ + I^- \quad (2.59)$$

c. 機能性合金めっき　20%Fe-80%Ni 合金はパーマロイと呼ばれ，強磁性体のため，パーマロイめっきを行って磁気ヘッドに用いられている．めっき浴は表 2.13 のようなものである．標準電極電位の近い金属どうしが共析するものを正常共析という．これに対して，ニッケルと鉄の標準電極電位はそれぞれ-0.240 V，-0.447 V であり，その差が大きいため，電位的にはニッケルが優先的に析出し，ニッケルと鉄が同時に析出（共析）するはずがない．しかし，現実

表 2.13　パーマロイめっき

浴組成	
$FeSO_4$	0.04 mol/l
$NiSO_4$	0.18 mol/l
H_3BO_3	1.00 mol/l
pH	2.5
浴温	50℃

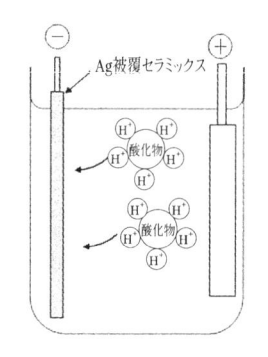

図 2.29　酸化物超伝導体の泳動電着法

表2.14 無電解Co-Ni-Pめっきの一例

浴組成	濃度範囲 (mol/l)	最適濃度 (mol/l)
$CoSO_4 \cdot 7H_2O$	0.045～0.08	0.06
$NiSO_4 \cdot 7H_2O$	0.02～0.055	0.04
$NaH_2PO_2 \cdot H_2O$	0.1～0.3	0.2
$(NH_4)_2SO_4$	0.05～0.6	0.1
マロン酸ナトリウム	0.2～0.6	0.3
マレイン酸ナトリウム	0.2～0.6	0.4
コハク酸ナトリウム	0.3～0.7	0.5
pH	8.9～9.3	
浴温	75～85℃	

には析出しており，これを異常共析と呼ぶ．カソードから水素ガスが発生する際，電極の近傍（100～200 μm）のpHが8～10にも上昇し，電極表面にニッケルや鉄の水酸化物が吸着する．これが中間体あるいは触媒となって貴な電位であるニッケルの析出を抑制し，卑な電位である鉄の析出を促進するため，共析が起こるといわれている．このため，電極近傍でのpHの安定化が微細パターンの作成では重要となり，薄膜ヘッドでは最初に全体にめっき膜を生成した後にパターン化するフレームめっきと呼ばれる方法を用いている．

このほか，磁性めっきとして重要な用途はハードディスクへの磁気めっきである．これは100 nm以下の膜厚でかつ数nmの精度が要求される薄膜であり，しかも均一かつ無欠陥にめっきすることが絶対条件であるため，無電解めっきが用いられている．たとえば表2.14に示すようなめっき浴を用いてCo-Ni-P合金めっきが施されている．しかしながら，このような湿式法は数十Mbyte程度のものには利用されていたが，最近のGbyteをこえる2.5～3.5 inch型のハードディスクではさらに高精度な表面の均一性が要求されることから，クリーンルーム内での真空下のスパッタ法にその席を譲り，湿式法はほとんど採用されなくなった．

このほかのめっき法による表面の高機能化として分散めっきをあげておかなければならない．これはめっき浴に酸化物や炭化物などの微粉体を分散させ，ニッケルなどの電気めっきの進行とともに機械的にめっき膜中に微粉体を共析させるもので，耐摩耗性の向上を目的として硬度の高いSiCを分散させるNi-SiC複合めっきやさらにリンを少量含むNi-P-SiC複合めっきがある．特にNi-P-SiC複合めっきは自動車用エンジンシリンダーの内面めっきやピストン上へのめっきとして実用化されている．一方，無電解めっきと組み合わせた分散めっき技術も

表 2.15 修飾電極の応用分野と用途

分野	用途
エネルギー	燃料電池,プラスチック電池,コンデンサー光電池
情報	記録素子,液品表示素子,エレクトロクロミック表示素子,電解発光素子,光電変換素子
医療	高速液体クロマトグラフィーやフローインジェクション分析用検出素子,酵素センサ,免疫センサ,電解治療,医療用薄膜機能の電気化学的制御,細胞融合・培養,生体電気現象計測用トランスデューサー
分析	H^+ や K^+ などの各種イオンセンサ,O_2 や CO_2 などの各種ガスセンサ,NADH やカテコールアミンなどの生体成分検出素子,基準電極
合成	不斉電解,選択的電解,電解重合

あり,低摩擦係数の部品製造を目的とした Ni‐P‐BN 複合皮膜めっき,Cr‐Mo 合金に匹敵する耐摩耗性を目的とした Ni‐P‐Cr_3C_2 複合めっき,ダイヤモンド切削工具への応用としてダイヤモンドの固定化を目指した Ni‐B‐ダイヤモンド複合めっきなどがある.

d. 修飾電極 電気材料である金属や炭素,半導体などの表面を機能性化合物で化学的・物理的に修飾し,新たな反応性や選択性の付加,電極表面への官能基の高密度導入,電極反応場の 3 次元化(電極表面は基本的には 2 次元)など,電極下地にはない機能や性質を付与することができる.このような電極を総称して修飾電極と呼び,表 2.15 のようなさまざまな応用が検討されているが,まだ実用例は少ない.これらの付与機能は,電極に固定された化学種による,基質の酸化還元反応に対する触媒作用や選択性,修飾薄膜の電場下での荷電や配向の制御,薄膜中の選択的透過能,薄膜の電気化学的ドーピングによる起電力発生,固定種の光応答や光増感作用などによって発現されるものである.センサとしての応用が現実的と思われるが,酵素修飾電極などはグルコースオキシダーゼを用いた血中グルコース濃度センサなどへの応用が検討されている.

【演習問題】

2.1 体重 55 kg の人間の平均出力は約 100 W,体重 450 kg のウマの平均出力は約 760 W(= 1 馬力)である.これを,2.25 Ω の負荷抵抗で放電したときの単一型アルカリマンガン電池の出力密度(W/kg)と比較せよ.電池の出力密度は,0.9 V の終止電圧まで連続放電させる実験を行って比較してもよいし,放電時の平均電圧を 1.1 V として計算してもよい.

2.2 電池が実用化されるために必要な条件を列挙し,実用化されている各種電池について,どの条件が特に優れた特徴となっているかを考察せよ.

2.3 酸素-水素型燃料電池では，メタンを水添改質した水素を燃料ガスとして発電する．固体高分子（PEM）型は 70 〜 80°C で運転され，1 A/cm² の電流出力時は燃料利用率 80%，酸素利用率 30% で，0.6 V の出力電圧が得られる．10cm × 10 cm の大きさの電極面積を有する PEM 型燃料電池について，以下の設問に答えよ．

$$CH_4 + 2H_2O \longrightarrow 4H_2 + CO_2$$

① 1 A/cm² の電流出力時の出力電力（W）．
② 1 A/cm² で 24 時間発電を続けたときの必要供給水素量（m³）と必要供給メタン量（m³）を，25°C，1 atm の理想気体として計算せよ．
③ 1 A/cm² で 24 時間発電を続けたときの必要供給空気量（m³）を，25°C，1 atm の理想気体として計算せよ．ただし，空気中の酸素濃度は 20% である．
④ $H_2 + 1/2\ O_2 \to H_2O\ (l)$ の ΔG は -237.4 kJ/mol，ΔH は -286.0 kJ/mol である．この燃料電池の理論熱エネルギー変換効率と，1 A/cm² の電流出力時の熱エネルギー変換効率を計算せよ．ただし，開路電圧は 1.229 V とし，酸素は空気を使うから電流効率の計算には利用せず，燃料利用率のみを電流効率の計算に使用せよ．
⑤ メタンガスの値段は 430 円/m³（25°C，1 atm）であり，電力会社から買う電気の料金は 21.9 円/kWh である．燃料電池システムの減価償却費などは一切考慮せず，メタンガス料金のみを運転経費として計算した場合，電力会社から電気を買うよりも，燃料電池発電システムを導入する方が経済的に優れているといえるか，評価せよ．

2.4 以下のデータをもとに，鉄の電位-pH 図を作成し，各領域の鉄に関する安定化学種を図中に記せ．また，電位-pH 図上の各直線（反応）の反応式・電位（pH の関数として）・適用される pH の範囲を一覧表にまとめよ．数値の計算は 25°C，1 atm とし，溶液中の各イオン種の活量は 10^{-6} mol/dm³ とせよ．

$Fe^{2+} + 2e^- \longrightarrow Fe$　　　　　　　　　$E° = -0.440$ (V)
$Fe^{3+} + e^- \longrightarrow Fe^{2+}$　　　　　　　$E° = +0.771$ (V)
$Fe(OH)_2 + 2e^- \longrightarrow Fe + 2OH^-$　　$E° = -0.877$ (V)
$Fe(OH)_3 + e^- \longrightarrow Fe(OH)_2 + OH^-$　$E° = -0.560$ (V)
$2H^+ + 2e^- \longrightarrow H_2$　　　　　　　　$E° = 0.000$ (V)
$O_2 + 4H^+ + 4e^- \longrightarrow 2H_2O$　　　　$E° = +1.229$ (V)

2.5 イギリスにおいて，ローマ人のノルマン征服期の遺跡から大量の鉄釘が発見された．釘の山の周辺部にある釘はボロボロに腐食していたが，山の中心部にあった釘はほとんど腐食していなかった．その理由を考察せよ．

2.6 電気を通さないプラスチックに金属をめっきすることができる．この技術は，プリント基板の配線とスルーホールめっきとしても応用されており，現代のコンピュータ技術には欠かせない技術となっている．この原理を説明せよ．

2.7 電位的に共析するはずのない金属どうしを共析させ，合金めっきすることができる

という.これについて,以下の問に答えよ.

① 異常共析とはどういうことか,説明せよ.

② 電位的に考えると,Fe と Ni の電位が等しくなって初めて両者が共析するはずである.Fe と Ni の標準電極電位はそれぞれ -0.440 V と -0.246 V であるが,溶液中の濃度比 $[Fe^{2+}]/[Ni^{2+}]$ がどのくらいになると,Fe と Ni の電位が等しくなるか,計算せよ.

2.8 アルミニウムの表面処理において,バリア型やポーラス型のアノード酸化皮膜は非常に重要な役割を担っている.これについて,コンデンサー,着色アルミニウムを例として説明せよ.

2.9 自動車のボディなどの下地塗装として重要な,カチオン電着塗装について説明せよ.

3

金属工業化学

3.1 金属工業

3.1.1 金属の利用

　周期表でなじみの元素のうちで，およそ3/4が金属元素である．金属は，(1)電気および熱をよく通す，(2)変形しやすく加工しやすい，(3)光をよく反射し，金属光沢を示す，(4)電子を失って陽イオンになりやすい，などの共通の性質をもつ．これらの性質は，金属全体に広がった自由電子による結合，すなわち，金属結合の性質によるものである．

　人類の発生以来，石器や土器の使用から，青銅をはじめとする金属の使用に至り，上記の優れた性質によって，金属は人類文明の発展の基礎素材となってきている．特に現代は，種々の金属材料が用いられているが，鉄は全金属使用量の95%を占めており，鉄の時代といえるであろう．人口1人あたりの鉄鋼の年間消費量が，その国の工業と文明の程度を示す指標の1つとさえいわれている．

3.1.2 金属工業

　金属は，通常，酸化物あるいは硫化物の形がエネルギー的に安定であって，地球上にみられる金属の大部分はこれらの化合物となっている．この化合物から金属を取り出し，成形して使用できる形態に製造する作業を行う分野を金属工業と呼ぶ．金属工業が近代的形態をとり始めたのは，18世紀，産業革命を経てからであり，日本の金属工業は，明治時代以降急速に発展してきた．

　現代の金属工業の概略を図3.1に示す．まず，鉱石を還元して金属を取り出す．得られた金属を精製して不純物を除き純金属を得たり，純金属にはない物理的，化学的性質を付与するために種々の金属を混ぜて合金にする．これらの作業全体を製錬と呼び，主として化学反応に依拠した作業である．

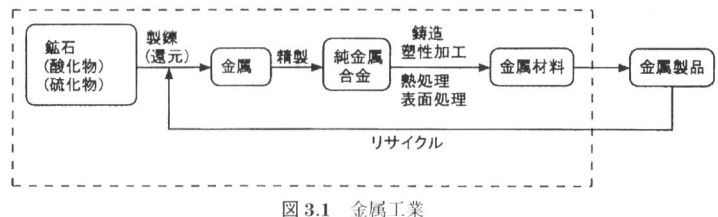

図 3.1　金属工業

さらに実際の金属材料として使うために，鋳造あるいは塑性加工などを行う．鋳造とは，融解金属を鋳型に注ぎ，固化させて形をつくることであり，塑性加工とは，高温あるいは低温で金属に機械的な力を加えて一定の形にすることである．この塑性加工のプロセスの中で，金属組織を均一にしたり，気泡を除去したり，さらにより強度の高い金属材料に変換することができる．また，高温に熱した金属を一定温度に保持したり，いろいろな速度で冷やしたりする，いわゆる，熱処理を行い，金属組織を変えることで金属の物理的性質を変化させる作業を行う．また，実環境中での耐腐食性を高めたり，装飾性や新しい機能を付与するための表面処理などを行う．

近年，地球環境問題とあいまって，環境保全と資源・エネルギーの節約のために，金属材料の再利用が重視され，使用ずみの金属材料をリサイクルするための作業も金属工業に課せられ，金属工業の役割が拡大してきている．

本章では，まず，鉱石から金属を取り出す工程と，得られた金属から不純物を取り除き純粋にする工程の基本的な考え方を説明し，いくつかの金属の製造法を例にあげる．次に，使用ずみの金属材料を再利用できるようにする工程について触れる．

3.2　金属製錬の化学

3.2.1　金属の製錬

金属の製錬（extractive metallurgy）とは，鉱石から純粋な金属を取り出すために，鉱物に含まれている金属化合物を還元して金属にすることをいう．鉱石には，目的の鉱物のほかに，他の金属や脈石（鉱物を伴った地下の鉱脈の岩石成分）を含んでいるため，還元（製錬）する前にできるだけ除いて目的の金属の含有率を高めなければならない．この操作を選鉱という．選鉱によって高品位の鉱石を得た後，製錬を行う．

製錬を行う環境および製錬の方法によって乾式製錬と湿式製錬に分けることができる．乾式製錬（pyrometallurgy）では，高温の炉の中で還元剤を用いて金属酸化物あるいは硫化物の還元を行い，炉中で溶融金属を溶融スラグ[*1]から分離したり，あるいは蒸気圧の高い金属ならば，脈石を固体，金属をガス体として分離したりする．湿式製錬（hydrometallurgy）では，鉱物を酸などで溶解して水溶液とし，脈石は水溶液残渣として分離し，その水溶液から化学置換あるいは電気分解を行い金属を取り出す．電気分解による製錬を特に電解製錬（electrolytic metallurgy）と呼んでいる．

製錬反応を考える上で，速度論的視点も重要であるが，その基本的な理解を得るためには，平衡が成り立っている場合の状態を知ることが出発点になる．

3.2.2 金属製錬反応

a．乾式製錬　鉄を得るための鉄鋼製錬では，酸化物（主として赤鉄鉱 Fe_2O_3）の還元反応を起こし，鉄以外の金属の製錬（非鉄製錬）の場合，酸化物や硫化物の還元反応によって金属を得る．硫化物の場合，そのまま還元する場合と，いったん酸化物に変えてから還元する場合とがある．これらの反応を理解したり反応を予測したりするために，平衡論に則った基本的考え方を説明する．

金属 M が次式のように，その酸化物 M_mO_n との間で平衡が成り立っている場合を考える（金属と酸化物との平衡）．

$$\frac{2m}{n}M + O_2 \rightleftarrows \frac{2}{n}M_mO_n \tag{3.1}$$

この反応の自由エネルギー変化 ΔG は，生成物の自由エネルギーと反応物の自由エネルギーの差として次のように表される．

$$\Delta G = \frac{2}{n}G_{M_mO_n} - \frac{2m}{n}G_M - G_{O_2} \tag{3.2}$$

ここで，$G_{M_mO_n}$，G_M，G_{O_2} は，それぞれ M_mO_n，M，O_2 のギブスの自由エネルギーである．反応が平衡にある場合，$\Delta G = 0$ であって，平衡定数を K，標準自由エネルギー変化を $\Delta G°$ とすると，次の関係がある．

$$\Delta G° = -RT \ln K \tag{3.3}$$

[*1] 乾式製錬では，鉱石に還元剤およびフラックス（溶剤：SiO_2 質あるいは CaO）を加えて還元反応を起こす．フラックスは脈石や金属などを溶かし込み，得ようとしている金属層と比重差で分離してくる．この層をスラグと呼ぶ．

$$K = \frac{a^{2/n}_{M_mO_n}}{a^{2m/n}_{M} a_{O_2}} \tag{3.4}$$

酸化物の活量 $a_{M_mO_n}$ は純粋な M_mO_n がその標準状態であり，反応中に M_mO_n は，いつも純粋な固体として存在しているので1である．また，金属の活量 a_M も同様に1である．酸素は理想気体として振る舞うと仮定して活量を酸素分圧に置き換えると，

$$\Delta G° = RT \ln P_{O_2} \tag{3.5}$$

と表され，$\Delta G°$ は温度と P_{O_2} にのみ依存する．この式で示される量，$RT \ln P_{O_2}$ を酸素ポテンシャル（oxygen potential）と呼ぶ．

ところで，$\Delta G°$ は，反応の標準エンタルピー変化 $\Delta H°$，および標準エントロピー変化 $\Delta S°$ を用いて，

$$\Delta G° = \Delta H° - T \Delta S° \tag{3.6}$$

と表される．ここで298 K を標準状態として $\Delta C°_p$ を反応の生成物と反応物の定圧熱容量差とすると，

$$\Delta H° = \Delta H°_{298} + \int_{298}^{T} \Delta C°_p dT \tag{3.7}$$

$$\Delta S° = \Delta S°_{298} + \int_{298}^{T} \left(\frac{\Delta C°_p}{T}\right) dT \tag{3.8}$$

となる．データ集にはそれぞれの温度における $\Delta G°$ を示している場合もあるが，

$$\Delta G° = A + BT + CT \ln T \tag{3.9}$$

の形で載せられている場合がある．ここで A, B, C は定数である．これは，$\Delta G°$ を計算する場合，$\Delta C°_p$ が温度に依存せず一定として取り扱って導かれたものである．さらに，生成物と反応物との熱容量の差が小さかったり，標準自由エネルギーを求めるデータの精度があまりよくなく，熱容量の差を考慮する意味がない場合には，次式の形になり，これを $\Delta G°$ の簡略式と呼んでいる．

$$\Delta G° = A + BT \tag{3.10}$$

製錬によって金属酸化物から金属を取り出そうとするとき，いろいろな温度で金属とその酸化物が平衡にあるときの酸素ポテンシャルを知ることは重要である．式 (3.5) の関係を製錬で取り扱う反応についてグラフで示しておくと，反応の熱力学的諸特性を直感的に把握することができて，きわめて便利である．次式で表される銅と一酸化銅との平衡反応を例にして説明しよう．

$$4\text{Cu} + \text{O}_2 \rightleftarrows 2\text{Cu}_2\text{O} \tag{3.11}$$

図 3.2 に，反応（3.11）の $\Delta G°$ の温度変化を 1 点鎖線で示し，それぞれの酸素分圧における $RT \ln P_{\text{O}_2}$ の値を実線で示している．この場合，$\Delta G°$ は式（3.6）あるいは式（3.10）で表されているから，定数 A は反応の標準エンタルピー変化（生成熱）$\Delta H°$ と見なしてよく，図の $\Delta G°$ 軸における $T = 0$ 点の値から求められる．また定数 B は図の 1 点鎖線の勾配（$\partial \Delta G°/\partial T$）を表し，反応の標準エントロピー変化（生成エントロピー）の負の値（$-\Delta S°$）に相当する．$\Delta H°$ の値は金属 M と O_2 との間の結合力の大きさを表し，負の絶対値が大きいほど結合力が大きく，$\Delta G°$ の負の絶対値が大きいほど酸化反応の起こる傾向が大きいことを示している．$\Delta G°$ の 1 点鎖線と直線 $RT \ln P_{\text{O}_2}$ との交差した点がその温度での平衡の成り立つ条件を示している．たとえば，1050 K で酸素の分圧が 1×10^{-4} Pa のとき，式（3.11）の反応が平衡にあることを示しており，それ以上の酸素分圧にすると反応（3.11）は右側に進み，それ以下の圧力の場合に平衡は逆の方向にずれると予想できる．

製錬の場合，種々の酸化物および硫化物の標準生成自由エネルギーは，事実上，温度と直線関係にあるとして取り扱い，簡略式（3.10）で表すのが通例である．図 3.3 は，金属を製錬する上で重要ないろいろな酸化物に関して，標準生成自由エネルギーと温度との関係を示したものである[*2]．ここで $\Delta G°$ は T に対し

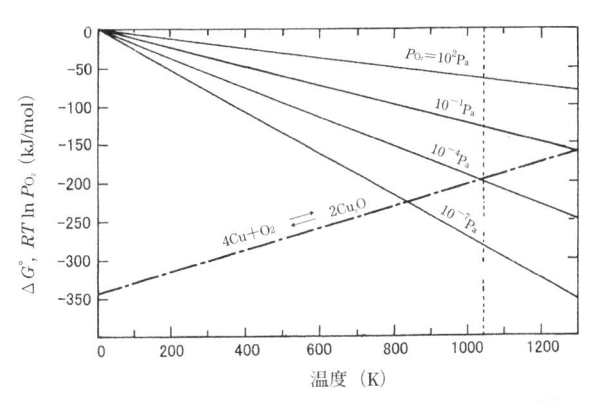

図 3.2 $4\text{Cu} + \text{O}_2 \rightleftarrows 2\text{Cu}_2\text{O}$ の $\Delta G°$ と $RT \ln P_{\text{O}_2}$ との関係

[*2] ここで，$\Delta G°$ は，金属と酸化物との平衡反応を式（3.1）で表すときの標準自由エネルギー変化であって，酸素 1 モルの変化を基準にしていることに注意しよう．後に示す，金属と硫化物との平衡反応（式（3.18））の場合も同様に，硫黄 1 モルの変化を基準としている．

て直線で表されている．このような標準自由エネルギー-温度図をエリンガム図と呼んでいる．また図のエリンガム線には，反応に関与する物質の変態点(T)，融点(M)，沸点(B)などで，状態の変化に伴うエントロピーの変化に相当する屈折がみられる．図で，エリンガム線が下の位置にある金属ほど酸化されやすく，またその酸化物は安定であるといえる．

P_{O_2} を Pa および atm の単位で，図のまわりに座標軸として目盛ってある．図

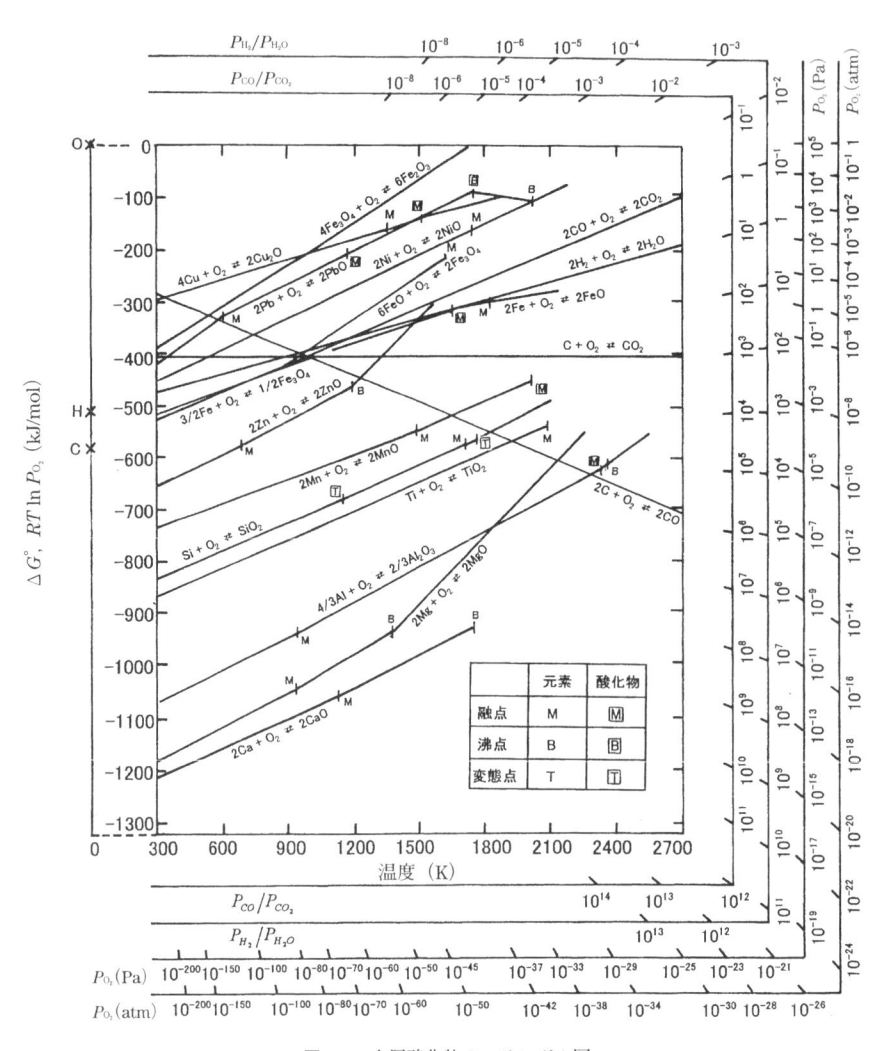

図3.3 金属酸化物のエリンガム図

3.2のように，T＝0におけるO点（$RT \ln P_{O_2} = 0$）とこの座標軸とを結ぶ直線が，座標軸で与えられた酸素分圧の酸素ポテンシャル，$RT \ln P_{O_2}$を表す．この図から，酸素分圧に対する酸化物の安定度を任意の温度で予想できる．

図中に，P_{H_2}/P_{H_2O}比およびP_{CO}/P_{CO_2}比の軸も合わせて目盛ってある．以下のように，それぞれの平衡反応によってこれらの比を決めると，系の酸素分圧をいろいろな温度で制御できるからである．水素，酸素および水蒸気間で下記の反応の平衡が成り立っているとき，

$$2H_2 + O_2 \rightleftarrows 2H_2O \tag{3.12}$$

$$\Delta G°_H = -RT \ln K = -RT \ln \frac{P^2_{H_2O}}{P^2_{H_2} P_{O_2}} \tag{3.13}$$

$$RT \ln P_{O_2} = \Delta G°_H - 2RT \ln \frac{P_{H_2}}{P_{H_2O}} \tag{3.14}$$

が成立する．したがって，金属の酸化還元平衡を水素と水蒸気の比を用いて決めることができる．図のT＝0におけるH点とP_{H_2}/P_{H_2O}比の目盛とを結ぶ線はそのP_{H_2}/P_{H_2O}比における$RT \ln P_{O_2}$を与える．したがって，図3.2と同様にしてP_{H_2}/P_{H_2O}における酸化物の安定度を予想できる．

同じように，一酸化炭素と二酸化炭素との平衡を利用して酸素ポテンシャルを決めることができる．

$$2CO + O_2 \rightleftarrows 2CO_2 \tag{3.15}$$

$$\Delta G°_C = -RT \ln K = -RT \ln \frac{P^2_{CO_2}}{P^2_{CO} P_{O_2}} \tag{3.16}$$

$$RT \ln P_{O_2} = \Delta G°_C - 2RT \ln \frac{P_{CO}}{P_{CO_2}} \tag{3.17}$$

図でT＝0におけるC点とP_{CO}/P_{CO_2}座標軸とを結び，酸化物の安定度を予測できる．ケイ素，アルミニウム，カルシウムは酸素との親和力が大きく，スラグとして除きやすい．鉄は，鉄鋼製錬ではもちろんのことであるが，非鉄金属の製錬の場合でも目的金属と競争関係にある場合が多く，注目すべき元素である．

次に，下記の反応式で示される金属と硫化物との平衡を考える．

$$\frac{2m}{n} M + S_2 \rightleftarrows \frac{2}{n} M_m S_n \tag{3.18}$$

酸化物の場合と同様にして，

$$\Delta G^\circ = RT \ln P_{S_2} = -RT \ln K \tag{3.19}$$

が成立する．図3.4に金属硫化物に関するエリンガム図を示す．すなわち硫黄のポテンシャル $RT \ln P_{S_2}$ で硫化鉱の安定度を予想することができる．また，水素と硫化水素との平衡反応

$$2H_2 + S_2 \rightleftarrows 2H_2S \tag{3.20}$$

を考えると，

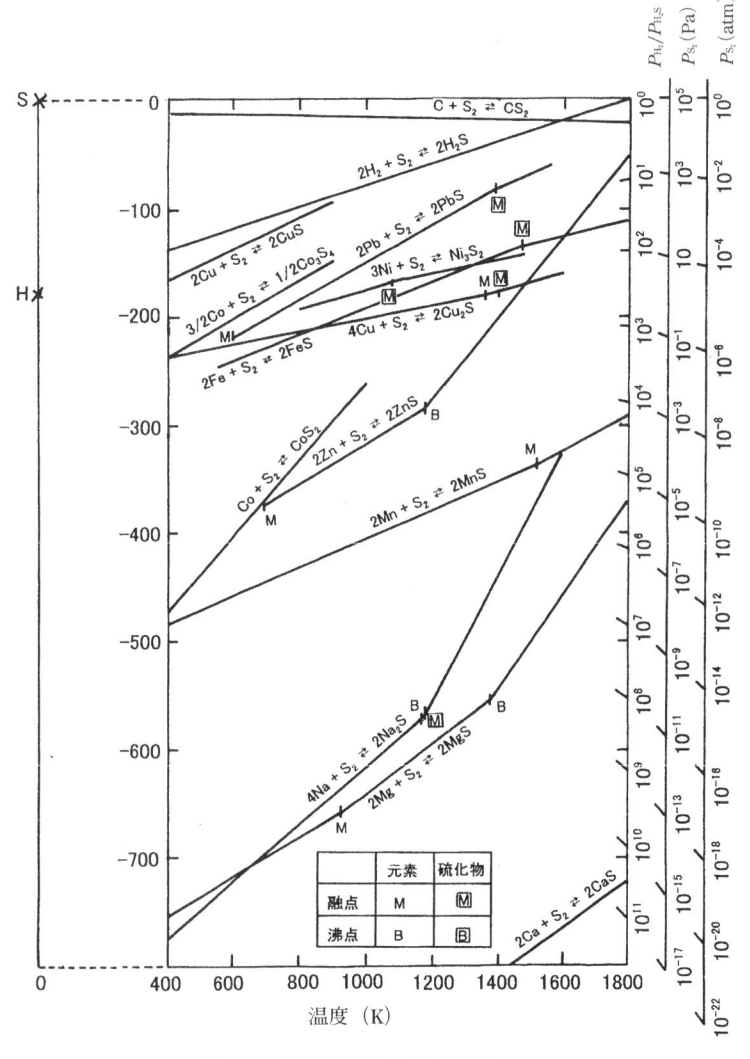

図 3.4 金属硫化物のエリンガム図

$$\Delta G°_H = -RT \ln K = -RT \ln \frac{P^2_{H_2S}}{P^2_{H_2}P_{S_2}} \quad (3.21)$$

$$RT \ln P_{S_2} = \Delta G°_H - 2RT \ln \frac{P_{H_2}}{P_{H_2S}} \quad (3.22)$$

となり,$T=0$における H の点と P_{H_2}/P_{H_2S} 比の目盛とを結び,硫化物の安定度を推定できる.

硫化鉱を酸化物にしてから還元製錬する場合はもちろんのこと,実際の製錬では,多くの場合,酸素および硫黄の両者に対する親和力を同時に評価することが必要である.この目的のために,一定温度で $\log P_{O_2}$ と $\log P_{S_2}$ をそれぞれ縦軸と横軸に目盛った,金属と酸化物および硫化物のポテンシャル図を描いておくと便利である.図 3.5 に 1300 K において式 (3.1) の平衡により得られる酸素ポテンシャルを水平線,式 (3.18) の平衡によって得られる硫黄のポテンシャルを垂直線で表している.また,左下から右上にかけての斜めの線は,次の平衡式の成り立つ関係を表す.

$$\frac{2}{n}M_mS_n + O_2 \rightleftarrows \frac{2}{n}M_mO_n + S_2 \quad (3.23)$$

この図では,M‐MO‐MS の安定領域を区別して示していることになる.

b. 湿式製錬 湿式製錬とは,鉱石中の目的金属を適当な水溶液溶媒に溶かし,得られた溶液から,化学的または電気化学的に金属イオンを還元して金属を

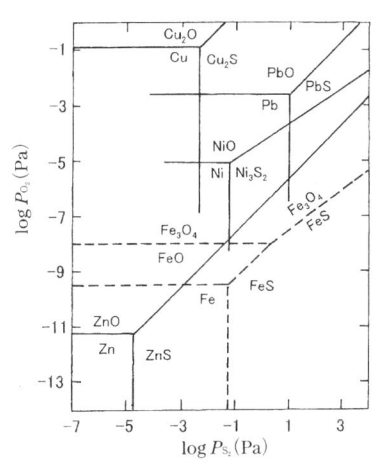

図 3.5 金属‐酸化物‐硫化物の硫黄,酸素ポテンシャル図 (1300 K)

採取するか，目的金属の純粋な化合物を晶出沈殿させる方法である．乾式製錬に関係するいろいろな化合物の安定領域が，$\Delta G°$ と温度，$\ln P_{O_2}$ と温度，あるいは一定温度における $\log P_{O_2}$ と $\log P_{S_2}$ の関係として図示され，製錬反応が明確に把握できることを述べた．湿式製錬で用いる水溶液内の反応も同様の考え方で整理することができる．水溶液反応では，関係する各種イオンの濃度（活量），pH，酸化還元の程度，温度などが反応を左右する因子となる．ここで，pH は，$\log P_{O_2}$ を酸素ポテンシャルと呼ぶことに対応させると，水素イオンポテンシャルに相当する．それは，水素イオンの活量を a_{H^+} とすると pH $= -\log a_{H^+}$ と表されるからであり，湿式製錬では，金属イオンの活量と pH の関係から製錬反応の進行の可否を推定できる．

湿式製錬では，酸化物や硫化物の鉱石を適当な溶媒で浸出し，浸出溶液から目的金属イオンあるいは不純物を沈殿として回収，除去する．この場合，浸出に必要な pH，あるいは浸出液から除去可能な不純物濃度などを，関係する化学反応の平衡値から予測することができる．たとえば酸化物の溶解反応は，

$$\mathrm{MO}_{z/2} + z\mathrm{H}^+ \rightleftarrows \mathrm{M}^{z+} + \frac{z}{2}\mathrm{H_2O} \tag{3.24}$$

と書けるため[*3]，一定濃度の酸溶液に酸化物 $\mathrm{MO}_{z/2}$ を溶解すると，酸は消費され，浸出液中の M^{z+} 濃度は上昇する．今，平衡に達するまで溶解が進行すると平衡定数 K は，

$$K = \frac{a_{\mathrm{M}^{z+}}}{a^z_{\mathrm{H}^+}} \tag{3.25}$$

となり，上式から $\log a_{\mathrm{M}^{z+}}$ と pH の間に

$$\log a_{\mathrm{M}^{z+}} = \log K - z\,\mathrm{pH} \tag{3.26}$$

という関係が成立する．平衡定数 K の値はデータ集の $\Delta G°$ 値から求められる．

たとえば $\mathrm{Al_2O_3 \cdot 3H_2O}$，$\mathrm{Fe_2O_3}$，$\mathrm{ZnO}$ の酸性溶液への溶解反応

$$\mathrm{Al_2O_3 \cdot 3H_2O} + 6\mathrm{H}^+ \rightleftarrows 2\mathrm{Al}^{3+} + 6\mathrm{H_2O} \tag{3.27}$$

$$\mathrm{Fe_2O_3} + 6\mathrm{H}^+ \rightleftarrows 2\mathrm{Fe}^{3+} + 3\mathrm{H_2O} \tag{3.28}$$

$$\mathrm{ZnO} + 2\mathrm{H}^+ \rightleftarrows \mathrm{Zn}^{2+} + \mathrm{H_2O} \tag{3.29}$$

について，298 K における $\log a_{\mathrm{M}^{z+}}$ と pH の関係を図 3.6 に示した．このような

[*3] 金属イオンの電荷を乾式製錬の場合と統一するためには，$(2n/m)+$ とすべきであるが，湿式製錬では煩雑さを避けるために，金属イオンに注目してその電荷を $z+$ とした．

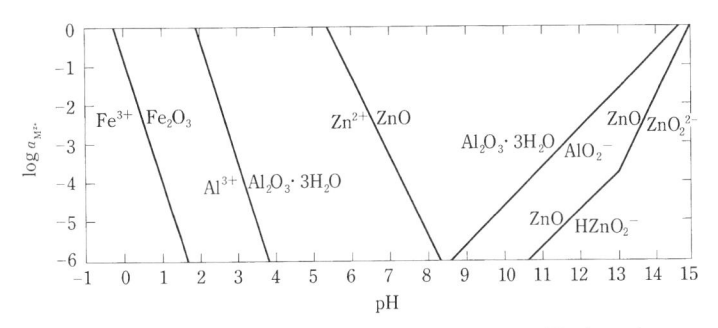

図 3.6 $Al_2O_3 \cdot 3H_2O$, Fe_2O_3, ZnO の水溶液溶解平衡（298 K）

図をイオン活量-pH 図といい，イオンあるいは酸化物の安定領域をそれぞれの曲線によって示す．この図から，酸化物の浸出条件，あるいは目的酸化物のみを浸出する選択浸出の可否を直接知ることができる．なお $Al_2O_3 \cdot 3H_2O$, ZnO は，アルカリ領域で再び以下の反応によって溶解するので，その関係も示している．

$$Al_2O_3 \cdot 3H_2O + 2OH^- \rightleftarrows 2AlO_2^- + 4H_2O \qquad (3.30)$$

$$ZnO + OH^- \rightleftarrows HZnO_2^- \qquad (3.31)$$

$$ZnO + 2OH^- \rightleftarrows ZnO_2^{2-} + H_2O \qquad (3.32)$$

図から，ZnO を完全に溶解し $a_{Zn^{2+}} = 1$ の液を得るためには，浸出液の pH を常に 5.5 以下にする必要があることがわかる．また，$Al_2O_3 \cdot 3H_2O$ は酸にもアルカリにも溶解するが，アルミニウム製錬では，アルカリ溶液を用いて浸出する．これは，ボーキサイトに多量に含まれる Fe を浸出させずに Al_2O_3 成分のみを浸出させるためである．このことを図から理解できよう．

浸出液中の目的金属イオンまたは不純物イオンを，水酸化物とし沈殿させて回収あるいは除去することができる．この反応は，

$$M^{z+} + zOH^- \rightleftarrows M(OH)_z \qquad (3.33)$$

で表される．この反応の平衡定数の逆数

$$K^{-1} = a_{M^{z+}} \cdot a_{OH^-}^z \qquad (3.34)$$

を溶解度積と呼び，一般に，この値の大小によって沈殿のしやすさを判断できる．

図 3.7 にいくつかの水酸化物について 298 K における $\log a_{M^{z+}}$ と pH の関係を示した．この図でそれぞれの関係の左側で金属イオンが安定，右側で水酸化物になることを示しており，目的金属を水酸化物として沈殿させるために必要な pH

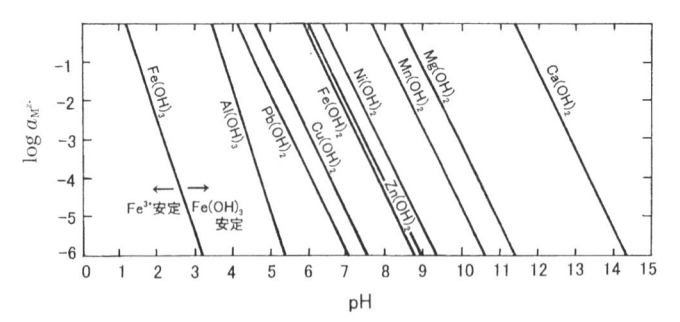

図 3.7 金属イオン-水酸化物の pH 平衡 (298 K)
それぞれの直線の左側で金属イオンが安定, 右側で水酸化物が安定.

や, 溶液の pH を決めた場合に, 金属イオンの除去限界濃度を知ることができる. また $Fe(OH)_3$ は他の水酸化物に比べて低い pH で沈殿するため, Fe^{2+} を酸化して Fe^{3+} にするだけで浸出液から鉄を除くことができる.

硫化物の酸性溶液への溶解反応は,

$$MS_{z/2} + zH^+ \rightleftarrows M^{z+} + \frac{z}{2}H_2S(g) \tag{3.35}$$

であり, その平衡定数から

$$K = \frac{a_{M^{z+}} \cdot p^{z/2}_{H_2S}}{a^z_{H^+}} \tag{3.36}$$

$$\log a_{M^{z+}} = \log K - z\,\mathrm{pH} - \frac{z}{2}\log P_{H_2S} \tag{3.37}$$

となり, さらに $P_{H_2S} = 101\,\mathrm{kPa}$ (1 atm) とすれば,

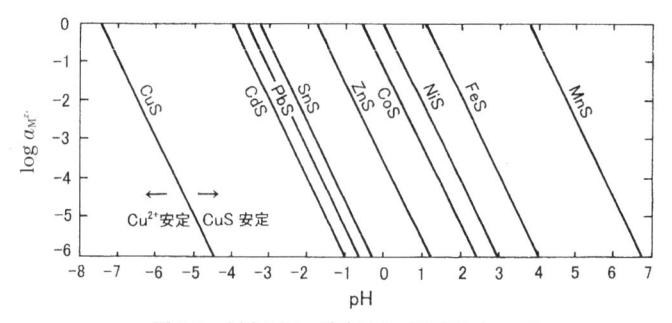

図 3.8 金属イオン-硫化物の pH 平衡 (298 K)
それぞれの直線の左側で H_2S を発生して金属イオンが生成し, 右側で硫化物が安定.

$$\log a_{M^{z+}} = \log K - z\,\mathrm{pH} \tag{3.38}$$

という関係が得られる．硫化物について，298 K におけるこの平衡関係を示したのが図 3.8 である．それぞれの硫化物の直線より左側は金属イオンの安定領域であり，右側は硫化物の安定領域である．酸性溶液を用いて H_2S を発生させて浸出することのできる硫化鉱を知ることができる．浸出液中の目的金属イオンや不純物イオンを，H_2S ガスを吹き込んで沈殿として回収したり除去する反応も重要であるが，この図からそれぞれの pH におけるその限界濃度を知ることもできる．

以上のように，酸化物および硫化物の酸溶解反応，あるいは水酸化物および硫化物の沈殿反応は，イオン活量-pH 図によって理解できる．一方，このような酸-塩基反応と酸化-還元反応を同時に起こすことによって，より容易に製錬できる場合がある．

プールベ（M. Pourbaix）によって提案された電位-pH 図は，湿式製錬に利用されている．これは，電位を縦軸に，pH を横軸にとって，いろいろな化学種の

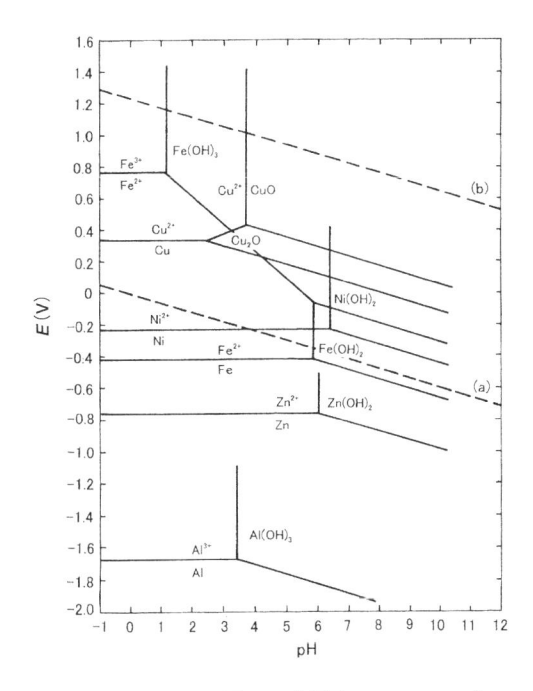

図 3.9 電位-pH 線図（298 K, $a_{M^{z+}} = 1$）

安定領域を図示したものである．製錬に関係のある金属種について，電位-pH図を図3.9に示す．鎖線 (a)，(b) は，$2H^+ + 2e^- \rightleftarrows H_2$ および $4H^+ + O_2 + 4e^- \rightleftarrows 2H_2O$ に対応する関係を示す．

$M^{z+} + ze^- \rightleftarrows M$ の線が鎖線(a)より上にあるものは酸化剤を加えたり，電気化学的に酸化することによって溶解し，下にあるものは水素ガス発生を伴って自然に溶解することを示している．ニッケルのようにこの両方の線が交わるものは，pHによって水素ガス発生を伴う溶解から酸化による溶解に変わる．逆に，水溶液から還元採取しうる金属は，(a)の線より上にある金属である．亜鉛は，(a)の線よりはるかに下であっても，水素過電圧が大きいために還元採取が可能であって，平衡論で説明できない特別な例である．しかしアルミニウムのように金属イオンが還元析出する前に，水が分解する場合は，水溶液から還元採取することはできず，溶融塩電解を必要とする．これらについて後に詳しく述べる．

3.2.3 金属の精製

一般に，工業的に純金属といわれるものは，純度99.8〜99.9%，まれに99.999%の桁のものである．乾式製錬で得た金属は一般に不純物を多く含んでいて，分離除去して純金属にしなければならない場合が多く，これを精製という．精製法を大きく分けて，乾式精製法と湿式精製法とに分けられるが，湿式精製法のほとんどは電解精製法である．電解精製法については次項で示し，本項では乾式精製法についてのみ説明する．

乾式精製 (fire refining) では，目的金属と不純物の物理的，化学的性質の違いを利用して，目的の金属とは別の相をつくりその中に不純物を濃縮するか，あるいは目的金属を新しい相に移し，不純物を残留させることにより除去する．

a. 溶離による精製　目的金属と不純物との融点の差を利用した精製法を溶離法 (liquation) という．この方法は，融液の凝固が始まるとき，融液と異なる組成の固体を晶出する現象を利用するもので，平衡状態図から，どのような固体が晶出するかを予想できるため，状態図が指針を与えてくれる．実際の粗金属は多元系であるが，3元系以上の状態図で利用できるものはきわめて少なく，精製工程の理解のために，一般に，2元系の状態図を用いている．しかし，それで十分な場合が多い．

ここで状態図について簡単な説明をしておこう．合金の状態図は，合金の安定な相を温度で図示したものである．基本的には，それぞれの相の熱力学的平衡条

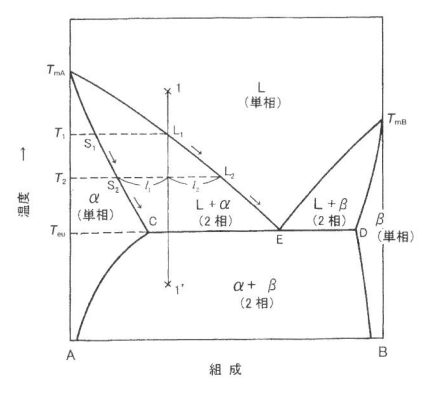

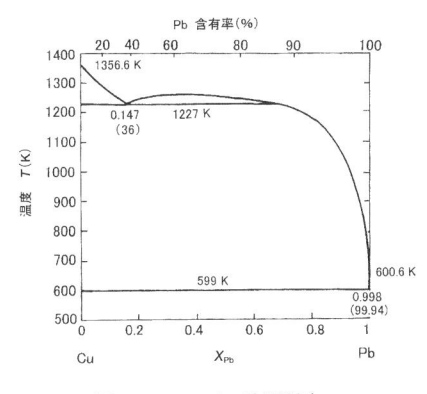

図3.10 共晶系合金の状態図

図3.11 Pb-Cu系状態図

件から決定され，ギブスの相律によって説明される．状態図の例として2元合金で，部分的に固溶体をもつ共晶系合金の場合を示すと，図3.10のようになる．固溶体とは，ある金属に他の金属が溶け込んであたかも純金属のような外観を示す合金の状態をいう．

金属AとBからなる合金は，融点以下で金属AにBが固溶したα相と，金属BにAが固溶したβ相からなる．図で，横軸に合金の組成を目盛り，左の軸が純金属A，右側の軸に純金属Bを示し，縦軸に温度を目盛っている．T_{mA}, T_{mB}, T_{eu} はそれぞれ金属A，Bの融点，および共晶温度を示す．Eは共晶点と呼び，融液は，共晶組成を示す．

今，図3.10において1の組成をもった融液（L相）が冷却されるとする．T_1 まで下がると融液から S_1 なる組成をもつα相が析出する．さらに温度が下がると，α相が析出し続けるので，融液はA成分が欠乏し，L_1-E線に沿って組成を変化させる．一方，α相は，S_1-C線に沿って組成を変化させながら析出する．T_2 まで下がると，α相と融液の割合は，$l_2:l_1$ となる．これをてこの原理という．さらに温度が低下して共晶温度 T_{eu} に到達すると，残っていた共晶組成の融液はα相とβ相として共析する．すなわち，凝固初期には，A成分の富んだ S_1 組成のα相の析出から始まり，温度の低下とともにA成分の低下したα相の析出が続き，共晶点に達するとα相とβ相の共析が起こる．

上記のような共晶系合金では，共晶組成が，溶離による不純物除去の限界値を示す．したがって，共晶組成が極端に目的金属側に近い場合だけ溶離法を利用で

きる．その例として，鉛中に不純物として溶け込んでいる銅をこの方法で精製できる．Pb‐Cu系の状態図を図3.11に示す．この場合，1227 Kのほかに，599 KにPb99.94%‐Cu0.06%の共晶点がある．銅を不純物として含む粗鉛を溶融し，温度を下げて599 Kの共晶温度に保持すれば，固体の銅が析出してくる．比重差で銅が浮かぶのでこれをすくい取ると，鉛融体中の銅を0.06%近くまで低下させることができる．

b. 帯融精製 図3.10のように広い固溶体範囲をもつ合金の場合，溶離によって不純物を除去することは難しい．しかし，繰り返し溶離操作を行うことによってほぼ純金属を得ることができる．その様子を図3.12で，1 → 2 → 3のように段階的にA成分の精製が進行することを模式的に示した．1にある組成の融液を凝固させると，固相にA成分が濃縮し，液相のA成分は希薄になることはすでに述べた．温度の低下速度，それぞれの成分の融液中における移動速度に依存して，それぞれの成分の固相および液相中の濃度が刻々と変化していくが，平均して固相がS_2，液相がL_2になったとする．次に，S_2組成の合金を融解すると2なる組成の融液となる．これを凝固させると平均してS_3，L_3に溶離する．これを繰り返すと，固相は矢印のように限りなく純粋A成分に近づくはずである．

この原理を効率よく行う方法が帯融精製である．棒状試料を部分的に溶融して，その溶融体を移動する方法を帯状溶融法（zone melting）と呼ぶ．帯状溶融法では，図3.13に示すように棒状試料の一部を帯状に溶融し，コイルまたは試料をゆっくり移動させる．この操作を何回も繰り返すと不純物は一方の端へ濃縮され，次第に目的金属の純度が高まっていく．不純物の濃縮した部分を切り捨てながら

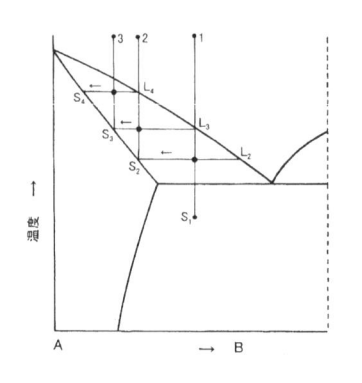

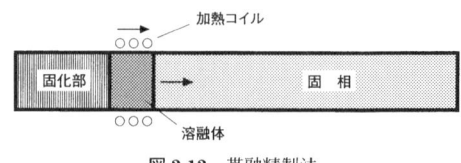

図3.12 共晶系合金の段階的溶離

図3.13 帯融精製法

帯溶融を繰り返すと高純度の金属が得られる．実際には，多数の加熱コイルを同時に用い，多数の溶融部を同時に移動させる．半導体材料の超高純度のケイ素やゲルマニウムは，試料容器からの汚染を避けるために，容器に接触させずに帯状溶融を行って製造する．これを浮遊帯状溶融法という．

c. 蒸留精製　目的金属と不純物の蒸気圧に大きな差がある場合に，蒸留によって不純物を分離できる．水銀，亜鉛，マグネシウム，カルシウムのような蒸気圧の高い金属の精製に適している．特に，乾式製錬で得られる亜鉛の純度は99～99.8%であって，亜鉛の蒸留精製は重要である．主な不純物は，鉄，鉛，カドミウムである．温度を変えて蒸留し，99.995%にまでできる．

d. 酸素，硫黄，塩素などによる精製　酸素，硫黄，塩素などと金属との親和力の違いを利用して不純物を除去する方法である．たとえば，銅を約0.05%含有する鉛に400℃（673 K）近傍で硫黄を混ぜると，図3.4からわかるように，親和力の差でCu_2Sが優先的に生成して除かれる．これで銅の含有量は0.005～0.01%になる．この鉛に500℃以上で空気，あるいは水蒸気を吹き込むと，スズ，アンチモン，ヒ素は優先的に酸化され，滓となって浮かぶので除去できる．

e. その他　目的金属と不純物以外の第3金属を添加することにより，目的金属中の不純物濃度を減少させたり，アルカリ，アルカリ土類化合物の添加による精製，熱解離，不均化反応など，特殊な反応を利用した精製などがある．

3.2.4　電解製錬

a. 電解による製錬　前項までに述べてきた製錬では，温度を変化させたり，還元剤（炭素，水素）などによって，酸素ポテンシャルあるいは硫黄ポテンシャルを低下させて金属を得ることができた．一方，電気エネルギーを用いて還元する，すなわち電気分解によって金属を得ることができる．この製錬法を電解製錬という．ここで，正電荷が電極から溶液の方へ向かって流れる電極をアノード（anode）または陽極，溶液側から電極へ正電荷が移動していく電極をカソード（cathode）または陰極と呼ぶ．

金属イオンを含む酸，あるいはアルカリ溶液（電解浴）を電解すると，カソード反応として金属イオンから金属への還元反応

$$M^{z+} + ze^- \longrightarrow M \tag{3.39}$$

アノード反応として，酸素あるいは塩素の発生反応，または金属電極の金属イオンへの溶解反応などが起こる．

$$H_2O \longrightarrow \frac{1}{2}O_2 + 2H^+ + 2e^- \tag{3.40}$$

$$2Cl^- \longrightarrow Cl_2 + 2e^- \tag{3.41}$$

$$M \longrightarrow M^{z+} + ze^- \tag{3.42}$$

カソード上に析出した金属を回収することによって,電解製錬を行うことができる.

このときの金属の理論析出量は,ファラデー (Faraday) の法則により決められる.

$$金属の析出量 (g) = \frac{M}{zF} \cdot I \cdot t \tag{3.43}$$

ここで M は金属の原子量 (g/mol), z は金属イオンの価数, F はファラデー定数 (C/mol), I は電流 (A), t は時間 (s) である.ある一定の時間の間に,金属の析出に使われた電気量 Q_M (C) の,電解で使用した全電気量 Q_T (C) に対する割合を平均電流効率 ε_F (%) と定義する.

$$\bar{\varepsilon_F} = \frac{Q_M}{Q_T} \times 100 \tag{3.44}$$

また,外部電源の端子電圧 V_t は次のように表される.

$$V_t = V_r + \eta + V_S + V_L \tag{3.45}$$

ここで V_r は,電気分解を行う上で必要最小限の端子間電圧であり,理論分解電圧と呼ばれ,アノード反応の平衡電位 $E_{A,eq}$ とカソード反応の平衡電位 $E_{C,eq}$ の差 ($E_{A,eq} - E_{c,eq}$) で表される. η はカソード反応およびアノード反応の過電圧の和, V_S および V_L は,それぞれ電解浴およびリード線のオーミック降下である.

製錬に関係する元素の標準電極電位 $E°$ を表3.1に示した.金属イオンの活量の大きさによって,析出電位は変化するが, $E°$ によって,金属イオンが電極上に析出するか否かのおよその傾向を推定できる. $E°$ の値が,正の方に大きいほど貴な金属 (noble metal),負の方に大きいほど卑な金属 (base metal) といい,還元析出させるためには,卑な金属ほど,電位を負の方向に大きく分極させなければならない.

一般に,電解製錬で電力消費量 P を考える場合,単位として W·h を用いる.端子電圧 V_t (V) で,ある一定時間 (h) に Q (A·h) の電気量を流したとき, W (kg) の金属を生産したとする.そのときの消費電力 P (W·h) は,

表3.1 各種金属の標準電位 $E°$

金属/イオン	標準電極電位(V)	金属/イオン	標準電極電位(V)
Na/Na$^+$	−2.71	Ni/Ni^{2+}	−0.25
Mg/Mg^{2+}	−2.37	Sn/Sn^{2+}	−0.14
Al/Al^{3+}	−1.66	Pb/Pb^{2+}	−0.13
Mn/Mn^{2+}	−1.19	H/H$^+$	0.00
Zn/Zn^{2+}	−0.76	Cu/Cu^{2+}	+0.34
Cr/Cr^{3+}	−0.74	Hg/Hg$_2^{2+}$	+0.79
Fe/Fe^{2+}	−0.44	Ag/Ag$^+$	+0.80
Cd/Cd^{2+}	−0.40	Pt/Pt^{2+}	+1.19
Co/Co^{2+}	−0.28	Au/Au^{3+}	+1.50

$$P \text{ (W·h)} = V_t \text{ (V)} \cdot Q \text{ (A·h)} = V_t \cdot Q \text{ (W·h)} \tag{3.46}$$

であって，1 kgの金属を生産するのに要する電力 p (W·h/kg) は，

$$p = \frac{P \text{ (W·h)}}{W \text{ (kg)}} = \frac{V_t Q \text{ (W·h)}}{W \text{ (kg)}} \tag{3.47}$$

となる．

アノード極に不溶性電極を用い，カソードで目的とする金属イオンを還元析出する場合を電解採取（electro-winning）といい，アノード極に純度の低い金属を使い，アノード反応で目的金属の溶解反応を起こし，カソードでより純度の高い金属を析出させる場合を電解精製（electro-refining）という．

b. 電解採取 電解採取のために，まず，酸あるいはアルカリ溶液に鉱石を溶解し金属イオンにする．次に，浄液工程で，その溶液から不純物の除去と目的金属イオンの濃縮を行う．この溶液中でアノードに不溶性電極を用いて電解し，カソードに目的の金属を析出させて回収する．

例として，硫酸を用いて銅鉱石から銅イオンを浸出し，銅を電解採取する場合を図3.14に示す．カソードに銅，アノードに鉛電極を用いてある．それぞれの電極で起こる反応は，

$$\text{カソード：} \quad \text{Cu}^{2+} + 2e^- \longrightarrow \text{Cu} \qquad E° = 0.34 \text{ V} \tag{3.48}$$

$$\text{アノード：} \quad \text{H}_2\text{O} \longrightarrow \frac{1}{2}\text{O}_2 + 2\text{H}^+ + 2e^- \qquad E° = 1.23 \text{ V} \tag{3.49}$$

となり，全体の物質収支は次式で表される．

$$Cu^{2+} + H_2O \longrightarrow \frac{1}{2} O_2 + 2H^+ + Cu \qquad (3.50)$$

溶液中にはアニオンとして SO_4^{2-} が存在するから，硫酸銅溶液に電流を通じることによって O_2 と Cu と H_2SO_4 を製造したことになる．銅の電解採取の際のpH および $a_{Cu^{2+}}$ の正確な値はわからないが，理論分解電圧の概略値として標準電極電位差 $1.23 - 0.34 = 0.89$ V を考えてよい．実際の電解では，鉛アノードでの酸素発生のための過電圧を加えたものが分解電圧となる．

銅より貴な金属イオンが溶液中に存在すると，銅の析出とともに析出し，銅より卑な金属イオンは溶液中に取り残される．したがって，電解採取に当たって，電解液から，銅より貴な金属イオンをあらかじめ取り除いておかなければならない．この方法は，亜鉛の電解採取に広く利用されている．表 3.1 および図 3.9 からわかるように，亜鉛は水素より卑な単極電位をもつ．しかし，亜鉛の電解析出が酸性溶液で可能なのは，亜鉛の析出反応に比べて，亜鉛上で水素発生反応のための過電圧がきわめて大きいことによる．

以上のように，電解採取では，金属の還元反応に必要なエネルギーを電気エネルギーの形で供給する．燃料，還元剤，酸化剤などを使わないため，炭化物形成や灰分混入などの問題がなく，また，アノード反応とカソード反応とが異なる場所で起こるために，不純物金属の溶出や析出の電位差を利用して，非常に純粋な金属を得ることができる．亜鉛や銅のほかに，カドミウム，マンガン，コバルト，クロム，ニッケルなどの一部が電解採取されている．

c. 電解精製　　乾式製錬で得られた金属は，たいてい種々の不純物を含んで

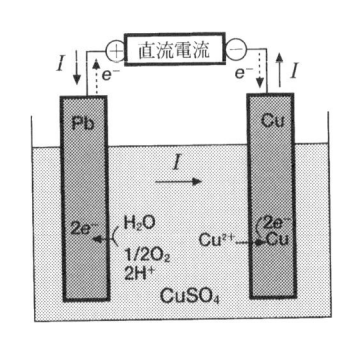

図 3.14　銅の電解採取

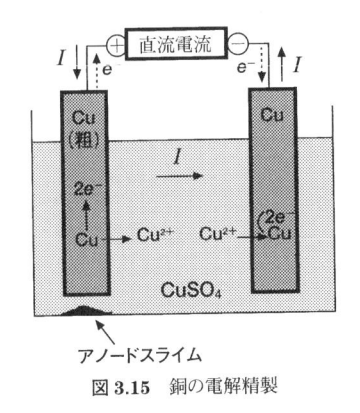

図 3.15　銅の電解精製

おり，実際に用いるために精製しなければならない．電解精製は，3.2.3 項で述べた種々の精製法とともに乾式製錬の最終工程の 1 つである．また，電解採取で得られた金属でも 99.95 〜 99.99% であって，目的によっては電解精製しなければならない．

この方法では，乾式製錬あるいは電解採取で得られた金属を粗金属アノードとして用いて，金属イオンとして溶出させ，カソードで電解還元して析出回収する．不純物のうち，貴な金属は，溶出せずにスライムとしてアノード近傍に沈殿し，卑な金属は，溶出するがカソードに析出せずに溶液中にイオンとしてとどまる．このことによって目的金属の純度を高めることができる．この場合，同一の金属が同一の溶液に浸漬されている状態で，同一の電気化学反応が正逆方向に進行するから，$E_{A,eq} = E_{C,eq}$ であり，$V_r = 0$ となる．厳密には，アノード金属の純度が低い分だけ活量 a_M が低く，ごくわずかの V_r を生ずる．

たとえば，硫酸酸性硫酸銅溶液中の銅の電解精製の例を図 3.15 に示す．それぞれの電極上で，

$$\text{Cu（粗銅アノード）} \longrightarrow \text{Cu}^{2+} + 2e^- \tag{3.51}$$

$$\text{Cu}^{2+} + 2e^- \longrightarrow \text{Cu（純銅カソード）} \tag{3.52}$$

の反応を起こす．物質収支は，

$$\text{Cu（粗銅アノード）} \longrightarrow \text{Cu（純銅カソード）} \tag{3.53}$$

となり，理論分解電圧はほぼ 0 である．貴な金属はアノードスライムとしてアノード極近傍に沈殿し，卑な金属は溶解し電解浴に蓄積するが，粗金属の純度は比較的高いため，電解採取に比較して電解液の組成変化はゆっくり起こる．この方法によって，金，銀，銅，鉛，ニッケル，ビスマス，スズなどの金属を 99.99% 以上の純度で得ることができる．

d. 溶融塩電解 イオン結晶からなる金属塩を加熱して溶融すると，粘度が低く，導電率の高いイオンの動きやすい液体になる．これを溶融塩と呼ぶ．適当な電極を用いて電圧を加えると，イオンの移動によって電気が流れ，水溶液と同様に電解浴として用いることができる．溶融塩を電解浴として用いた電解を溶融塩電解（fused salt electrolysis）と呼ぶ．溶融塩には水がないので，電解浴として用いて電解すると，水素より著しく卑で，しかも水素過電圧が小さいために，水溶液から電解析出をさせることのできない，ナトリウム，アルミニウム，マグネシウムなどの金属や，水素や炭素で還元しにくい金属を採取できる．水溶液電

解と同様に採取と精製の両方の操作がある．

3.3 金属の製造

3.3.1 鉄

製鋼製錬とは，鉄鉱石および鉄屑から，鉄製品の素材である粗鋼を製造する工程をいう．図3.16にこの工程を模式的に示す．鉄鉱石として，赤鉄鉱（hematite）Fe_2O_3 が主なものであるが，磁鉄鉱（magnetite）Fe_3O_4 を用いることもある．これを溶鉱炉（高炉）の中に，コークス（還元剤および燃料），石灰石（溶剤）といっしょに入れて，下部から熱風を吹き込む．鉄鉱石は炉中を下がりながらコークスで還元されて鉄になる．この鉄は炭素をかなり溶解しており（4～5%），さらにケイ素，リン，硫黄などをはじめとする不純物を含む粗金属であり，銑鉄

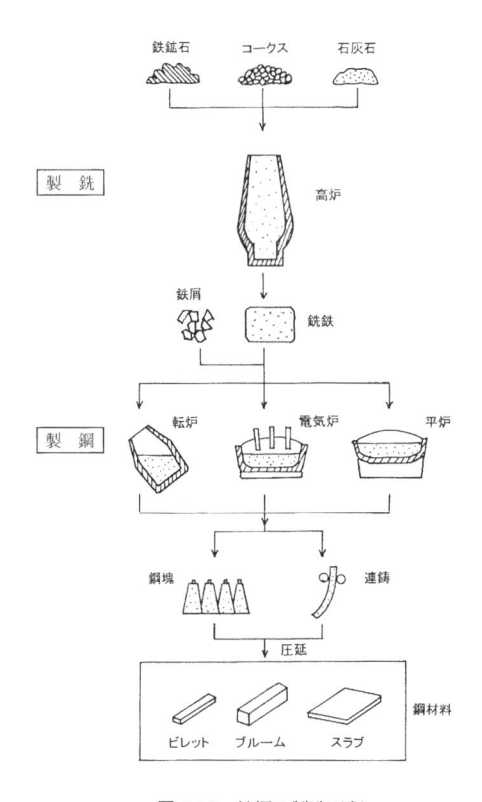

図3.16 鉄鋼の製造工程

と呼ばれ，銑鉄を製造する工程を製銑と呼ぶ．

銑鉄は脆く，不純物を多量に含んでいるので転炉，平炉あるいは電気炉などを用いて，不純物を酸化して除き鋼とする．この際リサイクル鉄屑も利用される．これを造塊，鋳造，連鋳を経て鋼材料とする．この工程を製鋼と呼ぶ．

実際の鉄製品を製造するためには，さらに目的に応じて溶鋼に残存する酸素を除去（脱酸）し，ガス成分を除き（脱ガス），さらに合金材を添加して高級な品質の鋼を得るための種々の特殊製錬を行う．

a. 銑鉄の製造 溶鉱炉内部は，長い間不明であったが，1960年代から解体調査が行われ，内部の状態が次第に明らかになってきた．その成果を模式的に図 3.17 に示す．炉頂から鉄鉱石および溶媒剤（主として石灰石を用い，フラックスと呼ばれる）の混合物とコークスとを層状に交互に加え，送風羽口から重油の燃焼による熱風を送り込む．鉱石の軟化，収縮と溶解，コークスの燃焼消費によって，全体がゆっくり降下しながら上昇ガスによって還元される．炉の上部では，下部で重油とコークスの燃焼によって生じた二酸化炭素が上昇してきて，ブドワー平衡

$$CO_2(g) + C(s) \rightleftarrows 2CO(g) \tag{3.54}$$

によって一酸化炭素と二酸化炭素との混合ガスになり，還元雰囲気になっている．

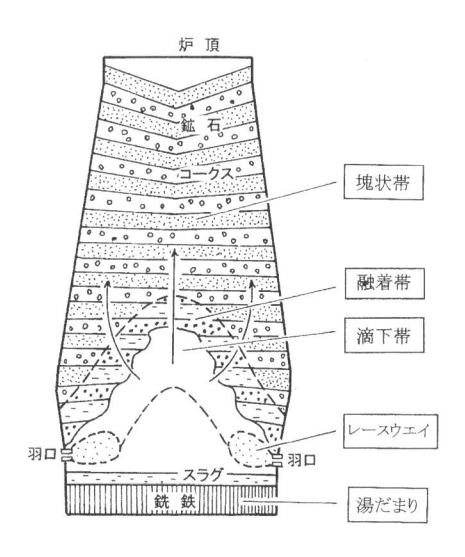

図 3.17 高炉内の模式図

なお，この反応の平衡は，高温になるほど右へ移行し還元性を増す．

高炉内のそれぞれの部分で以下のような反応が起こっていると考えられている．

(1) 塊状帯： この領域では，装入物はまだ原型をとどめており，固体の鉱石類とコークスが層状に重なっている．高温で還元性一酸化炭素と二酸化炭素の混合ガスが吹き上がってきて，付着水分の蒸発，結晶水の分解，二酸化炭素による鉱石の還元，ブドワー平衡が右に移行し，炭素の消費される反応などが起こっている．装入物の温度が 770 K 前後に達すると鉱石類のガス還元が始まり，830 K 前後では次の反応が起こる．

$$3Fe_2O_3(s) + CO(g) \longrightarrow 2Fe_3O_4(s) + CO_2(g) \quad (3.55)$$
$$Fe_3O_4(s) + 4CO(g) \longrightarrow 3Fe(s) + 4CO_2(g) \quad (3.56)$$

830 K 以上の温度では，

$$Fe_3O_4(s) + CO(g) \longrightarrow 3FeO(s) + CO_2(g) \quad (3.57)$$

の反応も加わり，FeO（ウスタイト）が生成される．1170〜1270 K では，ブドワー平衡はさらに右へ移行し，FeO の還元反応

$$FeO(s) + CO(g) \longrightarrow Fe(s) + CO_2(g) \quad (3.58)$$

が活発になる．この還元反応は炭素から一酸化炭素に変化して，この一酸化炭素が鉄鉱石を還元しているために，炭素による間接還元と呼ばれている．

(2) 融着帯： さらに温度が上昇し，上記の還元反応が進行しつつ鉱石類の軟化，融着が起こる．FeO の間接還元と $CO_2(g) + C(s) \rightarrow 2CO(g)$ が同時に進行すると，下記に示すように見かけ上，炭素による直接還元反応が進行していることになる．

$$\begin{array}{l} FeO(s) + CO(g) \longrightarrow Fe(s) + CO_2(g) \\ \underline{CO_2(g) + C(s) \longrightarrow 2CO(g)} \\ FeO(s) + C(s) \longrightarrow Fe(s) + CO(g) \end{array} \quad (3.59)$$

(3) 滴下帯： 1520〜1620 K で金属鉄とスラグ相は液状になり滴下し始める．純鉄の融点は，1808 K であるが，この鉄には，多量の炭素が溶解しており，融点が下がり，この温度で溶解する．溶融して滴下してくるスラグ中の還元不十分な鉱石部分が，コークス層を通過する間に直接還元を受ける．

$$FeO(l) + C(s) \longrightarrow Fe(s) + CO(g) \quad (3.60)$$

生成した金属鉄は直ちに炭素を溶解し（浸炭），融着層を構成している金属鉄

3.3 金属の製造

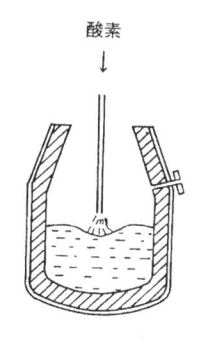

酸素
↓

上吹き法
図 3.18 転炉の模式図

は，コークス層の接触界面で浸炭される．溶融鉄はそれとともに上昇ガスから硫黄やケイ素を吸収する．

(4) レースウェイ (race way) 付近： 送風羽口の先のコークスの燃焼空間で，コークスが旋回して，酸素および水蒸気によって燃焼している．高炉内の最高温度部分で，2400 K 以上になっている．

(5) 湯だまり： 溶鉄が底に沈み，その上に，スラグが浮かんでいる．スラグは，鉱石中の脈石成分 SiO_2，Al_2O_3 と，溶剤から熱分解してできた CaO から形成される CaO - SiO_2 - Al_2O_3 を主成分とする溶融液体である．銑鉄粒子が静止スラグ層内を滴下する過程で，溶鉄-スラグ間でケイ素，硫黄，リンなどの移動が起こる．

b. 鋼の製造　銑鉄と鋼のおよその組成を示すと次のようになる．

銑鉄： $C > 3.5\%$, $Si\ 0.7 \sim 1.0\%$, $Mn > 0.8\%$, $S < 0.05\%$, $P < 0.4\%$
鋼　： $C < 1.7\%$, $Si < 0.35\%$, $Mn\ 0.2 \sim 0.8\%$, $S < 0.05\%$, $P < 0.06\%$

銑鉄は脆くて鋳物に用いられる程度で，板，棒，管などの材料になるのは鋼である．鋼は，銑鉄から炭素などを減少させて製造される．この工程のために，転炉，平炉，電気炉などを用いるが，現在は転炉を用いることが多い．図 3.18 に模式的に示したように，転炉内に溶融銑鉄を入れ，酸化剤として酸素を超音速で吹き込む．図の転炉では純酸素を上部から吹き込む方法であり，上吹き転炉と呼ぶ．このほかに，底部から吹き込む転炉および，上部と底部から同時に吹き込む方式がある．

超音速で吹き込まれた酸素ジェットと溶融銑鉄との界面で起こるガス-メタル

反応や，生成したスラグと溶融銑鉄との間で起こるスラグ-メタル反応によって，不純物が銑鉄から除去されるとともに一部の鉄が酸化される．これらの反応により溶融鋼は撹拌され昇温する．また，固体で装入された石灰石や鉄鉱石は，温度の上昇とともに溶解してスラグを形成し，同じく固体で装入された屑鉄も溶解して溶融鋼の一部となる．

酸素との親和力は鉄より炭素の方が大きいので，溶けた銑鉄を酸化すれば，炭素の方が優先的に酸化されて除かれて鋼になる．この際，炭素とともに，ケイ素やマンガンなども酸化され，それらの酸化熱で温度が保たれるので，特に熱する必要はない．図3.3のエリンガム図を参考にして，不純物に対する酸素の親和力の大小関係から，製鋼過程で除去できる不純物のおおよそを知ることができる．すなわち，製鋼温度で，Fe-FeO線より上方にある元素は除去できず鉄中に残存する．一方，これより下方に位置する元素（アルミニウム，ケイ素，マンガン，リンなど）は酸化されてスラグとして除去できる．

3.3.2 銅

銅の鉱石は，黄銅鉱 $CuFeS_2$ と輝銅鉱 Cu_2S が主なものであるが，日本ではほとんどが前者である．製錬法の主流は乾式製錬であって，選鉱に多大なエネルギーを要し，経済的でない低品位鉱や酸化鉱を製錬するときのみ湿式法を用いる．銅1%前後の銅鉱石を選鉱によって銅 20〜30% の銅精鉱にする．銅製錬は，この銅精鉱を銅成分 40〜50% のマット（matte：硫化物の均一融体であり，「かわ」とも呼ばれている）をつくる溶錬，マットから粗銅を得る製銅，粗銅を精製する電解精錬の3つの工程からなる．

a. マット溶錬　銅精鉱を直接酸化させて銅を得ることもできるが，この方法では銅の損失が大きいため，まず，銅精鉱を酸化させて含まれている鉄を除き，銅を硫化物融体のマットとして濃縮する．この操作をマット溶錬と呼ぶ．

溶鉱炉に銅精鉱，コークス，溶剤（SiO_2）を加え，下部の羽口から空気を吹き入れ，1300〜1500 K で装入物を溶解し，マットとスラグに分離する．銅精鉱中の硫化物は，主として CuS と FeS とからなるが，空気酸化による主たる酸化反応は，

$$2FeS\,(l) + 3O_2\,(g) \longrightarrow 2FeO\,(l) + 2SO_2\,(g) \qquad (3.61)$$

となる．それは，図3.5からわかるように，FeS は Cu_2S よりはるかに酸化されやすいからで，鉄の方が酸素に対する親和力がはるかに強く，逆に硫黄に対する

親和力は銅の方が鉄に比較して強いことによる．生成した FeO は SiO_2 に溶けてスラグとなり，Cu_2S を主成分とするマットと分離する．しかし，FeS の活量が低下するにつれて銅の酸化が進み，銅成分がスラグに溶け込み失われる．このために FeS を残し，次の転炉で鉄を除く操作を行う．

b. 製　銅　マットを転炉に移して，脱鉄と粗銅製造の２つの工程を行う．これを転炉製銅と呼ぶ．転炉羽口から空気を送り，FeS から FeO への酸化を起こし，ほぼ純粋な Cu_2S 相（白かわと呼ぶ）をつくる．反応は，マット溶錬と同じであり，FeO が溶剤 SiO_2 に溶解してスラグとなり分離されるが，このスラグには Cu_2O も溶け込むため，このスラグをマット溶錬へ戻す．さらに溶融 Cu_2S の酸化を継続し，粗銅をつくる．

$$Cu_2S\,(l) + O_2\,(g) \longrightarrow 2Cu\,(l) + SO_2\,(g) \qquad (3.62)$$

銅成分の損失を避けるために，硫黄 0.05%以下，酸素 0.3%以上の組成に達したら終点とする．これを精製炉に移し，溶銅中に空気を吹き込み硫黄を除き，重油，LPG，あるいはアンモニアによって還元し酸素を除く．

c. 電解精製　上記精製銅を鋳造してアノード板に作製し，カソードに電着銅薄板を用いて 3.2.4 項の c で示したように硫酸溶液中で電解精製を行う．

3.3.3　鉛

鉛の鉱石の中で最も重要なのは方鉛鉱 PbS で，日本では閃亜鉛鉱 ZnS と共存することが多い．これを浮選法で鉛精鉱（Pb60%前後）と亜鉛精鉱（Zn50%前後）に分ける．鉛精鉱を焙焼，焼結を行って酸化物原料とし，燃料と還元剤を兼ねるコークスを加え，高炉を用いて還元溶錬を行う．得られた鉛金属には，共存する金，銀などが溶解しているので，これらの金属を回収することが貴金属の採取工程として重要な位置を占めている．得られた粗鉛を乾式法か電解法によって精製する．

3.3.4　亜　　鉛

亜鉛鉱石で製錬の対象とするものは，主として閃亜鉛鉱 ZnS である．ZnS を 1200 K 近傍で酸化焙焼して ZnO とし，乾式製錬の場合，これをコークスとともに加熱し，還元揮発して亜鉛蒸気を凝縮して亜鉛融体を得る．得られた粗亜鉛には鉛やカドミウムなどが含まれているため，精留塔で蒸留精製する．一方，湿式製錬では，酸化焙焼によって得られた ZnO を硫酸溶液で浸出して電解する．

3.3.5 アルミニウム

アルミニウムの鉱石はボーキサイトであり，アルミニウム成分を NaOH 水溶液で抽出し，アルミナを製造する．次に，このアルミナを溶融塩電解して 99.8% 品位の1次地金を製造する．

ボーキサイトは，結晶形や結晶水の数の異なる種々の Al_2O_3 を含有し，その Al_2O_3 成分含有率は 45～60% である．このほかに，Fe_2O_3，SiO_2 および TiO_2 などを含んでいる．まず，アルミニウム成分をアルミナとして得るために，NaOH 水溶液によって，ボーキサイト中の Al_2O_3 成分を溶解し $NaAlO_2$ を製造する．次に加水分解により $Al_2O_3 \cdot 3H_2O$ の析出，その加熱脱水（1400～1500 K で仮焼：「仮焼」については5章の脚注*1を参照のこと）を行う．このプロセスをバイヤー（Bayer）法といい，反応は以下のように起こるとされている．

$$Al_2O_3 + 2NaOH \longrightarrow 2NaAlO_2 + H_2O \qquad (3.63)$$

$$2NaAlO_2 + 4H_2O \longrightarrow Al_2O_3 \cdot 3H_2O + 2NaOH \qquad (3.64)$$

$$Al_2O_3 \cdot 3H_2O \longrightarrow Al_2O_3 + 3H_2O \qquad (3.65)$$

氷晶石 Na_3AlF_6 に少量の AlF_3，CaF_2 などを添加した溶融塩に，得られたアルミナを溶解し電解する．

現行のアルミニウム電解の大部分は，ホール-エルー（Hall-Heroult）法によって行われ，アノードに炭素を用いる．電解槽の1例として，図 3.19 に多極式（既焼成電極式）電解槽の模式図を示している．操業温度は 1243 K で，フッ化物電解浴に侵食されない耐火物材料がないため，電解浴自身の凍結塩（freeze）によって電解槽壁を保護し，ジュール熱による内部加熱法で操業する．カソード

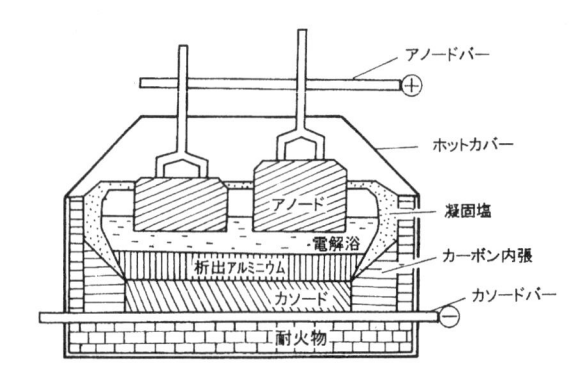

図 3.19　多極式アルミニウム電解採取槽

で Al^{3+} の還元が起こり，電解槽底部に溶融アルミニウムとしてたまる．一方，アノードでは，電解浴中の O^{2-} の酸化によって発生する酸素ガスと，電極の炭素が反応して一酸化炭素と二酸化炭素の混合ガスとなり消耗する．両極の主反応は，

$$\text{カソード：} \quad Al^{3+} + 3e^- \longrightarrow Al \tag{3.66}$$

$$\text{アノード：} \quad 2O^{2-} + C \longrightarrow CO_2 + 4e^- \tag{3.67}$$

のように表され，全反応は，

$$2Al_2O_3 + 3C \longrightarrow 4Al + 3CO_2 \tag{3.68}$$

となる．この電解法では，アノードで酸素発生させるよりも低いエネルギーですむ．

こうして得られたアルミニウムの純度は，約99.8%である．これ以上の純度を要する場合や，アルミニウムから地金アルミニウムを再製するために，三層式電解法と呼ばれる溶融塩電解精製を行う．

3.3.6 チタン

チタン資源は，主にルチル TiO_2 とイルメナイト $FeO \cdot TiO_2$ の鉱石として産出される．チタンは酸素との親和力がきわめて大きいために，精製工程を経て四塩化チタン $TiCl_4$ にし，マグネシウムあるいはナトリウムによって還元を行って金属チタン（スポンジチタン）を得る．

四塩化チタンを製造するためには，炭素を加えて塩化物にする．

$$TiO_2 + 2Cl_2 + 2C \longrightarrow TiCl_4 + 2CO \tag{3.69}$$

蒸留によって四塩化チタンの精製をして，次の還元に移る．

塩化チタンの還元のために，マグネシウムを用いるクロール（Kroll）法，ナトリウムを用いるハンター（Hunter）法とがある．

$$TiCl_4 + 2Mg \longrightarrow Ti + 2MgCl_2 \tag{3.70}$$

$$TiCl_4 + 4Na \longrightarrow Ti + 4NaCl \tag{3.71}$$

電解による製造も試みられているが，まだ試験段階のようである．以上のようにして得られたチタンは，粉体が焼結したような外観を呈し，スポンジチタンと呼ばれる．このチタンを電極として，真空下でアーク溶解して地金とする．

3.3.7 希土類元素

希土類元素とは，表3.2に示すように，原子番号57番のランタンから，71番のルテチウムまでの15元素（ランタノイド）に，スカンジウムとイットリウム

を加えた 17 元素をひとまとめにして呼ぶ際の名称で，英語の発音そのままにレアアース（rare earth）とも呼ばれている．表のように，電子配置で 4f 電子が存在し，原子番号が進むにつれて規則正しくその数が増大する．希土類元素のほぼすべての物性は，この 4f 電子に基づくもので，特に磁気的性質および光学的性質に関係が深い．スカンジウム，イットリウム，ランタンには f 電子がない．しかし外殻電子配置は p^6s^2 になっており，周期表では 3 族に分類されていて化学的性質は互いに酷似している．

希土類元素の利用

希土類元素はそれぞれに分離することが難しく，いろいろな希土類元素金属の混じり合った合金として，古くから利用されてきた．この混合合金をミッシュメタル（ドイツ語由来の名称で，混合金属を意味する）と呼ばれている．

ミッシュメタルの鉄合金は発火性を示し，ライターの石として利用されてきている．製錬の分野では，添加剤として用いられ，鋼の延性や靭性，ステンレス鋼の加工性の向上に利用され，鋳鉄の鋳造性を向上させるためにも用いられている．ミッシュメタルを添加することによって，硫黄の濃度を低下させたり，硫黄介在物の形態や金属の結晶形を変化させることができるからである．さらに，ニッケル合金，銅合金，マグネシウム合金にも添加剤として用いられている．その他，研磨剤としても利用されてきた．一方，現在はさらに，希土類元素の分離技術の進歩とあいまって，個々の希土類元素の特性を生かして，多方面に多種類の機能性材料の素材として利用され，かつ，新しい利用法が開発されつつある．

希土類元素の利用されている製品の例として，$LaNi_5$ 合金の水素吸蔵の性質を利用したニッケル水素化物電池の負極，ジルコニア ZrO_2 にイットリア Y_2O_3 を添加したイットリア安定化ジルコニアは，酸素センサや，燃料電池の固体電解質として利用されている．その他，ガラスの着色剤，脱色剤や窯業で釉薬として利用され，原子力工業では，中性子制御材として，ガドリニウム，サマリウム，ユウロピウムなどがステンレス鋼，チタン，ニッケルなどに添加されて用いられている．

光学材料や電子材料分野での利用も多く，永久磁石にイットリウム，ガドリニウム，コンピュータ記憶素子にイットリウム，サマリウム，ネオジム，イッテルビウム，ジスプロジウムなど，YAG レーザの発振源として，イットリウムやネオジムの化合物，カラーテレビの赤色蛍光体としてイットリウムやユウロピウム酸化物などが用いられている．

以上あげた例はほんの一部にすぎず，希土類元素は，大量ではないけれど，特異な機能を発揮したり，材料に機能を付与したりして，近代的機器の部品としてほとんどすべてに用いられており，われわれの生活に浸透している．この傾向はますます増大しつつある．

表3.2 希土類元素

元素名	元素記号	原子番号	原子量	外側電子配置
スカンジウム	Sc	21	44.96	$3d^14s^2$
イットリウム	Y	39	88.91	$4d^15s^2$
ランタン	La	57	138.91	$5d^16s^2$
セリウム	Ce	58	140.12	$4f^1 5d^16s^2$
プラセオジム	Pr	59	140.91	$4f^3 \quad 6s^2$
ネオジム	Nd	60	144.24	$4f^4 \quad 6s^2$
プロメチウム	Pm	61	(145)	$4f^5 \quad 6s^2$
サマリウム	Sm	62	150.35	$4f^6 \quad 6s^2$
ユウロピウム	Eu	63	151.90	$4f^7 \quad 6s^2$
ガドリニウム	Gd	64	157.25	$4f^7 5d^16s^2$
テルビウム	Td	65	158.92	$4f^9 \quad 6s^2$
ジスプロジウム	Dy	66	162.50	$4f^{10} \quad 6s^2$
ホルミウム	Ho	67	164.93	$4f^{11} \quad 6s^2$
エルビウム	Er	68	167.26	$4f^{12} \quad 6s^2$
ツリウム	Tm	69	168.93	$4f^{13} \quad 6s^2$
イッテルビウム	Yb	70	173.04	$4f^{14} \quad 6s^2$
ルテチウム	Lu	71	174.97	$4f^{14}5d^16s^2$

　希土類元素の相互分離は，無機化学の中で最も難しい課題の1つであったが，さまざまな工夫によって採取および分離が可能になった．特に近年，イオン交換クロマトグラフィーと向流溶媒抽出法の分離技術の開発によって急速に進歩した．また，希土類元素の金属を得るために，溶融塩電解，金属置換法が用いられている．

3.4　金属のリサイクル

3.4.1　リサイクルの背景

　地殻に分散している金属資源は，採鉱，選鉱，製錬を経て金属となり，加工されて金属製品になる．それらは消費の段階を経てごみとなり，製品の製造段階で発生した不要物は産業廃棄物となる．金属のリサイクリングとは，ごみおよび産業廃棄物中に含まれる金属資源を，製錬工程内の適当な箇所にフィードバックするための一連の操作をいう．

　金属の歴史は B.C.5000 年にさかのぼるといわれている．しかし，利用する金属の種類と量が目立って増えてきたのは産業革命以降のことで，中でも最近の40年間の増加現象は特に著しい．金属材料の95%を占める鉄の生産量は，1950年代後半から急に指数関数的な増加に変わり，消費量は膨張し，その他の金属に

も類似した傾向がみられる．

　1950年代に，公害が社会問題として大きく取り上げられ，地球環境問題が注目されるようになってきた．1970年代に入ると，ローマクラブの報告「成長の限界」に象徴されるように，地球上で，化石燃料，金属資源などに限界があることを認識するようになってきた．1990年代には，異常気象がたびたび現れるようになった．それは，二酸化炭素排出による温室効果によるものと考えられ，地球の環境容量の限界をも考えざるをえなくなってきた．それに伴い，金属工業は，それまでの公害や鉱毒対策，さらに省エネルギー，省資源を目指す立場から，環境負荷を減少させる方向へと転換しつつある．環境負荷として，1tの金属材料を製造するのに排出される二酸化炭素，二酸化硫黄，酸化窒素ガス量を目安とする考え方が提案されている．

　金属のリサイクルは，省エネルギー，省資源および環境負荷の低減のために最も有効な方法の1つといえる．それは，一度鉱石から取り出した金属材料から不純物を分離することは，従来の製錬工程より容易であり，リサイクルによって，金属資源および化石燃料資源消費を抑え，製錬事業に伴う環境負荷を減少させ，廃棄物を低減しうるからである．この場合，資源として，金属資源やエネルギー資源はもちろんのことであるが，採掘，輸送などによってまわりの環境も少なからず影響を受けるため，これらを含めた資源を考えるべきであろう．さらに一歩進めて，成分金属を個々の金属として分離しやすい材料を設計，開発したり，有害物（ヒ素や硫化物など）をリサイクリングの循環系に導入しないシステムをつくりうる可能性もある．

3.4.2 金属リサイクルの現状

　金属スクラップを利用する場合，3種の方法が考えられる．

　合金のすべてを再利用する（alloy to alloy）方法．これは理想ではあるが現在のところ特別の系に限られている．工場内でできる自家発生屑，電線および鉛蓄電池の鉛がこの例で，それらはほぼ単一成分に近いので可能となる．

　次に，基成分に注目して，分離不能な添加成分を害にならないぐらいまで希釈して利用する（dilution）方法．鉄，アルミニウムの多くはこのタイプである．鉱石から製造された金属を含めて，さまざまなスクラップが厳密な成分管理のもとに使用されることが前提となる．

　最後の方法は，希少であるが価値の高い金属を抽出して再利用する場合

(extraction) である．希土類元素はこの分類に入る．

現在，日本では，アルミニウム30％，銅8％，亜鉛6％，鉛28％がリサイクルによって利用されている．そのほか，ベリリウム，ジルコニウム，コバルト，タンタル，クロム，マンガン，パラジウムなどの10％以上がリサイクリングされて用いられている．

a. 鉄　1990年代に約4000万t/年の鉄スクラップを利用し，粗鋼生産量の約5％をスクラップから生産していたことになる．このスクラップ処理の約76％が電気炉で再生されている．スクラップの供給源として製鉄所の自家発生スクラップ，町工場などでの加工スクラップ，製品化した後の老廃スクラップなどからなるが，前の2つは減少あるいは一定になりつつあるのに対して，老廃スクラップは，市中に鉄鋼の蓄積量が増大しているために，潜在的に発生量は増大すると予想されている．この場合，多品質，あるいは成分の不明なスクラップが増加する可能性がある．また，鉄鋼製品の機能が多様化してきているために，スクラップの品質は複雑化，低品質化すると予想される．

自動車用の鋼材では，防錆ニーズの高まりから，亜鉛めっき鋼板などの表面処理板（スズ，亜鉛含有）などの増加が著しい．また，鋼板の軽量化のために薄板化した高張力鋼板（ニオブ，リン，銅含有），耐食性，信頼性向上のために各種めっきを施した鋼板および耐候性鋼板などが増えてきており，これらをいかにリサイクリングシステムに載せるかが大きな課題となってきている．

b. 銅　スクラップのうち，高純度の銅あるいは汚染のない合金は，銅線，伸銅，合金鋳物メーカで直接リサイクル使用されている．しかし，一般にリサイクル対象物は高銅品位の原料か回収の容易な形態のものに限られており，電気製品の部品，配線材料の大部分は廃棄処理されている．銅の含有率の低いスクラップは，銅製錬所においても製錬コストがかさむ上に，スクラップに含まれる不純物成分が銅精鉱と異なるために，操業上，トラブルの要因となるからである．

c. アルミニウム　アルミニウムスクラップをリサイクルするためには，スクラップを2次地金として用い，種々の合金をブレンドして所定の合金組成にして製品にする．このことによって，前節で述べたアルミナ製造工程や電解製錬工程で消費される膨大なエネルギーを節約できる．しかしながら，このブレンド技術によって再生を続けていると低品位のアルミニウム合金が蓄積されることになり，ゆくゆくは，低品位アルミニウム合金の品位を向上するための技術の開発が

> **アルミニウム缶の再生**
>
> 　アルミニウム缶は，胴体と底の一体となったアルミニウム製円筒容器に，蓋を取り付けた構造をしている．それぞれの部分は，図3.20に示すように違った種類のアルミニウム合金からできている．胴体部分は，1枚のアルミニウム板に，円柱状の型を押し付けて，しごきながら底を押し出してアルミニウム製の円筒容器にする．したがって，材質は，強度の高い，しごき成形性のよい合金を用いなければならない．一方，蓋の部分は，容易に飲み口を開けることができるように，硬く引きちぎれ性のよい合金が用いられている．
>
> 　アルミニウム缶材を集荷して溶解すると，マグネシウムは溶解の際に酸化されて減少するために，胴材として使うことはできるが，蓋材として用いることができなくなる．蓋材のためには，新しい地金，あるいは蓋材と似た組成をもつスクラップからの2次地金を必要とする．以上のように一見容易にみえるアルミニウム缶の再製に当たっても，再生アルミニウムがそのまま缶になっているわけではない．
>
> 蓋 (Mn0.35%, Mg4.50%含有 Al)
>
> 胴体および底 (Mn1.25%, Mg1.05%含有 Al)
>
> 図3.20　アルミニウム缶材料

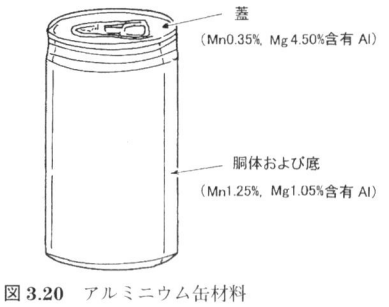

重要になってくる．

d. 鉛　鉛の主要な用途は鉛蓄電池であり，鉛の用途の70%を占め，現状では，鉛の再利用はほぼ蓄電池からの回収によるものである．

3.4.3　金属のリサイクルと金属工業

　有史以来，石器，土器時代を経て，青銅，鉛，銀などの利用から現代の鉄の時代まで，金属材料とともに文明の進歩があった．しかし，環境破壊による人間生存さえ脅かされるようになった現在，科学技術を否定するパラダイムの変換が話題とさえなっている．その要因の大きな一角を占めるのが金属工業でもある．しかしながら金属材料を否定すると人類の現代文明を維持できなくなることは明らかである．この現状から目をそらすことなく，時代に即応した金属工業を創造する必要があろう．

　低濃度重金属を分離回収して，無害化するポテンシャルを有しているのは，長

年蓄積してきた技術と設備を保有する非鉄製錬所のみである．したがって，これまでに蓄積してきた非鉄製錬技術をもとにして，重金属含有廃棄物の処理技術を開発して，リサイクル事業を積極的に展開していくことが，これからの国内非鉄製錬所に課せられた社会的貢献策の1つといえよう．

現在まで，リサイクルを考える場合，回収のための社会システム，製品の解体性，リサイクル金属の製造プロセスに重点が置かれがちであった．しかしながら，地球環境容量の限界が露呈してきた現在，スクラップの質を低下させない合金化や複合化，性質の低下したスクラップを前提に品質を維持することのできる合金系の開拓など，リサイクル性を高めた材料設計をもとにして，金属材料システム自体の改変が急を要する重要な課題となっている．

【演習問題】

3.1 図3.3に示されたエリンガム線の勾配は，金属酸化物の種類によらずほぼ一定の値をしている．この理由を説明せよ．

3.2 $Ti + O_2 \rightleftarrows TiO_2$ が平衡になっている場合，図3.3のエリンガム図から次の値を読み取れ．① 1200 Kにおける酸素分圧，② 1500 Kにおける酸素分圧，③ P_{H_2}/P_{H_2O} が 10^6 の場合の温度，④ ③のときの酸素分圧．

3.3 下記のデータを用いて，図3.5のPb‐PbO‐PbSの領域を求めよ．

$2Pb(l) + O_2(g) \rightleftarrows 2PbO(l)$, $\Delta G°/J = -368880 + 139.58T$

$2Pb(l) + S_2(g) \rightleftarrows 2PbS(s)$, $\Delta G°/J = -324220 + 174.76T$

3.4 式(3.54)で表されるブドワー平衡は，温度の上昇とともに右側へ移行することを下記のデータを用いて確かめよ．

$2C(s) + O_2(g) \rightleftarrows 2CO(g)$ $\Delta G°/J = -221840 - 178.01T$

$C(s) + O_2(g) \rightleftarrows CO_2(g)$ $\Delta G°/J = -393500 - 2.99T$

3.5 マット溶錬は，FeSがCu_2Sよりはるかに酸化されやすいことに基づいている．このことを，次の反応式の平衡定数を1473 Kで計算して確かめよ．

$FeS(l) + Cu_2O(l) \rightleftarrows FeO(l) + Cu_2S(l)$

ただし，下記の熱力学データを用いること．

$4Cu(l) + O_2(g) \rightleftarrows 2Cu_2O(l)$ $\Delta G°/J = -243390 + 87.34T$

$4Cu(l) + S_2(g) \rightleftarrows 2Cu_2S(l)$ $\Delta G°/J = -282000 + 74.52T$

$2Fe(s) + O_2(g) \rightleftarrows 2FeO(l)$ $\Delta G°/J = -477560 + 97.06T$

$2Fe(s) + S_2(g) \rightleftarrows 2FeS(l)$ $\Delta G°/J = -240670 + 69.16T$

3.6 硫酸銅溶液から銅を析出させる場合を考える．端子電圧2.2 Vで80 A，10時間電解して900 gの銅を得た．このときの平均電流効率 ε_F (%)，消費電力 p (W·h/kg)

を求めよ．

3.7 電解採取の場合，電解精製に比較して，より電解浴の還流を行わなければならない．この理由を説明せよ．

【参考図書】
1) 阿座上竹四・粟倉泰宏：金属製錬工学，金属化学入門シリーズ3，日本金属学会，1999．
2) 萬谷志郎：鉄鋼製錬，金属化学入門シリーズ2，日本金属学会，2000．
3) 未踏科学技術協会エコマテリアル研究会監修，長井　寿編著：金属の資源・製錬・リサイクル，エコマテリアルシリーズ，化学工業日報社，1996．

4
無 機 合 成

 われわれの今日の快適な暮らしは,科学技術の発展に支えられており,生命,情報,エネルギー・環境などの分野で,より高度な機能をもつ化合物の創製に世界中の科学者や技術者がしのぎを削っている.

 周期表のほとんどすべての元素を対象とする無機化合物においては,多様な機能をもつ多種類の存在が予測される.しかし膨大な種類のものが合成されている有機化合物と比べると,まだ比較的少数である.共有結合(covalent bond)が主である有機化合物においては,要望する機能をもつ化合物が計算化学(computer chemistry)などにより設計され,設計どおりの化合物が次々と合成されるまでに至っている.一方,結合様式がイオン結合(ionic bond)や共有結合など複雑である無機化合物においては,計算化学などによる設計は一部の化合物群で行われている程度で,今後の発展が期待されるところである.将来,全元素を自由に使って,所望の機能をもつ無機化合物を設計し,化学反応を駆使して合成できるようになると予想される.そのためにも基本的な化学反応を理解した上で,無機化合物の合成法を修得しておくことは,重要である.

 目的の無機化合物の状態により,現在までに種々の合成方法が提案されている.固体化合物の状態としては,結晶質(crystalline substance)か非晶質(amorphous substance)か,さらに結晶質については単結晶(single crystal)か多結晶(polycrystal)か,あるいは薄膜(thin film)かなどである.どのような合成法を採用するにしても結晶質を合成する場合,安定に存在する組成,温度,圧力領域をあらかじめ知っておく必要がある.

 本章では,基本的な化学反応と平衡状態図に触れ,続いて固相,液相,気相からの結晶性化合物の合成法,および高温高圧下での合成法とソフト化学による合成法について概観する.

4.1 無機合成の基礎

4.1.1 基本化学反応

a. 酸塩基反応（acid and base reaction） 基本的な無機反応で，酸と塩基より塩（salt）と水などが生成する反応である．酸と塩基の定義については，1.1節を参照されたい．NaClの生成反応は非常になじみ深い代表的な反応である．

$$HCl + NaOH \longrightarrow NaCl + H_2O$$

歯骨の主成分であり，生体材料として重要な，水酸アパタイト（apatite）$Ca_5(PO_4)_3OH$ も酸塩基反応により合成される．

$$3H_3PO_4 + 5Ca(OH)_2 \longrightarrow Ca_5(PO_4)_3OH + 9H_2O$$

酸塩基反応の逆反応，すなわち塩と水とが反応して酸と塩基に分解する反応，あるいは有機金属化合物が水と反応して水酸化物とアルコールなどを生じる反応が，無機化学での加水分解反応（hydrolysis reaction）である．加水分解反応は，沈殿法，特にゾル-ゲル法による合成で使われる．

b. 酸化還元反応（redox reaction） 酸塩基反応と同様に基本的な無機反応で，形式酸化状態の変化は，酸化還元剤や電気化学法により行われる．

酸化剤（oxidizing agent）として O_2 が最もよく使われ，Os のような貴金属でも O_2 気流中で加熱すると，酸化物になる．

$$Os + 2O_2 \xrightarrow{800℃} OsO_4$$

そのほかに Cl_2, $KMnO_4$, H_2O_2, CrO_3 などが酸化剤として用いられる．

還元剤（reducing agent）としては，H_2, C, 金属, CO などが用いられる．たとえば，3.3.1項に述べられている銑鉄の製造には，Cによる還元反応が利用されている．また磁性材料（magnetic material）となる Fe_3O_4 は，Fe_2O_3 を一酸化炭素と二酸化炭素の1：2の混合気流中で加熱還元し，さらに窒素気流中で冷却することにより得られる．

$$3Fe_2O_3 + CO \xrightarrow[610℃, 8時間]{CO_2} 2Fe_3O_4 + CO_2$$

Fe_3O_4 は Fe^{2+} と Fe^{3+} とが1：2の割合で混ざったスピネル型構造（spinel type structure）で，その構造の一般式 AB_2O_4 に従うと $Fe^{3+}(Fe^{2+}, Fe^{3+})O_4$ と書ける．

酸化状態の異なる2種類の化合物または単体から中間の酸化状態の化合物になるのが均化（conproportionation）で，その逆が不均化（disproportionation）である．均化および不均化反応とも，生成物の方が標準生成ギブスエネルギー（standard Gibbs energy of formation）は小さい．たとえば，

$$3Zr + ZrCl_4 \longrightarrow 4ZrCl$$

は均化反応で，一方に単体金属を用いた固体反応でよくみられる．多くの酸化状態をもつ化合物，たとえばマンガン化合物では，不均化反応が起こりやすい．

$$K_2MnO_4 \xrightarrow{H_2O} KMnO_4 + MnO_2 + KOH$$

電気化学法による酸化還元反応については，2.2節を参照されたい．

c. 分解，脱離反応（decomposition, elimination reaction）　加熱や光照射などにより小分子が脱離する反応で，次の3タイプがある．

(1) A（固体） ⟶ B（固体）＋C（固体）
(2) A（固体） ⟶ B（固体）＋C（気体）
(3) A（固体） ⟶ B（気体）＋C（気体）

(2)のタイプである脱水（dehydration）や脱二酸化炭素反応（decarboxylation reaction）は，固相からの合成法によく利用される．

$$Ca(OH)_2 \xrightarrow{580℃} CaO + H_2O$$

$$CaCO_3 \xrightarrow{900℃} CaO + CO_2$$

d. 重合，会合反応（polymerization, association reaction）　単位分子が2分子以上結合して，大きな分子量をもつ化合物を生成する反応である．無機化学では，あまりなじみのない反応であるが，ゾル－ゲル法やポリ酸（polyacid）の合成にみられる．

$$12Na_2MoO_4 + Na_2SiO_3 + 26HCl \longrightarrow H_4SiMo_{12}O_{40}\cdot xH_2O + 26NaCl + 11H_2O$$

$H_4SiMo_{12}O_{40}\cdot xH_2O$は，Mo原子がO原子を介して，ヘテロ原子（hetroatom）であるSi原子を取り囲んだ巨大なヘテロポリ陰イオンを形成している．

e. 交換反応（exchange reaction）　イオン交換（ion exchange）と配位子交換（ligand exchange）とがある．前者は，化合物中のイオンが外部イオンと交換する反応で，ソフト化学法による合成で使われる．後者は，錯体（complex）の合成によく用いられる反応で，結合力の弱い配位子を強いものに置換する反応

である．

$$[Co(H_2O)_6]^{2+} + 4Cl^- \rightleftarrows [CoCl_4]^{2-} + 6H_2O$$

この反応は，配位変化（6配位 $\rightleftarrows$ 4配位）による変色（淡赤色 $\rightleftarrows$ 青色）を利用して，簡単な湿度計として使われている．

4.1.2 平衡状態図 (equilibrium phase diagram)

平衡状態図は温度，圧力，組成の3つの軸を用いて，熱力学（thermodynamics）における安定相（stable phase）の存在領域を示した3次元図である．無機化合物を合成する場合，一定の圧力（ほとんどの場合，大気圧）のもとで，反応種を加熱して活性化することが多いので，温度と組成をそれぞれ縦軸と横軸にとって，図中に安定相の存在領域を示した図がよく使われる．無機化合物に関する平衡状態図集は，American Ceramic Society から"Phase Diagrams for Ceramists"というタイトルでシリーズものとして出版されている．

端成分AとBの間に化合物ABが存在するときの代表的な2成分系状態図を図4.1に示す．図(a)は共晶型の状態図（A-AB，AB-B系）をつなぎ合わせたものである．この状態図の読み方については，3.2.3項を参照されたい．共晶温度（eutectic temperature）T_E では，2種類の固相（A-AB系では，固相Aと固相AB）と液相とが共存する．化合物ABは融点で分解することなく，同じ組成の融液となるので，合致溶融化合物（congruent melting compound）と呼ばれる．したがって化合物ABは，同じ組成の融液を単に冷却するだけで合成することができる．

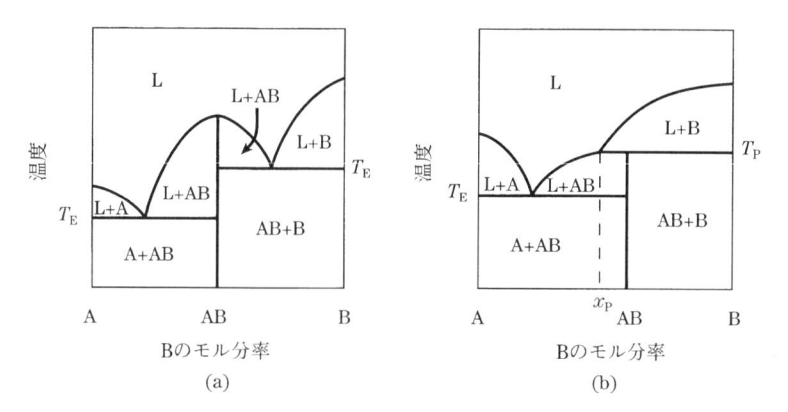

図4.1 端成分AとBの間に化合物ABが存在するときの代表的な2成分系状態図
A, B：固相，AB：固相化合物，L：液相，T_E：共晶温度，T_P：包晶温度．

それに対し，図(b)における化合物 AB を加熱すると，温度 T_P で固体 B と組成 x_P の融液に分解する．このようになる化合物を分解溶融化合物（incongruent melting compound）と呼び，T_P を包晶温度（peritectic temperature）という．化合物 AB と同じ組成の融液を冷却すると，まず固相 B が析出する．さらに冷却すると，T_P で融液と固相 B とが反応して固相 B のまわりを固相 AB が包んだいわゆる包晶となる．反応時間とともに固相 B が消費され，固相 AB が増加する．包晶反応が完結するまで T_P では，液相，固相 B，固相 AB の 3 相が共存する．したがって，T_P で十分に時間をかけて包晶反応を完結させない限り，純粋な化合物 AB は得られない．非平衡状態（non-equilibrium state）で T_P を通過した場合，化合物 AB 中に固相 B が残存した固体となるので，融液を冷却して純粋な分解溶融化合物を合成するのは，かなり困難である．

4.2　固相からの合成

固相から目的化合物を合成する方法として，固相反応法と熱分解法がある．加熱炉さえあれば，手軽に行うことができるが，合成できる化合物が限られており，得られる固体は一般に多結晶体である．

4.2.1　固相反応法（solid state reaction method）

2 種類以上の化合物粉末を混ぜ合わせ，高温で反応させて，目的化合物を合成する方法である．固相反応は，出発原料粒子間の接触部分で反応が始まり，生成相中への原子やイオンの拡散により進行する．図 4.2 に固相反応を模式的に示す．A^{2+} と B^{3+} が矢印の方向に拡散し，AO と B_2O_3 粒子の接触部分に AB_2O_4 が生成する．原子やイオンの拡散が律速過程（rate-determining process）であること

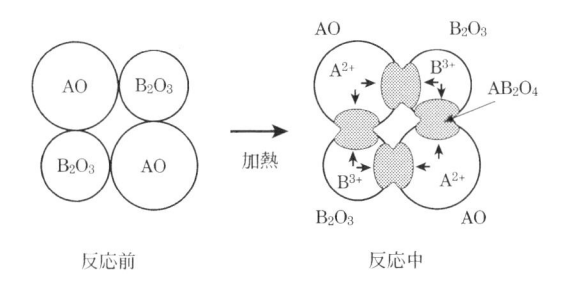

図 4.2　固相反応による化合物 AB_2O_4 の生成

が多いので，原料粒子をできるだけ小さくし，できるだけ高温で長時間反応させる必要がある．また原料粉末が均一に混ざるような操作（たとえば，原料粉末の揮発性溶液中での混合）や反応途中で粉砕混合を繰り返すような操作が有効である．固相反応法で，大きな単結晶を得るのは困難であるが，0.1 mm 程度の単結晶を得ることは可能である．

融点の高い化合物の合成や分解溶融化合物（図4.1参照）の合成によく使われる．特に，分解溶融化合物の合成には，固相反応法が有用である．出発原料を目的化合物の組成になるように十分に混合し，T_P以下の温度で反応させると，目的化合物が得られる．

固相反応法は，一般に酸化物の合成に利用されることが多いが，反応系の雰囲気を制御すれば，非酸化物の合成にも利用できる．

4.2.2 熱分解法（thermal decomposition method）

炭酸塩，シュウ酸塩，水和物，水酸化物などの熱分解性化合物を加熱して，目的化合物（一般に酸化物）を得る方法である．熱分解温度や分解反応を熱重量-示差熱分析（TG-DTA）法によりあらかじめ調べておくことは，有用である．

熱分解反応は，表面，粒界（grain boundary）[*1]，転位（dislocation）[*2]などの固体の欠陥部分で生成物の核が発生し，核成長（nuclear growth）とともに進

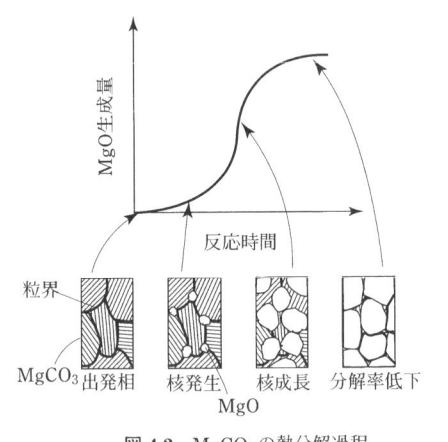

図4.3 $MgCO_3$の熱分解過程

[*1] 多結晶体において，粉末粒子と粉末粒子とが接触してつくる境界を粒界という．
[*2] 原子配列の規則性が壊れた箇所が，結晶中で線状に並んだものを転位という．たとえば，断層のように原子配列がすべると，すべりを起こした領域と起こしていない領域との線状の境が転位である．

行する．図4.3にMgCO₃の分解過程を模式的に示す．分解により生じるMgOの核成長とともに分解率は増加するが，核どうしが接触し始めると分解率が低下する．生成量と反応時間との関係はS字曲線となることが多いが，$CaCO_3$からCaOが生成する分解反応では指数関数的に変化する．

熱分解は，トポタクティック反応（topotactic reaction）[*3]であることが多いため，生成物は出発原料の形状を保持しやすい．核生成（nucleation），核成長に加え，焼結（sintering）[*4]が起こるので，目的に応じ，分解条件（温度，時間，雰囲気）の制御法や分解方法が種々考案されている．たとえば，焼結を抑えて，微細な粒子を得る方法として，加熱した基板状に金属化合物の懸濁液を噴霧して熱分解する方法などがある．シュウ酸チタニルバリウム $BaTiO(C_2O_4)_2 \cdot 4H_2O$ を噴霧熱分解すると，微粒子の$BaTiO_3$が得られる．$BaTiO_3$はペロブスカイト型構造（perovskite type structure：ABO_3）で，強誘電材料（ferroelectric material）として重要である．

固相反応と熱分解反応とを組み合わせた反応は一般的によく利用されている．目的化合物の形式酸化状態を変える場合には，酸化還元剤の併用が必要となる．たとえば，Y_2O_3，$BaCO_3$，CuOを出発原料として，1：4：6の比で十分に混合し，空気中または酸素気流中で加熱すると，次式の反応により，高温超伝導体（high-temperature superconductor）である$YBa_2Cu_3O_{7-x}$が合成できる．

$$1/2Y_2O_3 + 2BaCO_3 + 3CuO \xrightarrow[8\sim12時間]{930\sim950℃} YBa_2Cu_3O_{7-x} + 2CO_2$$

純粋な化合物を得るためには，反応途中で粉砕混合を数回繰り返す必要がある．$YBa_2Cu_3O_{7-x}$は酸素欠損3重ペロブスカイト構造で，約90K以下で電気抵抗が0となる．

4.3 液相からの合成

液相からの合成法は，溶液から合成する溶液法（4.3.1～4.3.4項）と融液から合成する溶融法（4.3.5項）とに大別され，両者とも単結晶，多結晶，薄膜の合成に広く利用されている．

溶液法は，基本的には溶解度の差を利用して目的化合物を合成する方法である．

[*3] 出発物と生成物との間に一定の結晶学的な方位関係を保った反応をトポタクティック反応という．
[*4] 加熱などにより，粉末粒子どうしが結合する現象を焼結という．

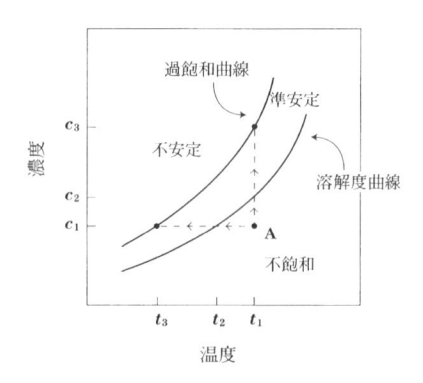

図4.4に溶解度曲線 (solubility curve) と過飽和曲線 (supersaturation curve) を示す．溶解度曲線は飽和曲線 (saturation curve) であり，それより低濃度側は不飽和である．過飽和曲線より高濃度側では，溶解度が限界以上であるので，結晶核が析出する．それに対し，溶解度曲線と過飽和曲線との間の領域は，溶解度が限界以下の準安定状態 (metastable state) であるので，核生成が起こらず，結晶核が成長する．したがって生成固体の形態は，主に過飽和度[*5]に支配されているといえる．

図4.4の不飽和溶液Aから結晶を析出させるには，2つの方法がある．1つは冷却法で，Aから温度軸に沿って温度を下げる方法である．もう1つは蒸発法で，Aから濃度軸に沿って濃度を上げる方法である．どちらの方法を採用するかは，溶解度曲線の温度係数による．

溶融法は原料溶融体を冷却固化する方法で，合致溶融化合物（図4.1 (a) 参照）ならば，容易に合成することができるが，るつぼの素材に注意を要する．溶融法では，生成固体の形態は，主に過冷却度 (degree of supercooling)[*6]に支配される．すなわち過冷却度が大きいと核生成が優先され，微細な結晶となる．それに対し，過冷却度が小さいと核成長が優先され，大きな結晶となる．

4.3.1 水溶液法 (aqueous solution method)

水が良溶媒であることを考慮して，本項の合成法を水溶液法としたが，水以外の溶媒を用いる場合も基本的には同じである．

[*5] 過飽和度 $= (C - C_0)/C_0$ で，C_0 は飽和濃度，C は実際の濃度である．
[*6] 過冷却度 $= T_m - T$ で，T_m は融点，T は実際の温度である．

a. 冷却法（cooling method）　　溶解度の温度係数が大きな正の結晶を合成するのに適している．図 4.4 の不飽和溶液 A を t_3 以下に冷却すると多結晶体が得られる．それに対し，種子結晶を用いて，溶解度曲線と過飽和曲線との間の温度，すなわち t_2 と t_3 の間の温度域で，水溶液を徐々に冷却すると，種子結晶が成長して大きな単結晶となる．成長速度は，溶解度の温度係数や冷却温度範囲から決定される冷却速度に依存する．

水に対する溶解度の大きい，ロッシェル塩 $KNaC_4H_4O_6 \cdot 4H_2O$ や，KDP（KH_2PO_4）などが育成されている．ロッシェル塩と KDP は圧電材料（piezoelectric material）で，さらに KDP は非線形光学特性（nonlinear optical property）[*7] を示す有用な材料である．

b. 蒸発法（evaporation method）　　溶解度の温度係数が小さい場合は，冷却法より蒸発法の方がよい．図 4.4 の不飽和溶液 A の濃度を蒸発により c_3 以上に高めると多結晶体が得られる．種子結晶を用いて，c_2 と c_3 の間の濃度域で水溶液を徐々に蒸発させると，種子結晶が成長する．成長に長時間を要するが，欠陥の少ない単結晶を得ることができる．

ミョウバン $KAl(SO_4)_2 \cdot 12H_2O$ などの結晶が育成できる．理科の実験で，ミョウバンの結晶を育成した経験がある人もいると思われる．

c. 循環法（circulation method）　　温度差法（temperature difference method）ともいう．温度の異なる 2 つの槽を用いる合成法である．原料を溶解した高温槽の水溶液を低温槽に送り，低温槽側を過飽和として，結晶を析出させる．

d. 拡散法（diffusion method）　　図 4.5 に示すような方法で，2 種類以上

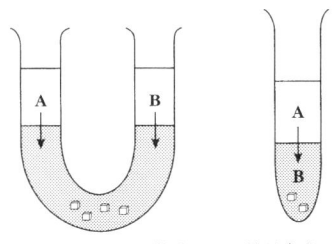

図 4.5 拡散法による結晶合成

[*7] 非線形光学特性は，照射された強い光（レーザー光など）を短波長光（1 / 2 波長光や 1 / 3 波長光）に変換する機能である．たとえば，この機能を利用すると，赤外光を可視光に，また，可視光を紫外光に変換することができる．

の水溶性の原料溶液を拡散させ，灰色部分で結晶を合成する．灰色部分には，シリカゲル（メタケイ酸ナトリウム溶液），寒天，ゼラチン，ポリビニルアルコールなどが目的に応じて用いられる．方解石 $CaCO_3$ や酒石酸カルシウム $CaC_4H_4O_6 \cdot 4H_2O$ などの比較的大きな結晶が合成されている．

e. 沈殿法（precipitation method） 塩の溶けた溶液を沈殿剤と反応させ，溶解度の小さい目的化合物を沈殿させる方法である．反応溶液の温度や沈殿剤の種類などにより，種々の形状の粒子が得られる．たとえば，$CaCO_3$ の代表的な生成反応は次式であるが，反応溶液の温度，出発原料，沈殿剤を制御することにより，球状，紡錘状，繊維状の方解石（カルサイト），霰石（アラゴナイト），バテライト[*8]が得られる．

$$CaCl_2 + Na_2CO_3 \longrightarrow CaCO_3 + 2NaCl$$

炭酸カルシウムは天然に豊富にあり，紙のフィラー（filler）[*9]，骨粗鬆症予防のカルシウム剤，環境浄化材料などとして有用である．

沈殿法では，単一成分以外に複塩（double salt）や固溶体（solid solution）[*10]も比較的容易に合成できる．しかし沈殿剤が不純物として混入しやすい．塩溶液を反応させて，2種類以上の化合物を沈殿させる方法を，特に共沈法（coprecipitation method）という．たとえば，次の共沈反応で得られる沈殿物を加熱脱水すると，$MgAl_2O_4$（スピネル，尖晶石）粉末が得られる．

$$2Al(NO_3)_3 + Mg(NO_3)_2 + 8NH_4OH \longrightarrow 2Al(OH)_3 + Mg(OH)_2 + 8NH_4NO_3$$
$$2Al(OH)_3 + Mg(OH)_2 \longrightarrow MgAl_2O_4 + 4H_2O$$

水酸化物や硫化物の沈殿反応については，3.2.2項を参照されたい．そのほかに，硫酸塩や塩化物などの無機金属塩を加水分解して，水酸化物などを沈殿させる方法がある．たとえば，$ZrOCl_2$ と YCl_3 の混合水溶液を 100℃で加水分解し，得られる沈殿物を加熱分解して，Y_2O_3 が固溶した ZrO_2 を合成する方法は有名である．固溶により ZrO_2 中の O^{2-} の一部が空席となり，その空席を介して，酸化物イオン伝導性（oxygen ionic conductivity）が現れる．Y_2O_3 固溶 ZrO_2 は，YSZ（yittrium stabilized zirconia）と呼ばれ，酸素センサ（oxygen sensor）や燃料電池（fuel cell）の固体電解質（solid electrolyte）として非常に有用である．

[*8] $CaCO_3$ の多形体には，この3種類がある．
[*9] フィラーは，補強，着色，特性改善などの目的で配合する細片や繊維状などの充填材である．
[*10] 化学組成が変化してももとの結晶構造が保持されている固相を固溶体という．

燃料電池については，2.3.5 項を参照されたい．

金属アルコキシド（metal alkoxide）のような金属有機化合物を用いた加水分解反応については，改めてゾル-ゲル法（4.3.2 項）のところで述べる．

f. 微粒子合成法　微細な多結晶体を得る方法として，噴霧乾燥法（spray drying method），噴霧熱分解法（spray pyrolysis method），凍結乾燥法（freeze drying method）がある．噴霧乾燥法は蒸発法で，噴霧熱分解法（4.2.2 項参照）は蒸発法と熱分解法とを組み合わせた方法である．両者とも粒子の大きさは乾燥速度に依存する．凍結乾燥法は冷却法と蒸発法を組み合わせた方法で，粒子の大きさは冷却速度に依存する．たとえば，コーヒーのうま味を閉じ込めるため，凍結乾燥法によるインスタントコーヒーの製造は有名である．

4.3.2　ゾル-ゲル法（sol - gel method）

溶液や気体中に，1 ～ 100 nm の微粒子が分散している状態をコロイド（colloid）という．流動性をもった安定なコロイドがゾルで，流動性を失って寒天状に固化した状態がゲルである．ゾルからゲルへの転移を制御して無機化合物（多結晶体，薄膜，ガラス）を合成する方法をゾル-ゲル法と呼ぶ．図 4.6 にゾル-ゲル法を模式的に示す．

ゾル-ゲル法は，加水分解反応により生成物が得られるという点で，水溶液法の範疇に入る．しかし近年，出発原料に金属アルコキシドのような金属有機化合物が広く利用されていることより，ゾル-ゲル法を独立した合成法とした．出発原料には，硝酸塩，塩化物などの無機塩類，アルコキシド，酢酸塩，シュウ酸塩などの有機金属塩が用いられている．その中でも特に，ゾル形成時の加水分解の

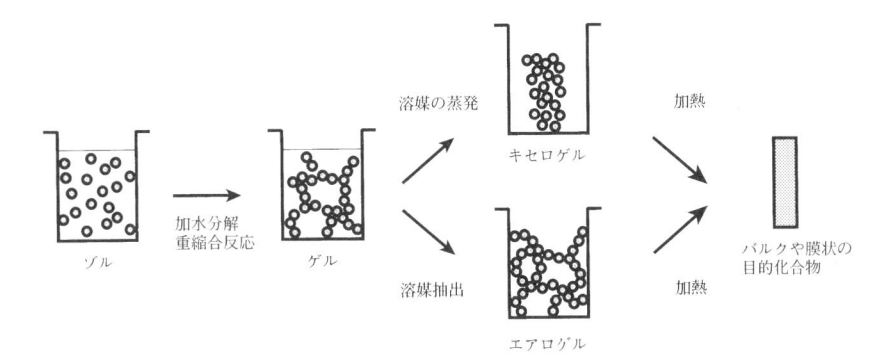

図 4.6　ゾル-ゲル法による合成プロセス

表 4.1 ゾル-ゲル法で用いられる金属アルコキシドの例（作花, 1989）

金属	アルコキシドの例
[単一金属アルコキシド]	
Li, Na	LiOCH$_3$(固体), NaOCH$_3$(固体)
Ca, Sr, Ba	Ca(OCH$_3$)$_2$(固体), Sr(OC$_2$H$_5$)$_2$(固体), Ba(OC$_2$H$_5$)$_3$(固体)
Cu, Zn	Cu(OCH$_3$)$_2$(固体), Zn(OC$_2$H$_5$)$_2$(固体)
B, Al, Ga	B(OCH$_3$)$_3$(液体), Al(OC$_2$H$_5$)$_3$(固体), Al(i-OC$_3$H$_7$)$_3$(固体), Ga(OC$_2$H$_5$)$_3$(固体)
Y, La, Nd	Y(OC$_4$H$_9$)$_3$, La(OC$_3$H$_7$)$_3$(固体), Nd(OC$_2$H$_5$)$_3$(固体)
Ti, Zr	Ti(OCH$_3$)$_4$(固体), Ti(OC$_2$H$_5$)$_4$(液体), Zr(OCH$_3$)$_4$(固体), Zr(OC$_2$H$_5$)$_4$(固体)
Si, Ge	Si(OCH$_3$)$_4$(液体), Si(OC$_2$H$_5$)$_4$(液体), Si(i-OC$_3$H$_7$)$_4$(液体), Ge(OC$_2$H$_5$)$_4$(液体)
V, Ta	VO(OC$_2$H$_5$)$_3$(液体), Ta(OC$_3$H$_7$)$_5$(液体)
P, Sb	P(OCH$_3$)$_3$(液体), Sb(OC$_2$H$_5$)$_3$(液体)
W	W(OC$_2$H$_5$)$_6$(固体)
[二金属アルコキシド]	
Mg-Al	Mg[Al(iso-OC$_3$H$_7$)$_4$]$_2$, Mg[Al(sec-OC$_4$H$_9$)$_4$]$_2$
Ni-Al	Ni[Al(iso-OC$_3$H$_7$)$_4$]$_2$
Zr-Al	(C$_3$H$_7$O)$_2$Zr[AlOC$_3$H$_7$)$_4$]$_2$

制御が容易であることなどより，表4.1に示すような金属アルコキシドがよく用いられている．表中の Si(OC$_2$H$_5$)$_4$ (tetraethoxysilane：TEOS) は，ゾル-ゲル法による SiO$_2$ 作製用原料として，最もよく利用されている．

C$_2$H$_5$OH などのアルコールに溶解した TEOS に水を加えると，加水分解と重縮合によりシロキサン（-Si-O-Si-）結合（siloxane bond）が形成される．水とともに酸やアルカリの添加により，加水分解生成物中の OH 基と OC$_2$H$_5$ 基の比率を操作して，重縮合生成物の形態を変えることができる．図4.7に TEOS の加水分解と重縮合反応を示す．TEOS の加水分解を NH$_4$OH などの塩基性溶液で行うと，OC$_2$H$_5$ 基がすべて加水分解されて Si(OH)$_4$ となり，OH 基間での重合により3次元網目状シロキサンポリマー（siloxane polymer）となる．これを約 800°C で加熱すると，SiO$_2$ 球状粒子が得られる．

塩酸などの酸と少量の水を加えると，未反応の OC$_2$H$_5$ 基と少量の OH 基を側鎖にもつオリゴマー（oligomer）となる．重合はオリゴマーの OH 基と OC$_2$H$_5$ 基との間で起こり，線状シロキサンポリマーとなる．この段階で紡糸し，500°C 程度で加熱すると SiO$_2$ ファイバー（fiber）が得られる．さらに添加する水を増やしていくと，未反応の OC$_2$H$_5$ 基が順次加水分解し，最終的に3次元網目状シロキサンポリマーとなる．

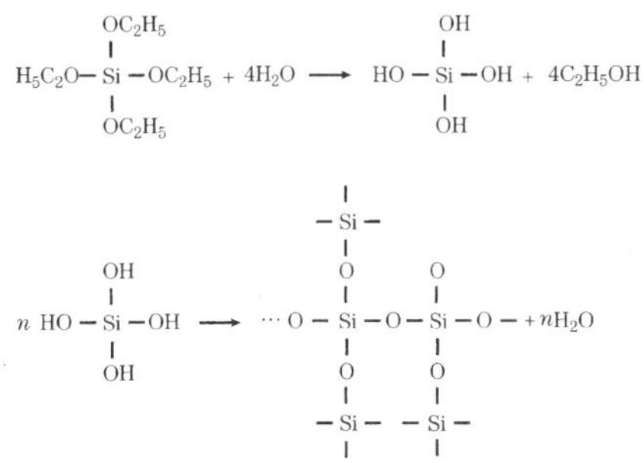

4.3 液相からの合成

$$H_5C_2O-\underset{\underset{OC_2H_5}{|}}{\overset{\overset{OC_2H_5}{|}}{Si}}-OC_2H_5 + 4H_2O \longrightarrow HO-\underset{\underset{OH}{|}}{\overset{\overset{OH}{|}}{Si}}-OH + 4C_2H_5OH$$

$$n\ HO-\underset{\underset{OH}{|}}{\overset{\overset{OH}{|}}{Si}}-OH \longrightarrow \cdots O-\underset{\underset{O}{|}}{\overset{\overset{O}{|}}{Si}}-O-\underset{\underset{O}{|}}{\overset{\overset{O}{|}}{Si}}-O-+nH_2O$$

3次元網目状シロキサンポリマー

(a) 塩基性条件下

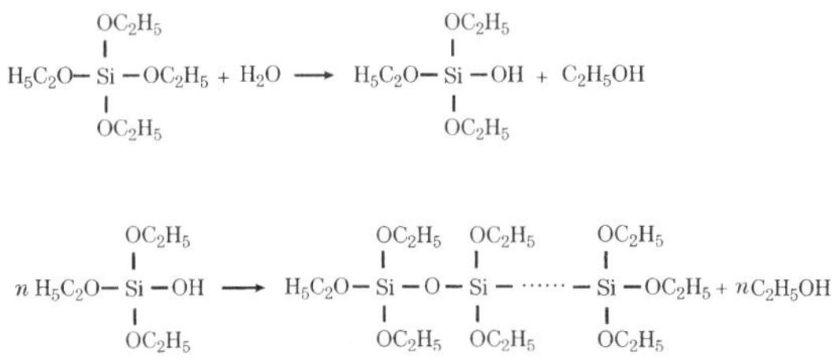

$$H_5C_2O-\underset{\underset{OC_2H_5}{|}}{\overset{\overset{OC_2H_5}{|}}{Si}}-OC_2H_5 + H_2O \longrightarrow H_5C_2O-\underset{\underset{OC_2H_5}{|}}{\overset{\overset{OC_2H_5}{|}}{Si}}-OH + C_2H_5OH$$

$$n\ H_5C_2O-\underset{\underset{OC_2H_5}{|}}{\overset{\overset{OC_2H_5}{|}}{Si}}-OH \longrightarrow H_5C_2O-\underset{\underset{OC_2H_5}{|}}{\overset{\overset{OC_2H_5}{|}}{Si}}-O-\underset{\underset{OC_2H_5}{|}}{\overset{\overset{OC_2H_5}{|}}{Si}}\cdots\cdots-\underset{\underset{OC_2H_5}{|}}{\overset{\overset{OC_2H_5}{|}}{Si}}-OC_2H_5 + nC_2H_5OH$$

線状シロキサンポリマー

(b) 酸性条件下で少量の水添加

図 4.7 TEOS の加水分解と重縮合反応

以上のように，ゾル-ゲル法では，添加する水の量と pH が，反応生成物の形態に影響を与える重要な因子である．

ゲル中の溶媒を加熱あるいは自然乾燥により除去すると，キセロゲル（xerogel）となるが，溶媒の蒸発により収縮し，キセロゲルにはひび割れが生じる．アルコールなどの超臨界状態（critical state）[*11]を利用して，溶媒を抽出すると，ゲルの収縮が抑えられ，かさ密度の低いエアロゲル（aerogel）が得られる．

金属アルコキシド以外に無機塩なども利用されるが，適当な溶媒を見つけることが重要である．ジエチレングリコールが溶媒として比較的よく用いられている．ゾル-ゲル法は均質なファイバー，薄膜，バルク（bulk）の作製に有用であるば

[*11] 超臨界状態は，液体と気体とが区別できない臨界点以上の高温高圧状態である．

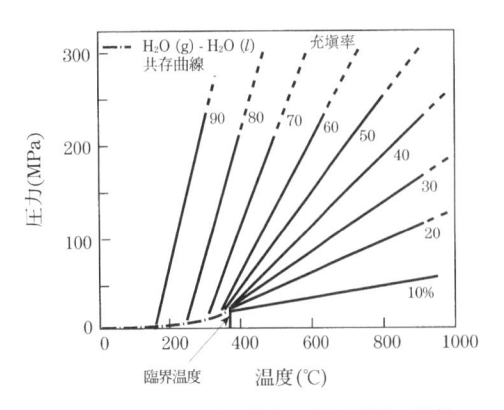

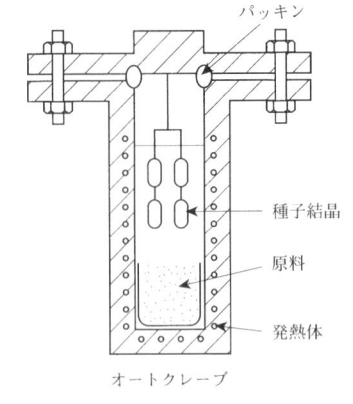

図 4.8 一定体積の水に対する圧力と温度の関係 (Kennedy, 1950)

図 4.9 水熱法による結晶育成

かりでなく，微粒子を高分散させたナノコンポジット材料（nanocomposite）や有機・無機複合材料（organic/inorganic composite）の合成にも有用であり，今後さらに進展するものと思われる．

4.3.3 水熱法 (hydrothermal method)

水熱法は，大気圧下では水に溶けにくい物質でも，高温高圧水にはよく溶けるという性質を利用した方法である．4.5 節で述べる高圧法に分類される方法であるが，水溶液を使うという点で，溶液法に分類した．350℃，50 MPa（約 500 気圧）程度までの範囲では，手軽に作製できるステンレススチール製の高圧容器 (autoclave) がよく使われる．しかし温度と圧力を任意に変えられないので，充填率[*12]により，所定の温度に対応する圧力を図 4.8 に示すような圧力-温度曲線を参考にして決めなければならない．

なお，350℃，50 MPa をこえる条件で合成を行うためには，特殊な高温高圧容器が必要である．工業的には，特殊鋼製の高温高圧容器を用いて，図 4.9 に示すような方法で SiO_2 結晶（水晶）などの育成が行われている．たとえば，水晶の育成は，アルカリ水溶液中に原料と種子結晶を図のように仕込み，原料部と種子結晶部との間にわずかに温度差をつけて，100 MPa，約 400℃で数十日間行われる．高温の底部で溶けた原料が，温度の低い上部の種子結晶上に析出して，成長する．

[*12] 充填率 (%) =（室温での溶液の体積）×100/（容器の内容積－容器に入れた全固体の体積）である．

水晶は圧電材料として,時計などに広く利用されている.音叉形に加工された水晶振動子(quartz transducer)は,電圧(ボタン形電池の 1.5 V 程度)を印加すると 1 秒間に 2^{15} (= 32768) 回振動する.その振動を 1/2 ずつ 15 回のステップダウンを繰り返すと,1 秒間に 1 回の振動となる.非常に速い水晶振動子を用いると,温度変化による誤差が少なくなる.現在市販されているクォーツ時計の月差は,10 秒以内である.

水熱法はイオン性結晶の合成に適しており,ニッケルフェライトや α-Al_2O_3 (コランダム)などの単結晶が合成されている.フェライトは鉄を含むスピネル型やペロブスカイト型などの複酸化物の総称で,磁性材料として有用である. α-Al_2O_3 は種々の優れた特性(高硬度,高融点,高絶縁性,耐薬品性など)をもっており,耐熱高強度材料(heat-resisting high-strength material),電子材料,生体材料(biomaterial),光学材料,人工宝石(ルビー,サファイア)など,非常に幅広く使われている.

ゼオライトは,アルカリ金属またはアルカリ土類金属を含む含水アルミノケイ酸塩で,構造内にかご状やトンネル状の空孔(pore)をもっている.Na_2O-Al_2O_3-SiO_2-H_2O 系を 200℃以下で水熱処理(0.1～数 MPa)することにより合成できる.空孔構造を制御するため,一般にアルキルアミンなどの構造規制剤(template)が出発原料に加えられる.加熱処理などにより,水熱合成試料から構造規制剤を除去すれば,構造規制剤に反映した空孔構造をもつゼオライトが得られる[13].現在までに天然および人工のゼオライトが 150 種以上合成されているが,そのほとんどは非平衡条件下で生成しており,熱力学的には準安定相である.

代表的なゼオライトを図 4.10 に示す.ゼオライトは,空孔構造に由来したイオン交換,分子ふるい(モレキュラーシーブ:molecular sieve)[14],吸着(adsorption)などの機能を有する.それらの機能を利用して,触媒(catalyst),分離材料(separation material),洗剤用ビルダー(builder)[15] などとして利用されている.また抗菌グッズには,銀含有ゼオライトが使われている.

---

[13] アルミニウムの含有量の多いゼオライト A や X などは,構造規制剤を添加しなくても合成できる.
[14] 分子ふるいは,分子を大きさにより分別する機能である.
[15] ビルダーは,界面活性剤(surfactant)の洗浄力を助ける物質である.

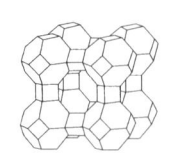

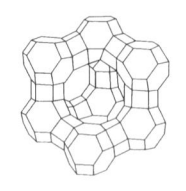

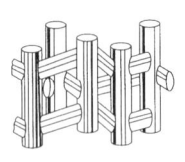

ゼオライトA　　ゼオライトX　　ZSM-5
　　　　　（またはゼオライトY）

図4.10　代表的なゼオライトの構造図

表4.2　$AlPO_4$-n モレキュラーシーブの合成に用いる有機塩基の例（冨永編，1987）

合成に用いる有機塩基の例	$AlPO_4$-n モレキュラーシーブの種類
水酸化テトラメチルアンモニウム	$AlPO_4$-20
水酸化テトラエチルアンモニウム	$AlPO_4$-5, $AlPO_4$-18
水酸化テトラ-n-プロピルアンモニウム	$AlPO_4$-5
トリメチルアミン	$AlPO_4$-21
トリエチルアミン	$AlPO_4$-5
トリ-n-プロピルアミン	$AlPO_4$-5
ジ-n-プロピルアミン	$AlPO_4$-11, $AlPO_4$-31
ジ-iso-プロピルアミン	$AlPO_4$-11
ジ-n-ブチルアミン	$AlPO_4$-8, $AlPO_4$-11
n-プロピルアミン	$AlPO_4$-21
iso-プロピルアミン	$AlPO_4$-14
ジメチルエタノールアミン	$AlPO_4$-5, $AlPO_4$-21
ジエチルエタノールアミン	$AlPO_4$-5
エチレンジアミン	$AlPO_4$-12
テトラメチルエチレンジアミン	$AlPO_4$-21

　ゼオライト類縁構造をもつアルミノリン酸塩 $AlPO_4$-n モレキュラーシーブも，Al_2O_3-P_2O_5-H_2O 系にアルキルアミンなどの構造規制剤を加え，200℃以下で水熱処理（0.1～数MPa）することにより合成できる．表4.2に示すような構造規制剤種により，さまざまな空孔構造を保つ $AlPO_4$-n が合成されている．

　天然鉱物は地球内部の高温高圧の熱水条件下で生成されたものが多く，それらの成因を研究する地球科学の分野でも，水熱合成法は重要である．また水以外の溶媒を用いた合成も行われており，たとえば，エチレングリコールを用いた合成法はグリコサーマル（glyco-thermal）と呼ばれている．

4.3.4　フラックス法（flux method）

　フラックス（融剤）に原料を溶かし，過飽和条件下で結晶を析出させる方法である．この方法は，水に不溶な高融点の化合物や熱分解性化合物の合成に有効で

ある.溶媒が水ではなく,フラックスであるという点が異なるだけで,前述の冷却法と同じ原理で結晶が析出すると考えてよい.フラックスの選択には,(1) 目的化合物に対する溶解度が高い,(2) 目的化合物とフラックスとが反応しない,(3) フラックスから目的化合物が容易に取り出せる,(4) るつぼと反応しない,などを考慮しなければならない.フラックスにはアルカリハライド,PbO,$BaO-B_2O_3$ などがよく使われている.

単結晶の育成は,図4.11に示すように種子結晶を用い,るつぼの底の原料と種子結晶との間に温度差をつけることにより行われる.( ) 内のフラックスを用いて,$BaTiO_3$(KF), $MgFe_2O_4$(NaF), $Y_3Al_5O_{12}$($PbO-B_2O_3$) などの単結晶が育成されている.$Y_3Al_5O_{12}$ は YAG と呼ばれるガーネット(柘榴石)型構造 (garnet type structure) で,YIG(Al が Fe と置換したもの)とともに,レーザ素子(laser device),酸化物磁性体,宝石として有用な材料である.

4.3.5 溶 融 法

目的化合物を融液から合成する際には,まず目的化合物が含まれる系の平衡状態図を調べ,融点や安定性などに関する情報を得ることが重要である.たとえば,$Rb_2Mo_2O_7$ を合成するには,図4.12に示す Rb_2O-MoO_3 系状態図が利用できる.この化合物は合致溶融するので,Rb_2MoO_4 と MoO_3 を 1:1 で混合した出発原料を融点以上の温度(約500℃)で溶融し,その後,徐冷すれば得られる.同様に,図中の $Rb_2Mo_3O_{10}$ や $Rb_2Mo_4O_{13}$ も溶融法で合成できるが,$Rb_2Mo_6O_{19}$ や $Rb_2Mo_8O_{25}$ は分解溶融するので,溶融法では合成が困難である.

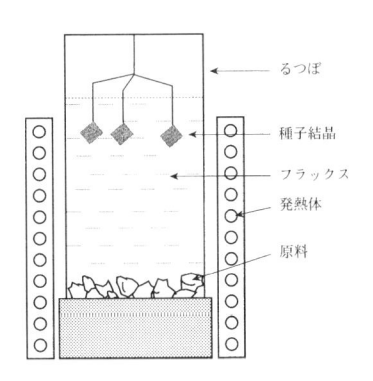

図 4.11 フラックス法による結晶育成

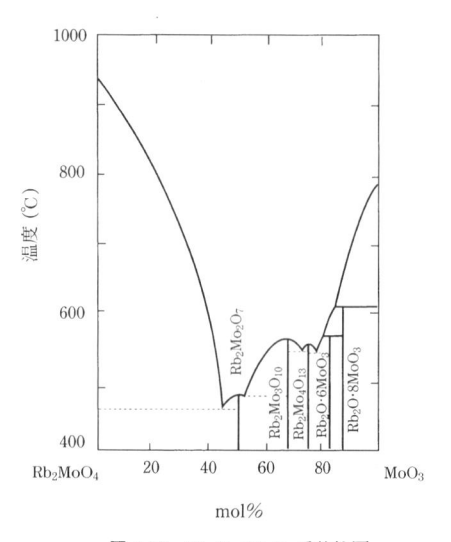

図 4.12 　Rb$_2$O-MoO$_3$ 系状態図
(Spitzyn *et al.*, 1951)

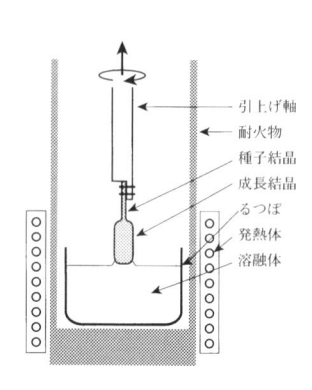

図 4.13 　チョクラルスキー法による結晶合成

融液法は，主に大きな単結晶を合成あるいは育成する方法として利用されている．

a. チョクラルスキー法（Czochralski method）　引上げ法（vertical-pull method）とも呼ばれる．図 4.13 に示すように，一定温度に保たれた原料溶融物に種子結晶を浸し，回転しながらゆっくり引き上げ，大きな単結晶を得る方法である．この方法には，(1) 種子結晶と同じ結晶方位の単結晶を育成することができる，(2) 熱歪みが少ない結晶が得られる，などの利点がある．しかし種子結晶が溶けないようにすること，さらに炉内の精密な温度や引上げ速度の制御など高度な技術が必要である．

b. ブリッジマン法（Bridgman method）　図 4.14 に示すようなるつぼで原料を溶融し，徐々にるつぼを低温域に移動させて，結晶を合成する方法である．るつぼの先端の温度の低い部分で，最初に微結晶が析出し，それを種結晶として太い部分で単結晶が成長する．結晶の成長速度はるつぼの移動速度に依存する．特定方位の単結晶を得るには，先端部分に種子結晶を用いなければならないという欠点がある．容器を密閉することができるので，蒸気圧の高い結晶の合成に適している．ハロゲン化アルカリ，フェライト，強誘電体である NaNO$_2$ などの大

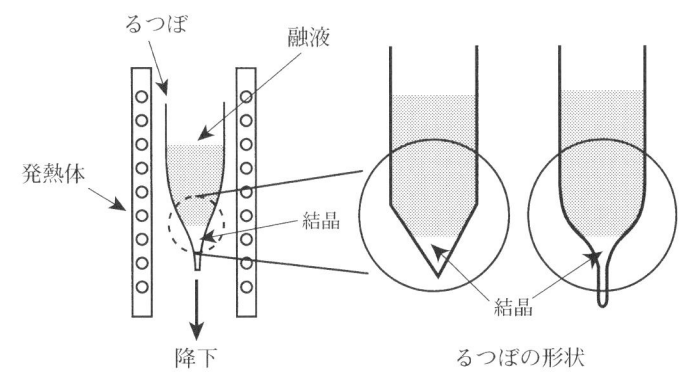

図4.14 ブリッジマン法による結晶合成

きな単結晶が合成されている.

c. ベルヌーイ法（Verneuil method） 火炎溶融法（flame fusion method）ともいわれる．図4.15に示すような装置を用い，原料粉末を酸水素炎中に少しずつ落下させて溶融し，下部の種子結晶上で固化させることにより，結晶を育成する方法である．るつぼを用いないので，不純物の混入が少なく，高純度の単結晶が得られる．ルビーやサファイアなどの人工宝石やフェライトが合成されている．

d. 浮遊帯溶融法（floating zone melting method） フローティングゾーン法，FZ法とも呼ばれる．図4.16に示すように，原料棒を部分的に溶融し，溶融部分で種子結晶を析出させ，回転させながら溶融部分を徐々に移動させることにより，大きな単結晶を合成する方法である．部分溶融には高周波，アークイメージ，電子ビームなどが使われている．るつぼを用いないので，(1) 不純物の混入が少ない，(2) 育成時の雰囲気制御が比較的容易，(3) 高融点化合物の合成に適している，などの利点がある．高融点金属，YAG，酸化物高温超伝導体などの単結晶が合成されている．

4.3.6 膜作製法

反応系中の原子，分子，イオンもしくは微粒子を基板上に堆積させることにより，目的化合物を膜化することができる．膜化は，原子や分子あるいは微粒子が2次元的に配列するため，バルク体ではみられない特異な構造や特性が発現するという点で，注目されている．特に，センサやメモリーなどのエレクトロニクス

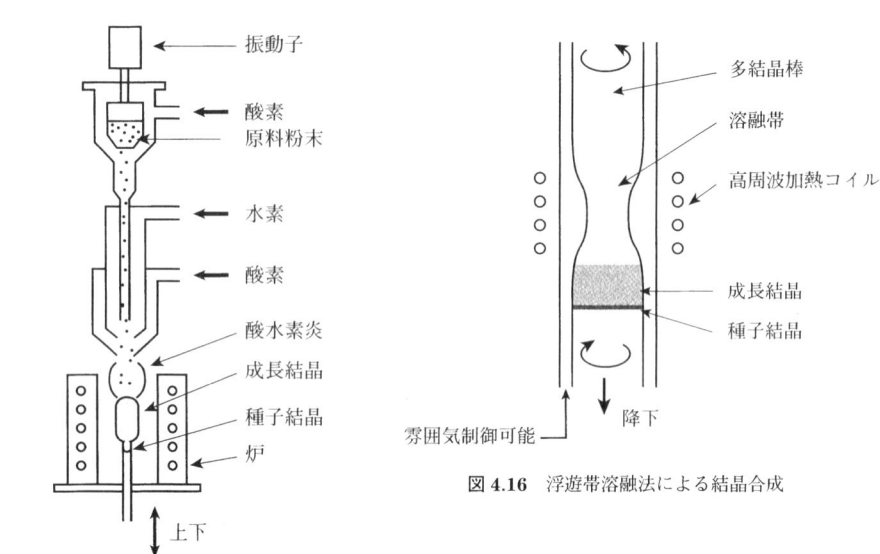

図 4.15 ベルヌーイ法による結晶合成

図 4.16 浮遊帯溶融法による結晶合成

の分野，耐摩耗コーティングなどの光学分野や機械分野などで，無機化合物の薄膜化技術が非常に重要なプロセスとなっている．現在までに，液相や気相（4.4.3項参照）から膜を作製するさまざまな方法が考案されている．しかし，作製方法や作製条件が膜の特性に大きく影響を及ぼすので，目的とする膜物質に応じて十分吟味する必要がある．

　a. ゾル-ゲル法　4.3.2項で述べた方法により調整したゾルを基板上に塗布し，乾燥および熱処理を行って製膜する．たとえば，図4.7 (b) で得られた線状シロキサンポリマーを図4.17に示すような方法で基板上に塗布し，乾燥後，約500℃で熱処理すると SiO_2 薄膜が得られる．この方法は基板の形状や大きさに規制されず，比較的簡単に製膜できるため，電子材料，磁気材料，光学材料などの分野で利用されている．

　b. エピタキシー法（epitaxy method）　単結晶の基板上で，エピタキシャル成長（epitaxial growth）[16]により単結晶膜を作製する方法である．この方法には，液相エピタキシー法と融液エピタキシー法とがある．前者は単結晶基板を

---

[16] エピタキシャル成長は，基板結晶の原子配列に従って，膜構成原子が配列して成長することで，基板と同一物質を成長させるホモエピタキシャル成長と異物質を成長させるヘテロエピタキシャル成長とがある．

基板

ディップコーティング法　　　　スプレー法

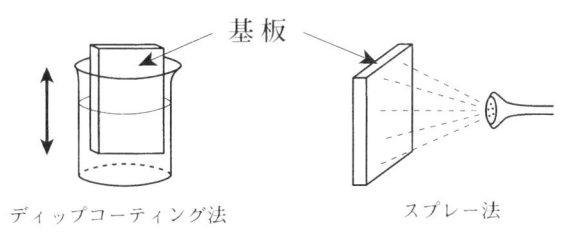

図 4.17 ゾル-ゲル法による代表的な製膜法

高温で溶融した過飽和液に浸して，製膜する方法である．たとえば，As を溶かした約 800℃ の Ga 融液を利用して，GaAs 半導体基板上に GaAs 膜がつくられている．後者は単結晶基板上に乗せた粉末試料を溶融後，徐冷して製膜する方法である．

液相からのその他の製膜法としては，沈殿法，噴霧熱分解法，塗布熱分解法などがある．

4.4 気相からの合成

気相から目的固体を合成する方法には，化学蒸着法と化学輸送法とがある．得られる固体の形態は，主に反応系の過飽和度[*17]に支配される．すなわち過飽和度が大きいと核生成が優先され微粒子となり，過飽和度が小さいと核成長が優先され大きな結晶となる．

4.4.1 化学蒸着法（chemical vapor deposition, CVD method）

気体の熱分解や気体同士の反応により，固体を析出させる方法である．CVD 法の概念図を図 4.18 に示す．蒸気圧の高いハロゲン化物や水素化物のようなガスと各種ガスからなる原料ガスをキャリアガスにより反応系に導入して，固相を析出させる．たとえば，次のような反応により，単体，炭化物，窒化物，酸化物などが合成できる．

$$SiCl_4(g) + 2H_2(g) \longrightarrow Si + 4HCl(g)$$
$$CH_3SiCl_3(g) \longrightarrow SiC + 3HCl(g)$$
$$3SiCl_4(g) + 4NH_3(g) \longrightarrow Si_3N_4 + 12HCl(g)$$
$$TiCl_4(g) + O_2(g) \longrightarrow TiO_2 + 2Cl_2(g)$$

[*17] 過飽和度 $=(P-P_0)/P_0$ で，P_0 はその温度での固相の平衡蒸気圧，P は実際の固相の蒸気圧である．

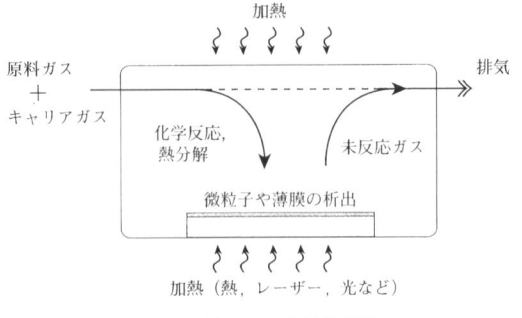

図 4.18 化学蒸着法

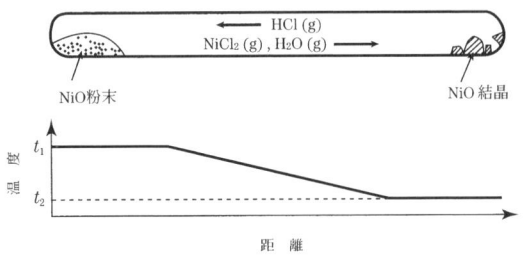

図 4.19 閉管を用いた化学輸送法

SiC, Si_3N_4 は, 耐熱高強度材料として, タービンブレードや切削工具として利用されている.

気相反応をスムーズに進行させるためには, 反応系を熱, 光, プラズマなどにより加熱する必要がある. 過飽和度以外に, 気体の組合せ, 気体の流速, 加熱方法なども, 生成する固相の形態に影響を及ぼす. CVD 法は, 微粒子や多結晶の合成手段よりむしろ, 薄膜の合成手段として主に利用されている.

4.4.2 化学輸送法 (chemivcal vapor transport, CVT method)

高温側で原料とハロゲンなどのガスとを反応させ, 生成した揮発性の気相を低温側に移動させ, もとの固相を析出させる方法である. たとえば, 図 4.19 に示すように, 真空脱気した閉管内に NiO 粉末と HCl ガスとを封印し, 温度勾配をつけると, 高温部 t_1 では, 次の反応が右側に進行する.

$$NiO + 2HCl(g) \underset{低温}{\overset{高温}{\rightleftarrows}} NiCl_2(g) + H_2O(g)$$

生成した $NiCl_2$ と H_2O が低温部 t_2 に移動すると, 上の反応が左側に進行して,

NiO 結晶と HCl とが生成する．生成した HCl は，高温側へ移動して，再び NiO 粉末と反応する．

CVT 法は，12 族と 16 族の半導体（ZnS など）や遷移金属酸化物（Fe_2O_3，NiO など）の単結晶，多結晶，薄膜の合成や化合物の精製に利用される重要な方法である．しかし結晶の成長には長時間を要する．

4.4.3 膜作製法

気相からの膜，特に薄膜の作製は，主に化学蒸着法あるいは物理蒸着法により行われている．図 4.20 に代表的な製膜手法を示す．

a. 化学蒸着法（CVD method）　　4.4.1 項で述べたような供給ガスを基板表面で反応させて，生成物を堆積させて製膜する（図 4.18 参照）．反応ガスの加熱方法により，熱 CVD，光 CVD，プラズマ CVD に分けられる．横型の熱 CVD が通常よく用いられている．

熱 CVD は，(1) 高純度の膜形成が可能，(2) 装置構成が簡易，(3) 被覆性がよい，などの長所をもっている．しかしその反面，(1) 製膜温度や原料ガスに制約がある，(2) 低温で作製した膜の緻密さがプラズマ CVD による膜より劣る，

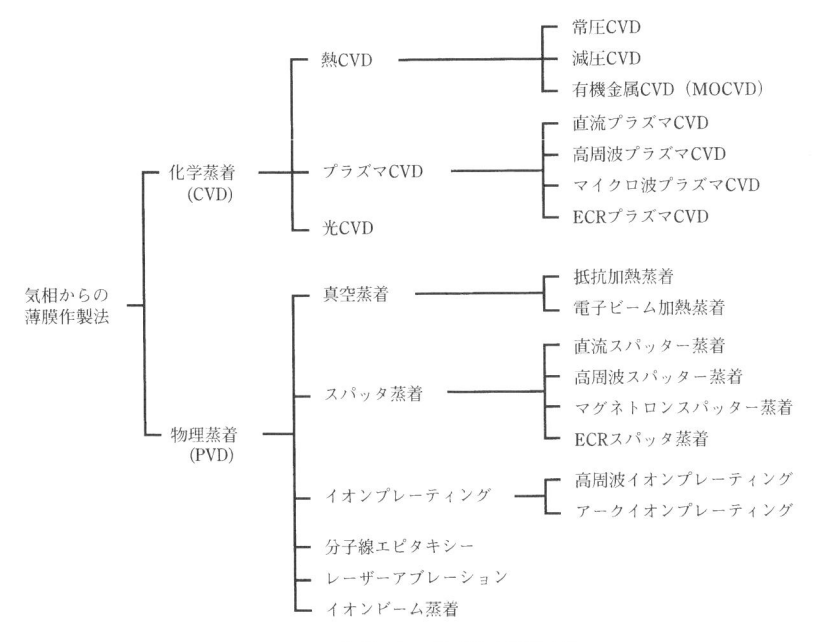

図 4.20　気相からの代表的な製膜方法

という欠点がある．熱CVDには反応系内の圧力により，常圧CVDと減圧CVDとがある．

熱分解されやすい有機金属化合物を反応ガスに用い，より低い温度で薄膜作製を行うCVDを，特にMOCVD（metal organic chemical vapor deposition）という．精密に組成制御ができるが，原料の有機金属化合物は大気中で発火するものが多いので，取扱いには十分注意する必要がある．MOCVD法は，16族のアルキル化合物ガスと15族の水素化物ガスを用いたGaAsやInPなどの化合物半導体の製膜に利用されている．

$$Ga(CH_3)_3(g) + AsH_3(g) \longrightarrow GaAs + 3CH_4(g)$$

b. 物理蒸着法（physical vapor deposition, PVD method）　薄膜構成原子を含む固体を原子や分子状態にして，基板上に輸送し，薄膜を作製する方法である．

図4.21に真空蒸着法（vacuum evaporation method）を模式的に示す．比較的蒸気圧の高い金属などを真空中で加熱蒸発させ，基板上に堆積させて製膜する方法である．Auなどの金属の製膜には適しているが，蒸気圧の低い化合物の製膜には適していない．

加速されたイオンを固体表面に照射すると，固体表面から原子やイオンがはじき出される．スパッタリング法（sputtering method）は，図4.22に示すように，はじき出された原子や分子（スパッター粒子）を基板に堆積させて製膜する方法である．直流グロー放電を利用した直流スパッターが，最も基本的な方法である．酸化物や窒化物の製膜には，O_2やN_2などの反応性ガスを用い，金属のターゲットをスパッタリングして，化合物膜を得る反応性スパッターが用いられ

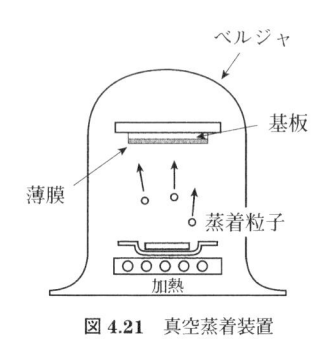

図 4.21　真空蒸着装置

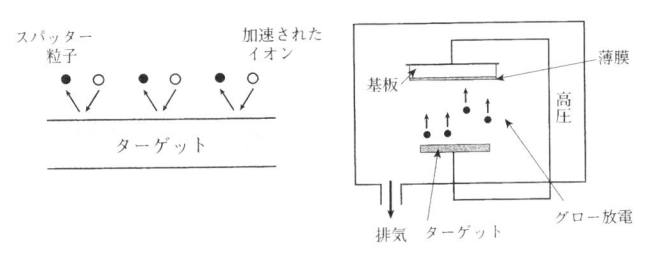

図4.22 スパッタリング法とスパッタリング装置

ている.

イオンプレーティング法(ion plating method)は,真空蒸発法とスパッタリング法とをとり混ぜたような方法である.イオンプレーティング法により,緻密で結晶性の優れた酸化物や窒化物などの化合物薄膜がつくられている.

そのほかにも,さまざまなPVD法が考案されているが,PVD法により絶縁体(insulator)の薄膜を作製するには,高価な大型装置が必要である.

4.5 高温超高圧下での合成

前節までに述べた合成法(水熱法を除く合成法)は,温度と組成を変化させる2次元的な合成法であるのに対し,高圧合成法は圧力軸を加えた3次元的な合成法である.したがって高圧合成法は新化合物をもたらす可能性を秘めている.しかし大型の高圧発生装置が必要であるため,手軽な合成法とはいいがたいが,地球内部の研究を行うには,高温高圧発生が欠かせない.

地球の内部は中心に近づくほど,温度と圧力が上昇する.地表から約2900 kmまでの深さをマントル(mantle)といい,地球全体積の80%以上を占めているマントルは上部,転移層,下部に分けられる.上部マントルは1000℃,数GPa止まりであるので,上部マントルにおける岩石や鉱物の生成や変成について,実験室で精度よく検討することができる.上部マントルより深いマントル転移層は,約1500℃,20 GPa程度と考えられており,実験室で再現できる限界である.マントルの主成分と考えられているカンラン石Mg_2SiO_4は,転移層付近ではスピネル型構造となっている.下部マントルはさらに高温,高圧となり,スピネル型構造のカンラン石は,高密度相(ポストスピネル相,密度4 g/cm^{3}以上)に相転移(phase transition)していると考えられている.下部マントルでの物質の状態解

明は，地球科学の分野に残された重要な課題である．

超高圧発生法には，静的超高圧法と動的超高圧法とがある．前者は機械プレスにより，超高圧状態を長時間つくり出すことができる．一方，後者は飛翔体を試料に衝突させることにより，非常に短時間ではあるが，100 GPa 以上の超高圧状態をつくり出すことができる．ダイヤモンドをはじめ種々の化合物が，静的や動的方法により合成されている．本節では，静的超高圧法について述べる．

4.5.1 静的超高圧発生法

静的超高圧発生法として，ピストンシリンダ型，ベルト型，ブリッジマンアンビル型，多面体アンビル型などの装置が考案されている．これらの静的超高圧発生法のうち，ダイヤモンドや立方晶窒化ホウ素などの合成によく利用されているのが，図 4.23 に示すベルト型超高圧装置である．ベルト型超高圧装置は，上部を切り取った円錐形のピストンと傾斜面をもつシリンダからなる．ピストンとシリンダの各斜面部に置かれた可縮性ガスケットを通して，試料部に 5～7 GPa の超高圧を定常的に発生させることができる．さらに，試料部を黒鉛ヒータなどで加熱することもできる．可縮性ガスケットには，一般にパイロフィライト（葉ろう石）$Al_2Si_4O_{10}(OH)_2$ が使われている．

4.5.2 ダイヤモンドと立方晶窒化ホウ素の合成

1955 年，アメリカの G.E.社の研究者は，黒鉛に鉄やニッケルなどの金属触媒を加え，約 1500℃，5 GPa の高温超高圧下で，世界に先駆けて人工ダイヤモン

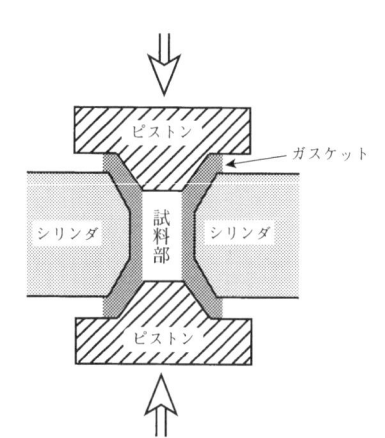

図 4.23 ベルト型超高圧装置

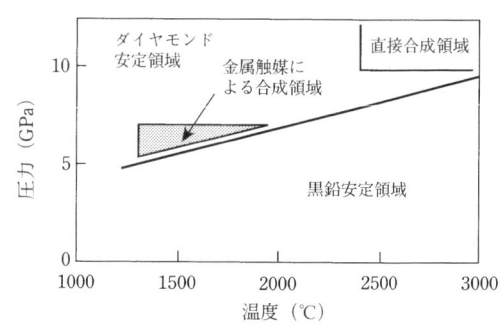

図 4.24 炭素の平衡状態図とダイヤモンドの合成領域 (Bundy *et al.*, 1961)

ドの合成に成功した．その後，図 4.24 に示すダイヤモンドの熱力学的な安定領域や，金属触媒の作用が明らかにされた．すなわち，ダイヤモンドは次のような反応機構により生成する．高温超高圧下で溶融状態となった金属触媒に黒鉛が溶解すると，溶融金属触媒に対する飽和濃度が黒鉛より低いダイヤモンドが析出してくる．この方法は，溶解度の差を利用しており，高温超高圧下における溶液法と見なせる．さらに，原料，生成条件，高圧セルに検討が加えられ，約 1 カラット大の単結晶が合成されるまでに至っている．図 4.25 に示すダイヤモンド結晶育成用セルをベルト型超高圧装置で約 6 GPa に加圧し，炭素源を 1450℃，種子ダイヤモンド部分を 1420℃に保持すると，約 1 週間で種子ダイヤモンド結晶が 5 mm（1 カラット）程度の大きさに成長する．

より高温高圧下の領域（図 4.24）で，金属触媒を使用しないダイヤモンドの直接合成も行われている．また，炭素を含む化合物（たとえば，CH_4）と H_2 を低真空下で反応させる気相法により，ダイヤモンド薄膜が合成されている．

人工ダイヤモンドは，天然のものより小粒であるが，装飾用はもちろんのこと，硬度，熱伝導度，光の透過性，音の伝搬速度などの特性が非常に優れていることを生かして，研磨材料，電子材料，光学材料などとして重要である．

立方晶窒化ホウ素 c-BN は，ベルト型超高圧装置を用いて，ダイヤモンドとほぼ同様な方法で合成できる．ダイヤモンド合成の金属触媒に対応する溶媒には，アルカリ金属やアルカリ土類金属などの窒化物が用いられている．溶媒と黒鉛型構造の BN とを約 1600℃，6 GPa 程度の高温超高圧下で反応させると c-BN が

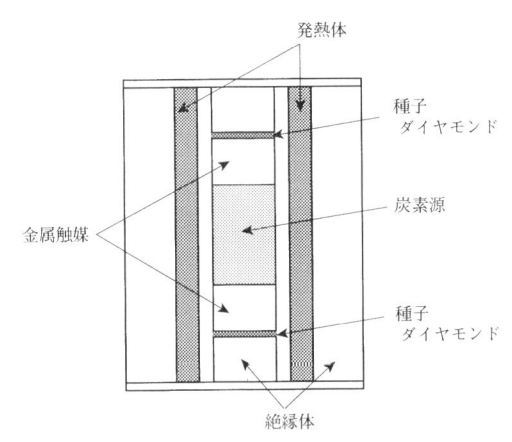

図 4.25　ダイヤモンド結晶育成用セル

得られる．c-BN は，ダイヤモンドと同様に高硬度物質として工業的に重要である．

人工ダイヤモンドの合成を機に，超高圧力が無機化合物の合成手段として利用されるようになり，数多くのマントル構成鉱物や無機化合物（たとえば，常圧下では合成不可能な $A_{1-x}CuO_2$（A：アルカリ土類金属，$x \leq 0.1$）のような超伝導化合物など）が合成されている．

4.6 ソフト化学法による合成

ゼオライト系化合物や粘土化合物は構造内に空孔をもっている．その空孔内にイオンや分子を挿入，あるいは空孔内からイオンや分子を除去できれば，新しい化合物になる．空孔をもつ化合物をホスト（host），挿入あるいは除去されるイオンや分子をゲスト（guest）といい，ホストとゲストの反応性を利用する合成法をソフト化学法（soft chemical method）と呼ぶ．それに対して，前節までに述べた合成法は，加熱などにより原子を一旦バラバラな状態にして，熱力学的に安定な化合物に再構築する方法であることより，ハード化学法（hard chemical method）といえる．ソフト化学とハード化学による合成法の比較を図 4.26 に示す．

ソフト化学法は，主に有機化学の分野で化学修飾による誘導体の合成に対して使われてきた言葉である．化学修飾の概念を無機化合物の合成にも適用して，結晶構造を穏やかな条件下で，トポタクティックに変換する方法である．したがって，生成物の結晶構造をある程度予測することができるが，新しい化合物は熱力

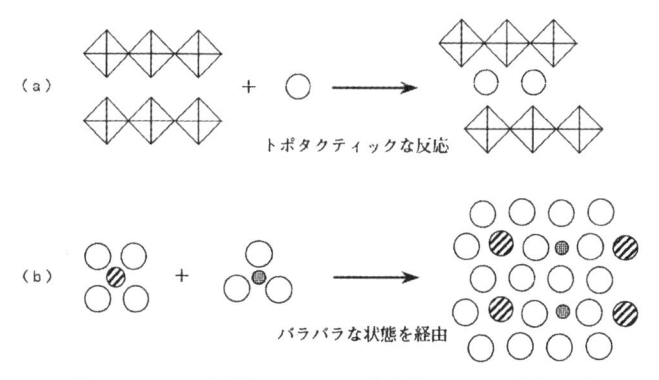

図 4.26　ソフト化学法 (a) とハード化学法 (b) による合成の比較

学的には準安定状態であることが多い．しかし部分的にはホストとゲストは安定状態になっている．そのためハード化学法では得られない新規化合物が合成でき，それらには特異な触媒，イオン伝導，分子ふるいなどの機能の発現が期待される．無機合成におけるソフト化学法の主な手段は，イオン交換とインターカレーション法である．

4.6.1 イオン交換法（ion exchange method）

イオン交換は，次式で示すようにホストの構造内の A^{x+} が外部の B^{y+} と等当量で交換する反応である．反応前後では，トポタクティックな構造関係が保持されている．

$$yA^{x+}\text{-Host} + xB^{y+} \longrightarrow xB^{y+}\text{-Host} + yA^{x+}$$

交換イオンが陰イオンの場合でも同様であるが，無機化合物においては陽イオン交換性を示すものが圧倒的に多い．ホストは，構造内にトンネル状，層状あるいはかご状の空孔をもち，交換イオンは移動しやすい環境である空孔内に存在する．空孔の入口の大きさや空孔内の静電場の状態により，ホストは外部イオンに対して選択性を示す．この点が有機系のイオン交換樹脂との大きな相違である．

層状化合物（layer compound）においては，挿入されるイオンの大きさ，挿入量，水和状態により層間隔（底面間隔：basal spacing）が変化することが多い．たとえば，$\alpha\text{-Zr}(HPO_4)_2 \cdot H_2O$ の層間の H^+ を Na^+ あるいは K^+ と交換すると，層間隔は（ ）内のように変化する．

$$\alpha\text{-Zr}(HPO_4)_2 \cdot H_2O \;(7.6\,\text{Å}) \xrightarrow{\text{Na}^+} \alpha\text{-Zr}(Na_{0.5}H_{0.5}PO_4)_2 \cdot 5H_2O \;(11.8\,\text{Å}) \xrightarrow{\text{Na}^+} \alpha\text{-Zr}(NaPO_4)_2 \cdot 3H_2O \;(9.8\,\text{Å})$$

$$\alpha\text{-Zr}(HPO_4)_2 \cdot H_2O \;(7.6\,\text{Å}) \xrightarrow{\text{K}^+} \alpha\text{-Zr}(K_{0.5}H_{0.5}PO_4)_2 \cdot H_2O \;(8.0\,\text{Å}) \xrightarrow{\text{K}^+} \alpha\text{-Zr}(KPO_4)_2 \cdot 3H_2O \;(10.8\,\text{Å})$$

表4.3にイオン交換能をもつ代表的な無機層状化合物を示す．

プロトンの挿入により，構造が変化するものも知られている．強誘電体であり，光学材料として利用されている $LiMO_3$（M = Nb, Ta）を硝酸などの強酸性水溶液中，100℃程度で加熱すると，Li^+ と H^+ とが交換して，ペロブスカイト型の HMO_3 が得られる．$LiMO_3$ は，六方最密充填（hexagonal closest-packing：hcp）をした酸素層の六配位席を金属イオンが規則的に配列した構造で，イオン

表 4.3　イオン交換能をもつ無機層状化合物の例（山中・金丸, 1983）

塩の種類	無機層状化合物の例
ケイ酸塩	モンモリロナイト，スメクタイトなどの粘土化合物，トバモライト
リン酸塩	$Zr(HPO_4)_2 \cdot nH_2O$（α, β, γ型），$Ti(HPO_4)_3 \cdot nH_2O$（α, β, γ型）
チタン酸塩	$Na_2Ti_3O_7$, $KTiNbO_5$, K_2TiO_5, $K_2Ti_4O_9$
バナジン酸塩	KV_3O_8, $K_3V_5O_{14}$, $CaV_6O_{16} \cdot nH_2O$
ニオブ酸塩	$KNbO_3$, $K_4Nb_6O_{17}$
モリブデン酸塩	$Mg_2Mo_2O_7$, $Cs_2Mo_5O_{16}$, $Ag_6Mo_{10}O_{33}$
タングステン酸塩	$Na_2W_4O_{13}$, $Ag_6W_{10}O_{33}$

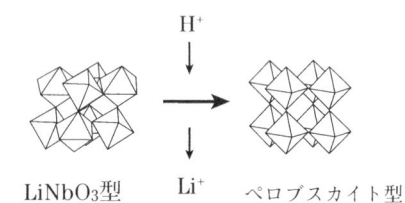

図 4.27　$LiNbO_3$型構造からペロブスカイト型構造への変化

交換により MO_6 八面体が，図 4.27 に示すように，回転してトポタクティックにペロブスカイト型構造へと変化する．

イオン交換後，加熱などの外的因子を加えると物質変換が起こることもある．たとえば，図 4.28 に示すように，$KTiNbO_5$ 中の K^+ を H^+ と交換し，その後，約 330℃ で加熱すると脱水縮合が起こり，トポタクティックにトンネル構造（tunnel structure）の $Ti_2Nb_2O_9$ へと変化する．

また，モンモリロナイトなどの粘土鉱物の層間に $[Al_{13}O_4(OH)_{24}]^{7+}$ のような多核水酸化物イオンや SiO_2-TiO_2 ゾルをイオン交換で挿入し，さらに加熱して

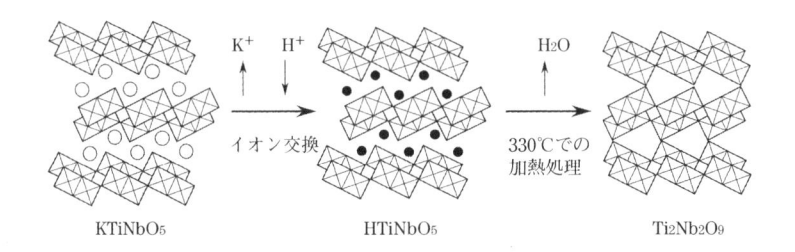

図 4.28　$KTiNbO_5$ から $Ti_2Nb_2O_9$ へのイオン交換と脱水によるトポタクティックな構造変化

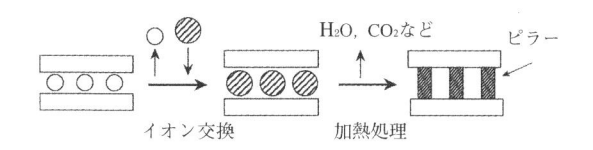

図 4.29 ピラーリングのプロセス

層間にゲスト酸化物の「柱 (pillar)」を立てることにより,多孔体 (porous material) を合成することも行われている.図 4.29 にその概念を示す.粘土鉱物以外にリン酸ジルコニウムやチタン酸塩などの層状化合物についても試みられているが,粘土鉱物から合成した多孔体ほど大きな表面積をもつものは,まだ得られていない.

このようにイオン交換法を合成プロセスとして利用して,さまざまな新しい化合物が合成されている.特に,イオン伝導体や蛍光体 (fluorescent material) のようにイオンが機能を発現するもととなる場合,イオン交換法は,ハード化学法では不可能な環境にイオンを挿入することができる有用なプロセスである.

4.6.2 インターカレーション法 (intercalation method)

ホスト構造を破壊することなくゲスト分子あるいはイオンをホスト内に挿入することをインターカレーションという.インターカレーションには,ホストとゲストとの間で,電荷移動を伴う場合と伴わない場合とがある.前者は酸化還元反応による挿入で,後者は中性分子の挿入あるいは酸塩基反応による挿入である.図 4.30 にインターカレーションおよびその逆反応であるディインターカレーション (deintercalation) を模式的に示す.

グラファイトや遷移金属二硫化物 AX_2 (A = Ti, V, Nb, Ta, Mo, W, X = S, Se) の層間には,種々のゲストを挿入することができる.たとえば,TiS_2 の

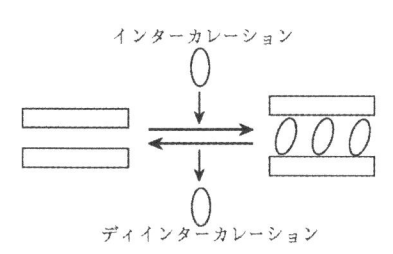

図 4.30 インターカレーションとディインターカレーション

層間に Li^+ を挿入すると，イオン・電子混合導電性を示す Li_xTiS_2 $(0 \leq x \leq 1)$ が得られる．Li_xTiS_2 の酸化還元反応を利用して，リチウム2次電池を組み立てることができる．2次電池については，2.3.4項を参照されたい．

$$xLi^+ + TiS_2 + xe^- \rightleftarrows Li_xTiS_2$$

層状構造化合物ばかりではなく，3次元構造化合物にもリチウムを挿入することができ，ハード化学法では合成困難なさまざまな化合物が合成されている．たとえば，還元剤であるブチルリチウム $n\text{-}C_4H_9Li$ を用いて，アナターゼ型 TiO_2 に Li^+ を挿入すると，超伝導性を示すスピネル型 $LiTi_2O_4$ が得られる．

$$TiO_2 \xrightarrow{Li^+} Li_{0.5}TiO_2 \xrightarrow{500℃} Li Ti_2O_4$$
アナターゼ型　　アナターゼ型　　スピネル型

$$ReO_3 \xrightarrow{Li^+} LiReO_3$$
ペロブスカイト類似型　　$LiNbO_3$ 型

また，ペロブスカイト類似構造の ReO_3 へのリチウム挿入により，$LiNbO_3$ 型の $LiReO_3$ が得られる．この変化はトポタクティックな構造変化で，前述した $LiMO_3$ (M = Nb, Ta) における Li^+ と H^+ との交換でみられる構造変化の逆である．

空孔にプロトンをもつホストはブレンステッド酸として作用する．したがって，酸塩基反応により，n-アルキルアミン，n-アルキルジアミン，ピリジン C_5H_5N

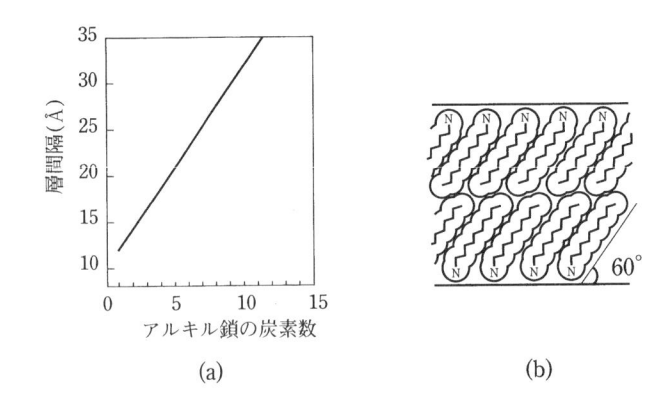

図 **4.31**　$\alpha\text{-}Zr(HPO_4)_2 \cdot H_2O$ への n-アルキルアミンの挿入による層間距離の変化 (a) と層間における n-アルキルアミンの存在状態 (b)

などの有機塩基を導入して，有機・無機複合体を合成することができる．層状化合物では，分子の大きさに応じて層間隔が広がる．たとえば，$\alpha\text{-}Zr(HPO_4)_2\cdot H_2O$ に n-アルキルアミンを挿入すると，層間隔はゲストの炭素数の増加に伴い，図 4.31 (a) に示すように広がる．層間隔と分子サイズの増加量より，n-アルキルアミンは，図 4.31 (b) に示すように，ホスト層に対して約 60°傾いて，2 層を形成していることがわかる．

また，アニリン $C_6H_5NH_2$，ピロール C_4H_5N，フルフリルアルコール $C_5H_6O_2$ などのような有機分子を空孔内で重合させて，低次元のポリマー鎖をもつ有機・無機複合体を合成することもできる．たとえば，V_2O_5 ゲルに $C_6H_5NH_2$ を挿入すると，空孔内に導電性のポリアニリンが生成し，複合体の電気伝導度がもとのゲルより 4 桁ほど上昇する．このインターカレーション反応では，V 原子が重合開始剤 (initiator) となっているが，ホスト内の原子が重合開始剤になりえない場合には，あらかじめ重合開始剤を空孔内に導入しておくか，あるいは γ 線照射などが必要である．

さらに，ポリマー鎖をもつ複合体から，空孔の形状に依存した形状をもつ炭素を合成することもできる．たとえば，ポリマー鎖をもつ粘土化合物を約 700℃で炭化し，フッ酸処理後，残った前駆体炭素を約 2000℃で熱処理すると，高配向性炭素膜が得られる．

特異的な機能の発現を目指して，半導体などを挿入する無機・無機複合化に関する研究も行われている．また，層状化合物中に挿入したゲストと水や界面活性剤などとの溶媒和を利用すると，ホスト層を 1 枚 1 枚に剥離 (exfoliation) することができる．剥離を利用して，新規機能性化合物の創製も行われている．

以上のように，ソフト化学法は，穏やかな条件下で局所的な構造変換や化学反応を誘発することにより行われる．ソフト化学法を制御する因子としては，熱や圧力などが考えられるが，これまでに用いられた操作は，穏やかな熱処理ぐらいである．圧力印加は，種々の化合物に利用できる有用な反応制御因子であるが，ほとんど検討されていない．ソフト化学法における圧力効果は，今後の展開をより興味深くするものと期待される．

【演習問題】

4.1 硝酸アンモニウムは，約220℃で分解して，一酸化窒素と水を生じる．この分解反応を説明せよ．

4.2 TEOSの加水分解・重縮合反応を添加する水の量とpHについて説明せよ．

4.3 市販の洗剤には，ゼオライトA（$Na_{12}Al_{12}Si_{12}O_{48} \cdot 27H_2O$）がビルダーとして使われている．ゼオライトAの働きについて説明せよ．

4.4 水熱法，フラックス法，チョクラルスキー法について説明せよ．

4.5 合成固体の形態は，主に過飽和度や過冷却度に支配される．過飽和度および過冷却度が支配する合成法をそれぞれ3例ずつあげよ．

4.6 気相より薄膜を作製する方法は，CVD法とPVD法に大別される．CVD法とPVD法の相違を説明せよ．

4.7 層間隔が0.50 nmの層状化合物に，分子長が約2.5 nmの$C_{18}H_{35}NH_2$をインターカレーションすると，層間隔が4.83 nmとなった．層間での$C_{18}H_{35}NH_2$分子の配列を説明せよ．

【参考図書】

1) 日本化学会編：新実験化学講座第8巻 無機化合物の合成 [1] 〜 [3]，丸善，1979.
2) 人工鉱物学会編：機能性結晶材料と人工鉱物，講談社，1991.
3) Galasso, F. S.（加藤誠軌・植松敬三訳）：図解ファインセラミックスの結晶化学，アグネ技術センター，1987.
4) 日本セラミックス協会編：これだけは知っておきたいセラミックスのすべて，日刊工業新聞社，1996.
5) 作花済夫：ゾル-ゲル法の科学，アグネ承風社，1989.
6) 冨永博夫編：ゼオライトの科学と応用，講談社サイエンティフィク，1987.
7) 山中昭司・金丸文一：化学総説，**40**, 67, 1983.
8) Kennedy, G.C.：*Am. J. Sci.*, **248**, 540, 1950.
9) Spitzyn, V. *et al.*：*Zhur. Obschei Khim.*, **21**, 1370, 1951.
10) Bundy, F. P. *et al.*：*J. Chem. Phys.*, **35**, 383, 1961.

5

窯業と伝統セラミックス

粘土やケイ石などを混合し，窯(かま)で焼く工業のことを窯業(ようぎょう)（ceramic industry）といい，得られたものを窯業製品，英語で ceramics という．

窯業製品は伝統セラミックスと近代セラミックス（半導体，超電導体，光ファイバーなど）に分けることができる．

本章は，"近代"には立ち入らず，伝統セラミックス（traditional ceramics）であるセメント，ガラス，陶磁器などについて述べる．

5.1 セメント

セメントという言葉は，固める，結合するという意味からきている．それゆえ，デンプンののりも漆(うるし)もセメントといえる．しかし現在では，岩石を結合する土木建築用の無機質のものをいい，常に水硬性セメント（hydraulic cement）を指している．

セメントの原料は石灰石，ケイ石，粘土，酸化鉄である．しかし，どれ1つとして水と反応しない．それゆえ，水と反応し強力な硬化体になる"かたち"に，これらを100％変換しなければならない．これがセメント製造の要諦である．

5.1.1 焼成炉：ロータリーキルン

セメントの世界生産量の95％がポルトランドセメント（portland cement）である，といわれている．この名称の由来は，本節末にコラムとして紹介してある．

この製造法は，次の3工程からなっている．

①原料工程は，乾燥（drying）→ 調合（batch preparation）→ 粉砕（crushing, grinding, milling）というプロセスであり，粉砕機として通常ボールミル（ball mill）が使われる．

次は，②焼成工程である．

原料を加熱すると,分解・反応・焼結が起こる.この過程を焼成 (firing, burning) という.焼成窯は古くは竪窯であったが,現在では鋼鉄製大型円筒の内側に耐火れんがを張ったロータリーキルン (rotary kiln：回転窯,回転炉) が用いられている.

直径3～5 m,長さ60～100 mのキルンを支持ローラーの上に,傾斜角度3～5°で据え付ける.1分間に1/2～2回転である(5.1.3項参照).原料粉体は炉の上端から連続的に送り込まれ,回転しているのでしだいに下方へ移動する.燃料の微粉炭あるいは重油は,炉の下端からバーナーで原料の流れと向流するように吹き込まれる.

原料の炉内滞留時間は1時間程度である.温度は高いところで1450°Cにも達し,この温度付近での焼成物は,その成分の30%ほどが溶融状態に,他は固体のままの状態にある.直径5～20 mmのかたまりが炉から出てくる.この焼塊をクリンカー (clinker) という.

微粉炭中の灰分はクリンカー中に入り,組成の一部を構成するが,量は少ない.燃料中の硫黄分は酸化されてSO_3となり,CaOと化合する.

原料に水を加え粉砕する方式に湿式法 (wet process) がある.上に述べた方式,すなわち,クリンカーを得るまでの工程を乾式法 (dry process) という.湿式法はより均一に粉砕できる.水分含有率35～40%のスラリー (slurry：濃厚懸濁液,泥状) を,20%以下に濾過しキルンへ送り込む.水分蒸発のためにキルンを長くせざるをえず,150 mは必要で200 mに及ぶものもある.製品の組成が特に均一なので,高級セメントに分類される.経費がかさむので,需要・生産量は少ない.

最後の③ 仕上げ工程では,二水セッコウ ($CaSO_4 \cdot 2H_2O$) をクリンカーに3質量%ほど加え,全体を適切な粉末度まで粉砕する.最終製品のポルトランドセメントとなる.細かいほどよいというのではなく,細かすぎると大量の水を加えなければ混練できず,結果としてセメント硬化体の収縮が大きくなる.セッコウを加える理由は,急速に固まるのを防ぐためである(5.1.4項参照).

セメントは空気中の二酸化炭素と湿分によって変質するので,完全密封で貯蔵する.

5.1.2 焼成反応とプロセス

a. 原　料　ポルトランドセメントの原料 (raw material) は,まず① 石灰

石（limestone）と② ケイ石（珪石, silica stone）である.

次いで, ③ アルミナ成分である. 粘土鉱物（clay mineral）は, 普通は Al もしくは Mg を構成物としてもつ含水ケイ酸塩鉱物である. すなわち, カオリナイト $Al_2Si_2O_5(OH)_4$, パイロフィライト $Al_2Si_4O_{10}(OH)_2$, タルク $Mg_3Si_4O_{10}(OH)_2$ などである. セメントにはアルミノケイ酸塩系の粘土を選ぶ.

さらに, ④ 鉄成分がある. 酸化鉄そのものがよいが, これを含有している鉱滓（slag）が, 特に銅精錬の際に溶融状態で副生する銅スラグ（copper slag）が用いられる. 主成分は鉄分とシリカである.

最後に, ⑤ セッコウ（石膏, gypsum）である. これの役割はすでに述べた.

日本工業規格（JIS : Japanese Industrial Standard）の定めるところによると, ポルトランドセメントとは, 石灰, シリカ, アルミナおよび酸化鉄原料を所定の割合で混合し, その一部が溶融するまで加熱し, 冷却したものにセッコウを加え粉砕したもの, となっている.

石灰石とケイ石は一般に純度が高く, 組成は比較的安定している. それゆえ, セメントの品質のよしあしは, 粘土の選び方で決まる.

シリカ-アルミナ系粘土は, Si, Al, O が特定の配列をした層状の結晶構造をとっている. 基本単位として2層（シート）と3層のものがある. Si-O 四面体の2次元的に連続した網状のつながりは四面体シート（tetrahedral sheet）, Al-O(OH) 八面体の網状のつながりは八面体シート（octahedral sheet）といわれる. 前者：後者が1：1の構造をなす2層構造のもの（たとえばカオリナイト）と2：1型構造をなす3層構造のもの（たとえばパイロフィライト, タルク）とがある（5.3.2項参照）.

他に, Si-O 四面体の Si^{4+} の位置に Al^{3+} が入ったものがある. Na^+, K^+, Ca^{2+}, Mg^{2+} などが層間に入って電気的中性が保たれており, アルカリ含有の粘土となっている.

ケイ酸塩の構造については 5.2 節に記述してあるので, ここではこういうものだという認識程度にして先へ進む.

ナトリウム, カリウムはコンクリート崩壊の1つの原因になるアルカリ骨材反応（5.1.7項参照）を引き起こすので, 存在は好ましくない. アルカリを含まない粘土カオリン（主成分はカオリナイト）は優れた原料である.

マグネシウムは周期表上 Ca と同じ族であるが, Ca 硬化体の強度に遠く及ば

表 5.1 ロータリーキルン内の温度と生成物

温度（℃）	プロセスと生成物	キルン内のゾーン名
< 100	湿式法におけるスラリーの乾燥	乾燥帯
100 ～ 750	粘土の脱水，$CaCO_3$ の部分的熱分解	予熱帯
750 ～ 950	$CaCO_3$ の分解反応完結	仮焼帯
950 ～ 1200	固相反応，C_2S の生成と β 型への転移	
1200 ～ 1300	固相反応，C_3A，C_4AF の生成	焼成帯
1350 ～ 1450	部分溶融状態，C_3S の析出生成	
～ 1200	C_3A，C_4AF の生成	冷却帯

セメント化学の分野での記号：$CaO \equiv C$, $SiO_2 \equiv S$, $Al_2O_3 \equiv A$, $Fe_2O_3 \equiv F$.

ない．つまり，Mg は存在しない方がよい．JIS では MgO はセメント中 5％以下と規定されている．

b. 焼成プロセスと生成物　石灰石，ケイ石，粘土，鉄分含有鉱滓の 4 種類の混合粉体をキルンの上部に送り込む．

表 5.1 にロータリーキルン内の温度と生成物を示す．

湿式法においては，原料スラリーの水分はキルン乾燥帯（drying zone）で蒸発除去される．予熱帯（preheating zone）で粘土の脱水が始まり，さらに，石灰石の熱分解が部分的に起こり，仮焼帯（calcining zone）において分解反応は完結する．石灰石の熱分解によって CaO と CO_2 が生成する．示差熱重量分析・分解圧の測定によると，$CaCO_3$ は 650℃でほとんど全くといってよいほど変化しないが，650℃を少しこえたあたりから分解が観測され，898℃で解離圧は 1 atm となる．

この分解の吸熱量は焼成反応の発熱量を上回る．それゆえ，この仮焼工程[*1]を熱収支的にいかに効率よく行うかが，"工業"という立場で重要になってくる．

キルン中 1000℃に至るまでに石灰石は分解し，同時にケイ酸二カルシウムが高温固相反応で生成する．組成としては 2 mol の CaO と 1 mol の SiO_2 から成っているので，中黒点（・）を用い，$2CaO \cdot SiO_2$ と表すことが多い．この方がわかりやすいからである．しかし，決して CaO と SiO_2 の混合物とみてはならない．焼成反応が起こる領域を焼成帯（firing zone）という．

[*1] 用語"かしょう"について：① 文部省学術用語集化学編では「か焼」，② JIS では分野を変えて「か焼」と「仮焼」，③ 古い文献では「煆焼」，④ 各種の大百科事典ではこれらの 3 種類が適当に混ざって出てくる．日本セラミックス協会編『セラミックス辞典』（第 2 版，1997）では，「か焼（煆焼，仮焼）[calcination ; calcining]」となっている．それぞれの分野で適する語を用いればよいということになる．言葉は変遷している．

セメント化学およびその業界では，CaO を記号 C，SiO_2 を S で表示し，$2CaO \cdot SiO_2$ を C_2S と記すことが多い．C は炭素の，S は硫黄の元素記号なので，セメント分野以外の方にとってはやや辛抱を強いられる．

CaO, SiO_2, Al_2O_3, Fe_2O_3 の相互の反応は発熱反応である．1200〜1250℃でアルミン酸三カルシウム C_3A（A は Al_2O_3 の記号），アルミノ鉄酸四カルシウム C_4AF（F は Fe_2O_3 の記号）が生成する．式 C_4AF においては，A：F = 1：1 で示されているが，実際にはある範囲内でこの比が動きうる固溶体である（C_6A_2F 〜 C_6AF_2 の範囲，中心組成・平均組成がほぼ C_4AF）．

$CaO-SiO_2$ 系に Al_2O_3 が加わると，1470℃で融液相が生じ，さらに Fe_2O_3 が加わった $CaO-SiO_2-Al_2O_3-Fe_2O_3$ 系においては，さらに下がった 1338℃（共融点，不変点）で融液相が生成し粒子表面をぬらす（共融点組成：CaO = 54.8, Al_2O_3 = 22.7, Fe_2O_3 = 16.5, SiO_2 = 6.0 質量%）．$[SiO_4]^{4-}$ の拡散が律速段階となり，1350℃付近〜最高温度約 1450℃でケイ酸三カルシウム C_3S が融液から析出してくる．なお，C_3S や C_2S は 2000℃でも固体である．

焼成帯から下端部出口までは短い距離 3〜10 m で，冷却帯（cooling zone）という．出口付近に達したクリンカーに空気を吹き付け，熱交換冷却する．ほぼ 1200℃になる．熱交換空気（700〜800℃）をキルンのバーナーに送る．

この急冷操作は，水和活性の"高温型 C_2S"すなわち"β-C_2S"が，水和不活性の γ-C_2S に変化するのを防ぐために必要なのである．しかし，それでもなお，現実には γ 型が含まれている．

表 5.2 にクリンカー中の化合物を示す．いずれも純粋化合物として合成可能であるが，天然物を使っているので不純物が含まれている．それゆえ，"鉱物"とみなした方が自然である．

表 5.2 ポルトランドセメントクリンカー中の化合物

化学式	組成式	化合物名	記号と名称
Ca_3SiO_5	$3CaO \cdot SiO_2$	ケイ酸三カルシウム (tricalcium silicate)	C_3S　エーライト
Ca_2SiO_4	$2CaO \cdot SiO_2$	ケイ酸二カルシウム (dicalcium silicate)	β-C_2S　ビーライト
$Ca_3Al_2O_6$	$3CaO \cdot Al_2O_3$	アルミン酸三カルシウム (tricalcium aluminate)	C_3A　アルミネート相
Ca_2AlFeO_5	$4CaO \cdot Al_2O_3 \cdot Fe_2O_3$	アルミノ鉄酸四カルシウム (tetracalcium aluminoferrite)	C_4AF　フェライト相

セメント化学の分野での記号：CaO ≡ C，SiO_2 ≡ S，Al_2O_3 ≡ A，Fe_2O_3 ≡ F．

ところで，クリンカーを鏡面研磨し，光学顕微鏡で観察した技師があった．六角形のもの，丸みをもったもの，これらの間隙を埋めているもの，に分類できた．この技師はこれらに順に A，B，C と記号をつけ，さらにこの順番に Alite，Belite，Celite と名づけた．鉱物名は magnetite, kaolinite などのように，-ite を語尾にもつものが多い．Alite をエーライトとか，アリットとよんだりしているが，本章では英式発音エーライトを採用することにする．同様にビーライト（またはベリット）およびシーライト（またはセリット）である．

化学分析の結果，Alite は鉱物 C_3S，Belite は C_2S，間隙物質 Celite は C_3A と C_4AF との混合物から成っていた．

C_3A の相をアルミネート相という．C_4AF だけが3成分であり，鉄分を含むのでフェライト相といわれる．色が違うので肉眼で識別できる．Celite という語は，現在ほとんど使われていない．

5.1.3 排熱の利用：サスペンションプレヒーター

原料粉体予熱のため，サスペンションプレヒーター（suspension preheater）が 1950 年代に登場，わが国では 1963 年から普及し始めた（SP キルンと略称）．

サイクロン（cyclone）4 基をジグザグ縦に接続したもので，サイクロンの上部は円筒，下部は円錐の形をしている（図 5.1）．4 基全体は約 60 m で，塔型になっている．原料はサイクロン上部から落下し，上昇してきた燃焼ガスと向流，脱水と $CaCO_3$ の熱分解が起こり，不完全ながら仮焼（40～50%）の段階に至っている．サイクロンの温度は位置で異なる．乾式法でも長いキルンが必要であったが，70～100 m の長さですむようになった．これに応じて，キルンの直径が 6 m というものまで現れた．

サイクロンからの排出ガスは電気集塵器（electrical dust precipitator）で徐塵される．直流高電圧によるコロナ放電が浮遊塵に負電荷を与え，陽極で中性になり落下する．

さらに効率の高い方式，ニューサスペンションプレヒーター付きキルン（new suspension preheater kiln）が 1971 年に実用化された（NSP キルンと略称）．キルンと SP の間に補助燃焼炉として仮焼炉（850～900℃）を設置，80～90% を仮焼するものである．概略を図 5.1 に示す．

結果として，キルンは 50 m 程度に短くでき，原料の炉内滞留時間は 30 分程度に，回転速度も 1 分間に 3 回転という操業ができるようになった．仮焼炉の設

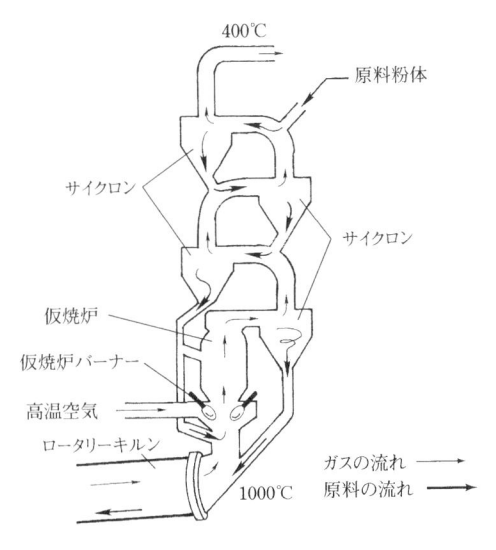

図 5.1 ニューサスペンションプレヒーター

置で排熱の温度が上昇したので，5段プレヒーターも可能となった．

エネルギー大量消費のキルンを短くできたということは，とりもなおさず経費節減を意味する．国内外ともに大半はNSPキルンで生産されている．少品種大規模化が重要なテーマになっている．

5.1.4 セメントの水和と硬化

a. 水和速度と硬化　セメントに水を加えると，凝結（setting）という現象が始まり，流動性が失われてくる．続いて，強さを発現する硬化（hardening）という現象が起こる．これらの反応を水和（hydration），水和反応（hydration reaction）という．

セメントの水和は発熱反応なので，発熱量の時間的変化を調べれば，反応の速度がわかる．

注水直後に水和反応は急激に進む．しかし，15分程度以下で反応は停止する．水和物が粒子表面を覆うかたちで生成し，水和反応を阻止するからである．流動性は保たれたままなので，この間に型枠へ流し込むのである．この期間を誘導期という．静止期ともいう．驚嘆すべき挙動である．

1時間後，遅くとも3時間後あたりまでに，水和反応が再開始され，少しずつ速くなり，途中から急に速くなる．これを加速期という．

水和物被膜が厚くなると，単位時間あたりの発熱量が減少に転ずる．すなわち，減速期に入る．

各クリンカー鉱物の水和速度は，$C_3A > C_3S > C_4AF > \beta\text{-}C_2S$ の順であることが明らかになっている．水和率は粒子の大きさや製造条件によって異なるが，1か月後に水和が，C_3A は $88 \pm 3\%$，C_3S は $84 \pm 4\%$，C_4AF は $75 \pm 5\%$，$\beta\text{-}C_2S$ は $60 \pm 10\%$ ほど進み，その後は徐々に進行する．

図5.2にクリンカー鉱物に関する材齢と圧縮強度の関係を示す．材齢とは，水を加えた時点からの期間をいう．図から，C_3S は比較的短い期間で強度が出るが，高い強度には長い期間を要することがわかる．$\beta\text{-}C_2S$ も長期間を要する．

ところで，C_3A や C_4AF の硬化体の圧縮強度は極端に低い．それゆえ，何のためにこれらを共存させなければならないか，という疑問が当然でてくる．

"これはなぜか．"

Al_2O_3 と Fe_2O_3 の存在によって，共融点がいちじるしく低下することを先に記した(5.1.2項)．融液相の生成によってイオンの拡散がスムースに進行し，C_3S を円滑に生成せしめうるという役割を担っていたのである．繰り返すようだが，C_3A と C_4AF による強度低下という不利をこうむっても，これを補い，さらにしのぐ強い C_3S を晶出せしめうるということにおいて，存在価値があったのである．

b. 水和反応とメカニズム　　CaO高含有率の C_3S は，水と速やかに反応し，ケイ酸カルシウム水和物（カルシウムシリケートハイドレート：calcium silicate hydrate）を生成する（次式）．

$$2C_3S + 7H_2O \longrightarrow 3CaO \cdot 2SiO_2 \cdot 4H_2O + 3Ca(OH)_2$$

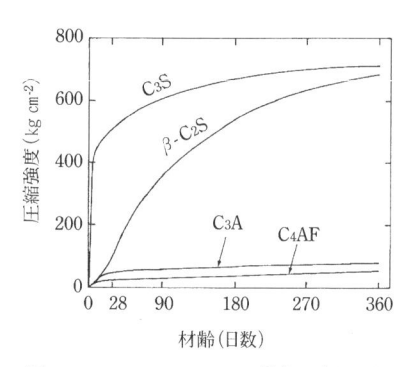

図5.2　セメントクリンカー鉱物の水和日数と強度変化

$3CaO \cdot 2SiO_2 \cdot 4H_2O$ という表示は成分数の割合を示したにすぎず,それぞれが独立に存在している混合物ではない.ここで,H_2O の記号に H を使うと,上の式は次のように書き換えられる.

$$2C_3S + 7H \longrightarrow C_3S_2H_4 + 3CH$$

短くて便利なので,セメント分野で使われている.Ca 量の半分をも,$Ca(OH)_2$ として遊離する.pH = 12.5 付近のアルカリ性になる.鉄筋防錆のために重要な存在である.

CaO 含有率が少ない β-C_2S の水和においては,当然 CH の生成量は少ない.

$$2\beta\text{-}C_2S \longrightarrow C_3S_2H_4 + CH$$

C_3A は,その初期水和速度が極端に大きいので,セッコウを加えて抑えるのである(先に示した水和率は 1 か月後の数字なので,セッコウの有無には左右されない).天然に存在するエトリンガイト(ettringite)という鉱物組成と同じ複塩が,次式のように生成する.

$$C_3A + 3(CaSO_4 \cdot 2H_2O) \longrightarrow C_3A \cdot 3CaSO_4 \cdot H_{32}$$

エトリンガイトは発熱反応で生成,針状結晶に成長する.これが C_3A 粒子を密集して覆い,反応を遅らせる.10〜15 分で誘導期の状況となる.その後,エトリンガイトは次の反応(発熱)を起こし,加速期の状態となる.

$$C_3A \cdot 3CaSO_4 \cdot H_{32} + 2C_3A \longrightarrow 3[C_3A \cdot CaSO_4 \cdot H_{12}]$$

この生成物は,便宜上モノサルフェート(monosulfate)といわれる.対比してエトリンガイトをトリサルフェート(trisulfate)という.セッコウが関与する点が,C_3S や β-C_2S の水和と異なる.セッコウがなくなると,必然的に C_3A の単独水和反応になる(次式).

$$C_3A \longrightarrow \text{アルミン酸カルシウム水和物(主に } C_3AH_6,\text{ ほかに C-A-H)}$$

単一の化学式で表せない場合には,C-A-H,C-S-H などと記す習慣がある.また,$Ca(OH)_2$ とは次式のように反応する.

$$C_3A + CH \longrightarrow C_4AH_{13}$$

C_4AF は 3 成分なので,反応は C_3A より複雑で遅い.C_4AF 中の F が増すほど水和は遅くなる.

$$C_4AF \longrightarrow \text{主に } C_3(A,F)H_6,\text{ ほかに } C_4(A,F)H_{13},\text{ C-A-F-H}$$

ここで (A, F) は,A の代わりに F が部分的に置き換わったことを意味する.F は A と同じ挙動をとるとみなしてよい.組成両端の C_3AH_6 と C_3FH_6 が生成す

ることは明確になっている．C_4AF もセッコウによって，初期の水和速度が抑えられる（生成物は $C_3(A, F) \cdot 3CaSO_4 \cdot H_{32}$）．

凝結メカニズムは，水分子が単に付加するというような単純なものではない（5.1.6 項参照）．話がやや重複するが，C_3S 粒子の水和を例に少し詳しく述べる．

水を加えると急激に発熱し，ごく薄いケイ酸カルシウム水和物が粒子を覆うように生成することはすでに述べた．コロイド状保護被膜であり，内部から Ca^{2+} が拡散によって出てくるので，組成は刻々と変化する．pH が 12 をこえる．最初の組成よりモル比 CaO/SiO_2 の大きい C-S-H ゲル被膜が形成される．過飽和の $Ca(OH)_2$ は自らの結晶核を水溶液中に形成する．時間の経過とともにゲル被膜中に C-S-H 結晶核が発生し，これが鱗片結晶に成長し粒子を覆う．以上の状況が誘導期に相当するのである．

鱗片結晶はしだいに柱状に伸び，隙間ができ，水やイオンはほとんど無抵抗に運動できるようになり，水和が急激に進行する．これが加速期である．厚い水和物層になり，この層内での拡散と反応が律速過程になる．減速期に入る．強度発現の初期に当たる．最終段階は，きわめて緩慢な拡散で，強度発現は長期にわたる．

水和物組織が互いに絡み合い，緻密な結晶集合体，すなわち，セメント硬化体となる．硬化体の組織は，$Ca(OH)_2$，C-S-H，モノサルフェート，C-A-H，C-A-F-H から構成されている．

5.1.5 種類と用途

a. ポルトランドセメント　平成 13 年（2001）現在，次の 6 種類のポルトランドセメントが JIS に制定されている（R 5210）．① 普通ポルトランドセメント（normal portland cement），② 早強ポルトランドセメント（high-early-strength portland cement），③ 超早強ポルトランドセメント（ultrahigh early-strength portland cement），④ 中庸熱ポルトランドセメント（moderate heat portland cement），⑤ 低熱ポルトランドセメント（low-heat portland cement），⑥ 耐硫酸塩ポルトランドセメント（sulfate-resisting portland cement）．

普通ポルトランドセメントは標準型であり，化学組成は質量％でおよそ，CaO：65，SiO_2：22，Al_2O_3：5，Fe_2O_3：3，MgO：1.5，SO_3：1.7，$Na_2O + K_2O$：若干，である．

硬化の速さや硬化体の性質は，4 つの構成物 C_3S，β-C_2S，C_3A，C_4AF の含

表5.3 ポルトランドセメントの組成と特徴

種類	鉱物の概略質量%				特徴,用途
	C_3S	$\beta\text{-}C_2S$	C_3A	C_4AF	
普通ポルトランドセメント	53	23	8	10	最も一般的,大型工事用,道路舗装
早強ポルトランドセメント	66	10	8	9	期間短縮,冬期工事用
超早強ポルトランドセメント	68	6	9	8	緊急工事用,寒中工事用
中庸熱ポルトランドセメント	45	31	5	12	低水和発熱,ダム,道路舗装
白色ポルトランドセメント	51	29	12	1	明るいコンクリート,カラーセメントに利用

ポルトランドセメントには,セッコウが3質量%ほど含まれている.

有量によって決まる.

表5.3に組成を示す.いずれも,C_3S と $\beta\text{-}C_2S$ の合計は74〜80質量%の範囲にある."普通"では,C_3S が約53質量%,$\beta\text{-}C_2S$ が約23%で,この2つの鉱物の含有率に注目して話を進める.

表5.3において,$\beta\text{-}C_2S$ の23のうちの13を,水和の速い C_3S に移すと,$\beta\text{-}C_2S$ は $23-13=10$,C_3S は $53+13=66$ となり,早強ポルトランドセメントの組成になる.早強とは,早期に高強度を発現するという意味である."普通"に比べ,材齢1日で3倍,3日で2倍の強度を示す.期間短縮の工事,冬期工事に適す.水和熱量が大きいので,大きなブロックをつくると,ひび割れを起こすことがある.

"超早強"は $\beta\text{-}C_2S$ をさらに減らし,C_3S を増やしたものである.C_3A は硬化が速いので,やや増やしてある.緊急工事,寒中工事に適す.

逆に,C_3S の53のうちの8を $\beta\text{-}C_2S$ に移すと,$\beta\text{-}C_2S$ は $23+8=31$ となり"中庸熱"の組成になる.発熱量の大きい C_3A を少なめにしてある.熱が中庸に出る程度なので,この名となった.道路舗装,ダム用に適している."普通"より水和熱量は小さい.

水和反応において,流動性の失われ始めを凝結の始発,流動性がなくなったときを終結という.終結と同時に硬化開始である.針の刺さり方で調べる.JIS R 5210において,始発は"早強"と"超早強"では45分以上,それ以外は60分以上,終結はいずれも10時間以下と定められている.ちなみに,凝結の始発は常温で,およそ,"超早強"で1,"早強"で2,"普通"で3,"中庸熱"は4時間である.

近年,コンクリートの低発熱,高強度の要望が大きくなり,低熱ポルトランドセメントが1997年JISに新設された."中庸熱"より $\beta\text{-}C_2S$ の含有割合を増や

したものである．種々のものがあるので表 5.3 には掲載していないが，JIS 品質規格値の要点を記すと，「β-C_2S は 40％以上，C_3A は 6％以下」となっている．C_3S の割合は必然的に少なくなる．

"耐硫酸塩"については，海洋開発に関連して注目され，抵抗性の弱い C_3A をできるだけ減らし（1％程度まで），抵抗性の強い C_4AF を 14～18％まで増やした組成になっている．海水には硫酸イオンが含まれており，これがコンクリート中の $Ca(OH)_2$ と反応してセッコウになり，次いでエトリンガイトになる．これの生成は体積膨張をともない，被害をもたらす．逆に，この膨張を利用し，セメント凝固の際の収縮を補償する膨張セメント（expansive cement）も開発されている．

C_3S 中の CaO の割合に注目し，$C/[C_3S]$ という比を $C/[C_2S+C]$ で考えてみると，C のわずかな増減で，C_3S と C_2S の存在比率が極端に変化することがわかる．原料調合には，岩石からくるイメージとは，はるかに異なる精密さが要求されているのである（演習問題 5.1 参照）．

b. 混合セメント　　性質改良，低価格化のため，普通ポルトランドセメントにスラグなどを加えたものを混合セメント（blended portland cement）という．混合材はいずれもシリカ-アルミナ系である．水和発熱量が小さいので，大型工事に適し，ダム，港湾，地下道・地下鉄工事に使われる．JIS では，含有量によって A，B，C 種に分類されている．

（1）高炉セメント：　製鉄所の高炉（3.3.1 項参照）から出てくる鉱滓（slag：スラグ）を高炉スラグといい，これを混合してつくったものを高炉セメント（portland blast-furnace slag cement）という（JIS R 5211）．

鉄鉱石には SiO_2 が約 7％，Al_2O_3 が約 2％含まれているので，高炉に石灰石を同時に加えて，Ca_2SiO_4 や $Ca_2Al_2SiO_7$ の溶融物として取り出すのである．主成分は CaO 約 45％，SiO_2 約 35％，Al_2O_3 約 15％である．

スラグ粒子は水に接すると，その表面が水和物となる．これが緻密な被膜であるため，反応は停止する．しかし，セメントに混ぜて使うと，$Ca(OH)_2$ がこの被膜を反応で破壊するため，水和が連続的に進む．この性質を潜在水硬性という．

強度は少し劣る．混入質量％が 5 をこえ 30 以下のものを A 種，30 をこえ 60 以下のものを B 種，60 をこえ 70 以下のものを C 種としている．

（2）シリカセメント：　ポゾランあるいはシリカ微粉末を加えたもので，JIS

(R 5212) における名称は，日本語はシリカセメント，英語は portland pozzolan cement である．

シリカ質火山灰とケイ酸白土（siliceous white clay）を総称して pozzolan という（5.1節末のコラム参照）．現在，片仮名の"ポゾラン"は日本語の専門用語になっている．ケイ酸白土の主成分は SiO_2 (66～93%) と Al_2O_3 (2～17%) である．ポゾランと $Ca(OH)_2$ との反応は上と同じで，ポゾラン反応（pozzolanic reaction）といわれる．生成物はC-S-Hが主体である．良質のポゾランを使用すれば，普通ポルトランドセメントとほぼ同じ強度をもつようになる．コンクリート中の $Ca(OH)_2$ が固定されるので，その分だけ耐水性は増加する．混入%は，$5 < A$ 種 ≤ 10，$10 < B$ 種 ≤ 20，$20 < C$ 種 ≤ 30．

(3) フライアッシュセメント： 火力発電所などの微粉炭燃焼からの灰が溶融し球状となったガラス質微粒子をフライアッシュという．SiO_2 の含有率は約55%，Al_2O_3 は約25%で，人工ポゾランとみなせばわかりやすい．フライアッシュセメント（portland fly-ash cement）（JIS R 5213）の水和反応はシリカセメントと同じである．混入%によるA，B，Cも同じである．

粒子が球状のためセメントペーストは流動性がよく，水の量を減らせるので硬化体の収縮は小さい．

外国ではシリカセメントもフライアッシュセメントも portland pozzolan cement にまとめられている．

c. 特殊セメント

(1) アルミナセメント： 海水や薬品に耐えうるセメントを目標に，アルミナセメント（alumina cement, aluminous cement）が開発された．石灰-アルミナ系である．ポルトランドセメントは石灰-シリカ系であった．

港湾，化学工場，その他に使われる．道路工事後，1日で自動車が通れる．寒冷期でも打設後の水和熱により温度を維持できる．打設とは，ペーストを型枠に流し込む作業のことをいう．ポルトランドセメント硬化体の材齢28日強度[*2]を1日で発揮するほどの驚異的速さであり，最高強度に3日で達する．

製造には非常に高い温度（～1700℃，溶融状態）を要するので，電気炉が使われる．また，これより低い温度の固相反応による焼成プロセスもある（回転炉

[*2] 施工してから28日後の強度のこと．コンクリートの圧縮強度は一般に打設後28日間にわたって高まり続け，それ以後はわずかに増えるだけである．セメントの試験基準の1つになっている．

使用).主成分は CA(アルミン酸カルシウム $CaAl_2O_4$)であり,C_5A_3,C_3A,CA_2,C_2AS,C_2S などが含まれている.Al_2O_3 が 40～56%,CaO 36～40%,SiO_2 は約 5% である.

水和物は CAH_{10}(20℃以下)と C_2AH_8(20～50℃)が主体である.アルミナゲルがセメント粒子を被覆するので,ポルトランドセメントより優れた耐侵食性を示す.しかし,$Ca(OH)_2$ が不足気味なので,鉄筋の防食(corrosion prevention)という点では及ばない.pH 4 以上に対する化学抵抗性は大きく,硫酸塩にも抵抗力がある.アルカリには侵食される.硬化体の耐熱性はポルトランドセメントより優れている.価格が高いので,需要は少ない.

(2) 白色セメント: 道路のコンクリートは一般に,C_4AF 中の鉄分によって灰色を呈している.トンネルや公園の仕上げには明るいコンクリートが適している.また,着色セメント(color cement)のベースになる白色セメント(white portland cement)も必要である.C_3S,β-C_2S,C_3A が構成物で,その組成を表 5.3 に示してある.着色剤は,アルカリに安定かつ耐候性のあるものに限られ,無機顔料となる.緑は酸化クロム(Cr_2O_3),赤褐色はベンガラ(Fe_2O_3),黒はカーボンブラック,などである.

(3) その他: 超速硬セメント,膨張セメント,油井セメント,地熱発電用セメントなどがあるが,紙幅がないので省略する.

5.1.6 コンクリート

セメントに水を加え練ったものをセメントペースト(cement paste),これに砂を混ぜたものをモルタル(mortar)といい,これらが固まったもの,および砂と砂利(小石)を混ぜ固まったものをコンクリート(concrete)という.

セメントに加える砂や砂利を骨材という.砂は小さいので細骨材(fine aggregate),砂利や砕石は大きいので粗骨材(coarse aggregate)という.これらは,凝結による体積収縮をそれ相応の分だけ防ぐので,経済的理由だけからの単なる増量材と考えるのは適切ではない.

わが国は川砂利が少なくなってきたので,砕石が使われるようになった.砂や砂利は長年にわたって水に洗われ,溶解しやすい成分は溶け去り,弱い部分は削り取られており,最高級の材料である.

混合割合は,セメント:砂:砂利 = 1:2:4～1:3:6(重量比)である.

セメントに加える水の割合「(水/セメント) 重量比」を水セメント比 (water-cement ratio) という. 普通ポルトランドセメントの完全水和に必要な比は約 0.4 である. この 0.4 のうちの 0.25 が水酸化物になり, 残りの 0.15 は微細粒子間に存在し, 粒子相互の分子間力による結合に寄与する.

コンクリートの強度を支配する最大の要素は, 水セメント比である. この比が大きいと気孔率が高くなり, 圧縮強度は低下する.

コンクリートは圧縮力に強いが, 引張り力に弱いので, 鉄骨を入れる. これが鉄筋コンクリート (reinforced concrete) である. 鉄筋中の微量成分については JIS G 3112「鉄筋コンクリート用棒鋼」に規定されており, たとえば棒鋼 (SD295B) の場合, $C \leq 0.27\%$, $Si \leq 0.55\%$, $Mn \leq 1.50\%$, $P \leq 0.040\%$, $S \leq 0.040\%$ で, これによると純鉄でもよいことになる. コンクリートは骨材や鉄筋 (reinforcement) とよく接着するので, 高い強度の建築材料になりうるのである.

5.1.7 鉄筋コンクリート内での化学反応：崩壊のプロセス

ありうべからざる現実がおおっている. 平成 11 年 (1999) 6 月 27 日, JR 山陽新幹線・福岡トンネル内において, 時速 220 km で走行中の列車が, コンクリート塊の直撃を受けた (各新聞). 崩落事故は以前にも報道されてはいたのであるが, この事故が最も大きく, これを契機に"山陽"のみならず, すべての新幹線トンネルの総点検がなされるに至った.

開通したのは, 昭和 47 年 (1972) 新大阪-岡山間および昭和 50 年博多まで, であるから, わずか 24 年で崩壊の憂き目にあっている.

実は昭和 58 年に, ひび割れが"山陽"の各所に見出され, その 5 年後に専門家の間で, 劣化はアルカリ骨材反応によるものであることが指摘されていた. 大正時代のコンクリート建造物[*3] が, いまだに健在であることを思えば, 現代の技術ははるかに劣ることになる. 慄然たる実体である.

崩落の原因は, 化学と土木建築の問題に分けられる. 本書は工業化学の立場から記述することにあるので, 前者について述べる.

a. アルカリ骨材反応　セメントには粘土から入るアルカリ分 (Na_2O, K_2O)

[*3] わが国の工業の推進をめざして, 大正 9 年 (1920) に完成した日本工業倶楽部部会館 (東京・丸の内) がある. 大正を象徴するルネサンス様式の 5 階建で, 国の登録文化財に指定されている. 関東大震災 (大正 12 年) にも耐えた.

が含まれている．コンクリートに存在する毛細管空隙に水酸化アルカリ水溶液が生成し，これと砂・砂利・砕石といった骨材との反応をアルカリ骨材反応（alkali - aggregate reaction）という．

この名の反応は2001年現在，3種類に分けられている．世界的にみてアルカリシリカ反応（alkali - silica reaction）が大部分であり，かつ，わが国ではこの反応だけが問題になっているので，これについて述べる．なお，ほかはアルカリシリケート反応とアルカリ炭酸塩岩反応である．

セメントに不必要に加えられた水が，脱出する際に毛細管空隙をつくる．これが逆に外部からの進入経路となり，空気中の水分はもちろんのこと，すべての気体が出入り可能となる．

セメントペーストを圧送ポンプとホースを使って送り込むポンプ打設方式において，ホース内壁との抵抗を小さくするためには，水を多めに使えばよい．このことは誰でもわかることであり，現にそのようにしたという多くの報告がある．結果，コンクリートが多孔質化した．

空気中の水分が隙間に侵入する．アルカリが細孔内にしみ出てきてアルカリ水溶液ができ，骨材と反応を起こし，膨張，脆化が起こる．水酸化アルカリ濃度は毛細管中で異常といえるほど高いことが，化学分析からわかっている．

骨材中のシリカの表面は水分によって，Si - O - Hとなっており，これは弱酸性を示すので，NaOHが存在するとSi - O - Naとなる．アルカリ分が少ない場合はこのままであり特に問題はない．ところが，濃度が高くなると，[Si - O - Si]の結合が[Si - O - Na, Na - O - Si]に切断され（5.2節参照），強度を低下させる．やがてアルカリシリケートゲルが形成され，吸水して膨張し，ひび割れを生じさせる．また，ゲルがしみ出て，大気に触れて白色粉末になる．

省エネルギーを目的として，サスペンションプレヒーター（SP）が考案・開発されたのであるが，この方式は，SPを使わない旧式のセメント製造法に比べ，アルカリ分が除去されにくいといわれている．いったん昇華したアルカリ分がSPで捕獲されるためとされる．

アルカリを含まない粘土を選ぶのが最良であるが，天然資源ゆえに限界がある．JIS A 5308（1998年）の附属書に，"コンクリートのアルカリ総量の規制について"が記載されている．

アルカリシリカ反応を促進する要因をまとめると，① 限度以上のアルカリ含

有量，② 過剰の水による多孔質化，③ 反応性シリカ含有骨材の使用，などである．

b. 塩　害　　潮風に乗ってきた塩分による被害のことを塩害（chloride-induced corrosion, salt pollution）といっていた．しかし最近では，コンクリートにはじめから入っている塩分による被害をも含めるようになった．

年間を通じて比較的穏やかな太平洋側平野部について，大気中における塩分量の統計がある．海岸線から 250 m 内陸で塩分量は海岸線の約 1/10，1 km のところで約 1/40 となっている．

コンクリート表面に到達した塩分は，フィックの拡散方程式にほぼ従って侵入することが，実験でわかっている．ひび割れがある場合には，電解質が高速で通過し，四方八方の毛細管通路に浸透する．やがてターゲット鉄筋に達する．電気化学反応の開始となる（第 2 章参照）．

コンクリートが多孔質の場合，細かい錆は細孔に圧迫侵入し，膨張圧を緩和するので，とりあえずは劣化現象は外観に現れない．異常がわからないので，むしろ恐怖といえる．

山陽新幹線には海塩を含んだままの砂が使われたといわれている．さらに不幸なことに，Cl^- が C_3A と反応し，フリーデル（氏）塩(Friedel（氏）塩：$3CaO \cdot Al_2O_3 \cdot CaCl_2 \cdot 12H_2O$）として固定され[*4]，残された Na^+ がアルカリ骨材反応を引き起こすことである．フリーデル塩はモノサルフェートの $CaSO_4$ が $CaCl_2$ で置き換わった組成になっている（5.1.4 項参照）．

昭和 38 年（1963）ごろから海砂が採取され，昭和 40 年代初期から増加した．中国・四国・九州・沖縄で大量に使用されるようになり，昭和 40 年代半ばになると，これらの地域では，実に砂の 80% 以上を海砂が占めた，といわれる．川砂が少ない地理的背景をそのまま反映した．海砂を十分に洗浄して用いるべきであった．

北海道・東北・北陸・関東・中部・近畿地方とは対照的である．東京オリンピック開催（昭和 39 年）に合わせて開通した東海道新幹線には使われていない．

のちに，「砂利採取法」が制定された（昭和 43 年）．昭和 61 年（1986）に建設省（当時）の塩化物総量規制がなされ，同年 JIS A 5308 が改訂された．

[*4] 一般形 $3CaO \cdot Al_2O_3 \cdot CaX \cdot 12H_2O$ がある．CaX には $CaSO_4$，$CaCl_2$ のほかに $Ca(OH)_2$，$Ca(NO_3)_2$，$CaCO_3$ などがある．

c. コンクリートの中性化

破壊の原因に中性化 (neutralization) がある．コンクリートは塩基性であるから，空気中の炭酸ガス（二酸化炭素）によって表面は中性化する．コンクリート自体が化学的に安定な材料ではないということである．

毛細管空隙が存在すると炭酸ガスが侵入し，内部まで炭酸化 (carbonation) をもたらす．酸素も通る．次の反応が起こる．

$$Ca(OH)_2 + CO_2 \longrightarrow CaCO_3 + H_2O$$

および

$$[3CaO \cdot 2SiO_2 \cdot 3H_2O] + 3CO_2 \longrightarrow 3CaCO_3 + 2SiO_2 + 3H_2O$$

生成系に $CaCO_3$ と SiO_2 が現れ，コンクリートが部分的とはいえ原料の組成に戻っている．

$Ca(OH)_2$ の pH は 12.5 であり，$CaCO_3$ の湿潤状態の pH は 10 である．この炭酸化は部分部分というか，局部的なので，コンクリート建造物への力学的ダメージはさほど大きくはなく，むしろ防錆能力が失われて鉄筋腐食を引き起こすことが重大である．pH が 11 以上で鉄は不動態化し，酸素が侵入しても腐食は進まないのであるが（第 2 章参照），炭酸化によって pH が下がり，鉄筋の保護被膜が破れ腐食が始まる．錆の体積は鉄の 2.2〜2.5 倍にも達し，コンクリートを押し拡げ，やがて剥離崩落に至らしめる．

------- ポルトランドセメント名の由来 -------

イタリア・ポンペイに近い，ナポリにより近いポッツオリ (Pozzuoli) という町に，火山岩の風化したポゾラナ (pozzolana) という灰状のものが産出していた．これを生石灰に混ぜて使っていた（B.C.150 年ごろ）．性能がよくポゾランセメントといわれた（5.1.5 項参照）．

イギリス産業革命のさなかの 1756 年になって，粘土質を含む石灰石を焼いたものが出現した．イギリスの土木技師が「粘土を含む石灰石」，「純度 100% 近い石灰石」，「火山灰」を組み合わせて研究した結果，性能のよいものが得られた．これが近代セメントのもとになった．

さらに 1824 年，同国の別の技師が強度の高い硬化体に改良した．着眼点は，ある割合で粘土を加えることであり，石灰石を可能な限り分解することにあった[*]．昔から建築用に使われていたイギリス・ポルトランド島の石に，外観や強度が似ていたので，ポルトランドセメントと名づけられた．

[*] 1100℃台までとみなされており，C_2S は生成するが，強度大の C_3S は全く生成していなかったとされる（表 5.1 参照）．

CO_2 のみならず NO_x, SO_2 ガス, および酸性雨による劣化もある. そのため, はじめのころの"炭酸化"が,"中性化"という言葉に変わりつつある.

d. その他の反応による劣化　酸はコンクリートを可溶性の化合物に変える. 塩酸, 硝酸などを扱う工場では当然, これを考慮しているはずである.

温度に対しては, 100℃以下で一時的なら安定であるが, この温度をこえると, 毛細管空隙部の H_2O が気化し始める. 200℃前後から結合水の脱出が始まり, 250℃付近から引き続く脱水反応により, 骨材との接合面に微細なひび割れが生じ, 強度が下がってくる. $Ca(OH)_2 \rightarrow CaO + H_2O$ は 480℃付近から開始することが, 示差熱重量分析からわかっている. 火災を受けたコンクリートについては, 熱分解による力学的強度低下の度合いをよく調べ, 十分な対処が必要である.

〈5.1.7 項における引用文献〉

　　植木慎二：コンクリート神話の崩壊, 第三書館, 1991.
　　小林一輔・丸　章夫・立松英信：アルカリ骨材反応の診断, 森北出版, 1991.
　　田村　博：アルカリ骨材反応, コンクリート構造物の耐久性シリーズ, 技報堂出版, 1986.
　　喜多達夫：中性化, コンクリート構造物の耐久性シリーズ, 技報堂出版, 1986.
　　大即信明・樫野紀元ほか：塩害Ⅰ, Ⅱ, コンクリート構造物の耐久性シリーズ, 技報堂出版, 1986.
　　水上国男：化学的腐食, コンクリート構造物の耐久性シリーズ, 技報堂出版, 1986.

5.2　ガ ラ ス

色彩や形をかえて, ガラスはいろいろな姿をみせている. 窓ガラス・蛍光灯・ステンドグラス, さらにヘッドライト・信号機ありで, ガラスはいかに豊かさを与えているかがわかる.

本節では, ガラスの構造と分子設計, 製造法, 目的別化学組成などについて述べる.

5.2.1　ガラス状態

碁盤の目と散らばった碁石, 規則性と不規則性, 結晶とガラス, これらの対語からガラスの本質が浮き上がってくる.

原子・分子が不規則配列にあって, ガラス転移温度（後述）を有し, この温度以下にあるものをガラスという. この状態を"ガラス状態 (glassy state)"とい

う．一定の配列をもたないので，無定形物質（amorphous, amorphous substance）といい，非結晶体・非晶質体（noncrystalline substance, amorphous substance）ともいわれる．片仮名のアモルファスも専門用語として認められている．

微細構造はX線回折からわかる．結晶は，その原子・分子配列が長距離範囲にわたって規則性をもつので，回折ピークはそそり立つ峰となる．ガラスの場合には回折面がはっきりしないので，ピークが現れず，たとえ現れたとしても，平原のなだらかな小山といったふうである．ガラスの分子配列は無秩序であることが，このことからわかるのである．

液体は等方性（isotropy）で，つまりどの方向も等しい性質をもつ．このことを，方向性がない，という．ガラスは等方性固体で，周期的な規則性はない．つまり，長距離秩序（long range order）は存在しない．構造単位の数密度はどの方向でも統計的に変わらない．ただし，最近接原子間距離や Si‐O‐Si の結合角度に制約があるので，局所的な短距離秩序（short range order）は存在すると考えた方が自然である．原子間・分子間距離の動径分布を調べれば，不規則配列の規模がわかる．

結晶の場合は格子面によって密度が異なるので，屈折率といったバルク（bulk）に関する性質は方向で異なる．異方性（anisotropy）がある，という．

結晶とガラスの両状態をとれる化合物に，二酸化ケイ素（silicon dioxide）SiO_2 がある．これは結晶化すると体積が収縮する．この様子を図5.3に示す．

一方，高速度で SiO_2 融液を冷却した場合，融点 T_m で結晶化せずに液体のま

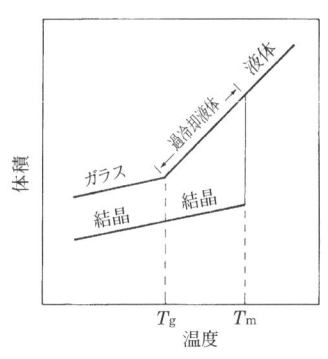

図 5.3　ガラスと結晶の温度による体積変化
T_g：ガラス転移点，T_m：融点．

ま温度が下がる．粘度が増加するので，ますます分子が配列しにくくなり，同一収縮率で図中のT_gに至る．このT_gをガラス転移温度（glass transition temperature），ガラス転移点（glass transition point）という．

$T_m \sim T_g$間では過冷却状態にあり，過冷却液体（supercooled liquid）という．この状態の分子は自らの位置を，液体であるから当然，変えることができる．

粘度の高い液体は，即座には整然とした配列になれないので，過冷却状態になりやすい．低分子は運動能力が高いので，すみやかに結晶配列へ移行する．外部因子の冷却速度と内部因子である分子運動能力との兼ね合いで決まる．

T_g以下の温度では，分子振動しているだけである．T_gで潜熱は発生しない．膨張率も比熱も，T_g以上よりT_g以下は小さい．ガラスを加熱していくと，図5.3において同じ道を通って液体に至る．なお，ガラス全般に対し，経験的に$T_g/T_m \fallingdotseq 2/3$（絶対温度）が成り立つ．$SiO_2$に関するデータに，たとえば$T_g = 1463$ K，$T_m = 1996$ K，$T_g/T_m = 0.73$がある*．

*作花済夫，境野照雄，高橋克明編：ガラスハンドブック，朝倉書店，1981, p.868.

固体とはどういうことなのか，ということについて種々の表現があるであろうが，微視的にみた場合，分子・原子が近距離で強い力を及ぼし合い，相互の位置関係が固定された状態のこと，といえるであろう．ガラスは，液体の構造をもった固体であるといえる．

鎖状分子の液体状態とは，長い糸，短い糸がランダムにもつれ合い，それぞれが分子運動している状態を想定すればよく，そのような状態であるがゆえに，T_g値は冷却速度によって異なる．T_g（冷却速度小）＜T_g（中）＜T_g（大）となる．緩和現象を思い起こせば容易にわかる．これを図5.4に示す．

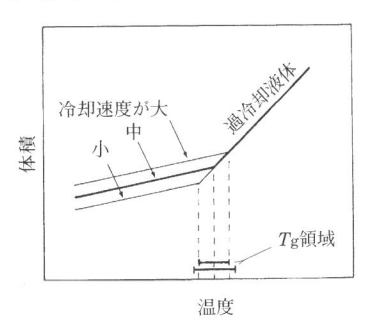

図5.4 冷却速度の違いによるガラス転移点の移動
 T_g：ガラス転移温度．

T_g に温度幅が現れたことになるので,点ではなく線,つまりガラス転移温度領域(T_g 領域）という用語が使われる．冷却速度に依存する熱履歴を認識せざるをえず,これが製造法に影響を及ぼしてくるのである．

5.2.2 ケイ酸イオン

ケイ酸ナトリウム水溶液($Na_2SiO_3)_n$ に塩酸を加えると,$SiO_2 \cdot xH_2O$ というケイ酸ゲルが生成する．H_4SiO_4 は生成しない．濃度が高いと寒天状になり,110℃に保つとシリカゲルになる．

H_4SiO_4 から $2H_2O$ をとると SiO_2 になるので,二酸化ケイ素は無水ケイ酸(silicic acid anhydride) といわれる．

オルトケイ酸イオン（orthosilicate ion) $[SiO_4]^{4-}$ の各原子の配置を図5.5 に示す．ortho とは「正,直」を表す結合辞である．

この図の (a) は原子の位置関係を示したもので,立方体の中心に Si が,O どうしは対角にある．同じ配置を結合の手で示すと,(b) となる．Si^{4+} には4個の等価な O^{2-} が結合している．sp^3 混成軌道を形成し,O‐Si‐O の結合角度は109°28′ である．

酸素どうしを直線でつなぐと正四面体 (c) となり,これの真上からの投影図は (d) であり,(b) の投影図は (e) であり,(e) を簡略化したものが (f) である．(f) においては酸素1個が省略されており,正しい表示になっていないが,多くの書籍に使われており,この方が見やすい場合もあるので掲載した．

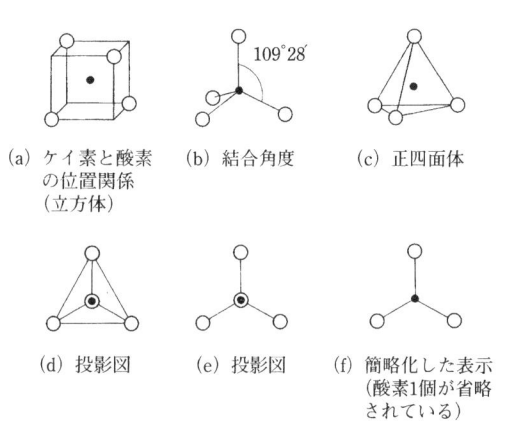

(a) ケイ素と酸素の位置関係（立方体）　(b) 結合角度　(c) 正四面体

(d) 投影図　(e) 投影図　(f) 簡略化した表示（酸素1個が省略されている）

図 5.5 オルトケイ酸イオン $[SiO_4]^{4-}$ の構造
●：ケイ素，○：酸素．

(b) の結合角度および Si‐O 結合距離は，結晶でもアモルファスでも同じである．$[SiO_4]^{4-}$ 四面体が基本構造単位となる．

各種のケイ酸イオンの構造を図 5.6 に示す．

図 5.6 (a) は二量体 $[Si_2O_7]^{6-}$ で，二ケイ酸イオン (disilicate ion)（慣用名はピロケイ酸イオン：pyrosilicate ion）という．中央の酸素は左右の Si に共有されており，架橋酸素 (bridging oxygen) といわれる．

鎖状ケイ酸イオンを (b) に示す．$[SiO_3]_n^{2n-}$ である．(c) に環状三量体 $[Si_3O_9]^{6-}$ を，(d) に環状六量体 $[Si_6O_{18}]^{12-}$ を示す．三員環 (three‐membered

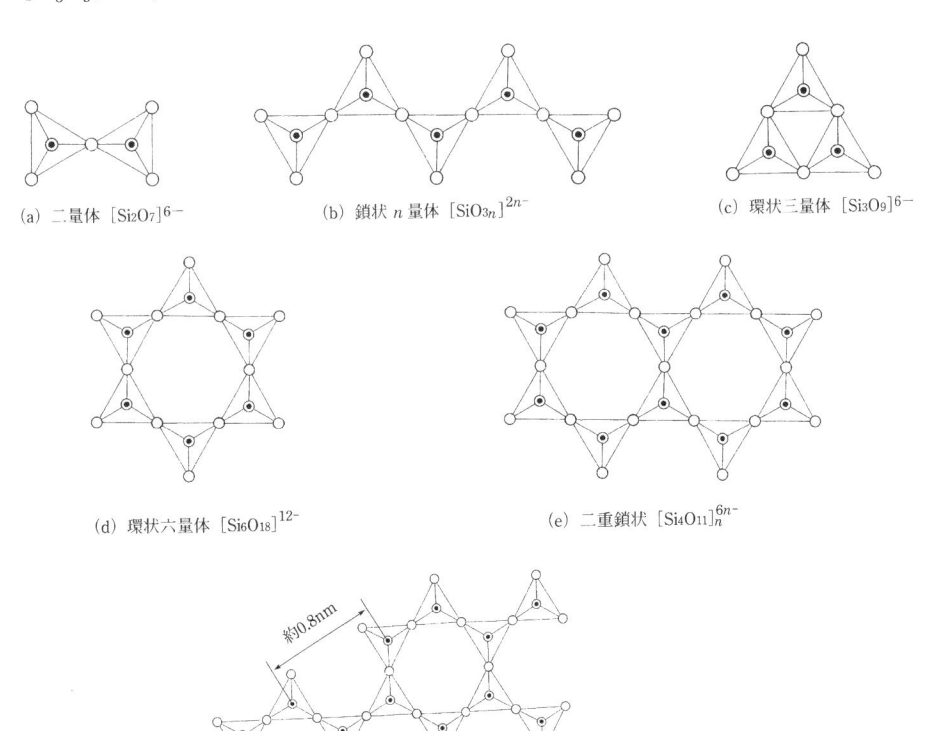

(a) 二量体 $[Si_2O_7]^{6-}$

(b) 鎖状 n 量体 $[SiO_{3n}]^{2n-}$

(c) 環状三量体 $[Si_3O_9]^{6-}$

(d) 環状六量体 $[Si_6O_{18}]^{12-}$

(e) 二重鎖状 $[Si_4O_{11}]_n^{6n-}$

約0.8 nm

(f) 二次元シート $[Si_2O_5]_n^{2n-}$

図 5.6　各種ケイ酸イオンの構造
●：ケイ素，○：酸素．

ring),六員環ともいう.

六員環に$[Si_4O_{11}]^{6-}$を横に連ねると (e) $[Si_4O_{11}]_n^{6n-}$ となる.(b) は単鎖状構造であり,(e) は二重鎖状構造である(帯状と表現する場合もある).縦横に連ねていくと,(f) のように二次元シート状になる.このシートの上下に1枚ずつ重ねると三層構造となる.層状ケイ酸イオン(layer silicate ion)ができる.次々に重ねると結局,巨大網状の立体ケイ酸イオンになる.

最上面の末端 Si‐O‐は,たとえば,H_2O が存在していれば水和して Si‐O‐H となっている.

Si:O = 1:2 ちょうどの組成を保つためには,四面体の4つの頂点の O^{2-} すべてが互いに他の四面体に共有されていなければならず,必然的に無限大三次元ネットワーク(infinite three‐dimensional network)を形成することになる.

5.2.3 ガラスの構造

無限大二次元シートを鳥瞰すると,図 5.7 (a) に示す整然とした風景が一望できる.結晶配列である.四面体を黒丸1個で表してある.

ガラスの配列は,図 5.7 (b) に示すように不規則である.

不規則配列の中に,規則配列がところどころに存在するという構造があり,これは微結晶モデル(crystallite model),結晶子モデルといわれている.(a) と (b) がランダムに混ざった構造である.X線回折図におけるなだらかな小山の出現が,このモデル主張の根拠になっている.

四面体どうしは頂点の酸素だけが共有されているので,図 5.8 に示すように,Si‐O‐Si の結合角度 θ を種々とることができる.四面体の稜や面が共有されていたとすれば,ガラス状態は存在しなかったにちがいない.測定結果は $\theta = 130$

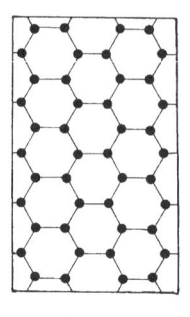

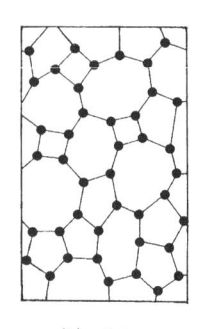

(a) 結晶　　　　(b) ガラス

図 5.7 SiO_2 の無限大二次元ネットワーク
四面体を黒丸1個で表す.

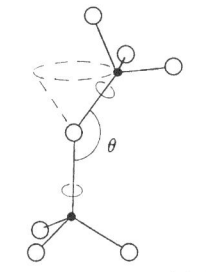

図 5.8 Si‐O‐Si の結合角度
●：ケイ素，○：酸素．

～180°であった．中でも，143°，144°が最も多かった．並び方に影響する要素は Si‐O‐Si の角度だけである．

SiO_2 は粘度が高く加工しにくい．そこで酸化ナトリウムで網目を切断する（次式）．

$$-Si-O-Si- + Na_2O \longrightarrow -Si-O^- \quad Na^+ \quad 切断 \quad Na^+ \quad O^--Si-$$

切れ目の O 原子は非架橋酸素（non‐bridging oxygen）といわれる．近くに Na^+ が存在し，電気的中性が保たれている．ランダムに切断され，Na_2O の添加量によって，自由に調節できる．石英ガラスのモル比 O/Si は 2，Na_2O を導入した分だけ O が増えるので，O/Si ＞ 2 となる．Na_2O と CaO を加えたものをソーダ石灰ガラスという．図 5.9 に模型を示す．

アルカリ分を大幅に増やした Na_2SiO_3 では，図 5.6 (b) に示した理論的に無限大の鎖状が可能である．1本の鎖の末端どうしがつながれば，大環状，さらに

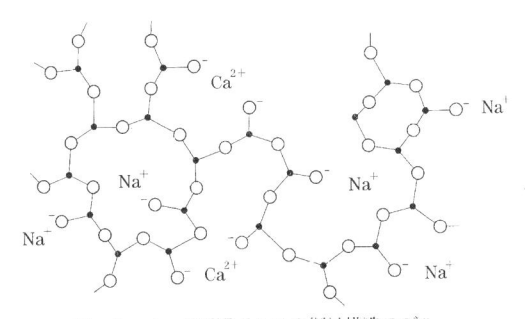

図 5.9 ソーダ石灰ガラスの網目構造モデル

Na^+，Ca^{2+} により，網目が切断されている．●：ケイ素（黒丸の真上の○は省略してあるが，これを介して三次元的につながっている），○：酸素．

中，小，種々の環状体となる．これの水溶液は水ガラスとして知られる．

Na_2O の量が多いほど鎖が短くなり，水に溶けやすくなる．短くなりすぎると，ガラスとして存在できず，結晶化する．最終段階のものは Na_4SiO_4 であり，モル比 O/Si は 4 となる．

W. H. Zachariasen は，ガラスは，network former と network modifier の 2 種類から組織が構成されるというガラス構造説を 1932 年に発表した．不規則網目構造説（random network theory）である．現在でも基本的に正しいとされている．

network former は日本語で網目構成体，網目構造形成成分（さらに，形成体，形成物）と訳されている．SiO_2, B_2O_3 がこれに相当し，網目形成酸化物（network forming oxide）といわれる．

network modifier は網目修飾体，網目構造修飾成分と訳されている．アルカリ金属酸化物 Na_2O, K_2O, Li_2O やアルカリ土類金属酸化物 CaO, MgO, BaO がその成分となる．網目修飾酸化物（network modifying oxide）という．

これらの中間的な性質をもつものに Al_2O_3, ZnO, PbO などがある．単独でガラス化することはない．中間酸化物（intermediate oxide）といわれる．

網目形成体になるための経験則がある．(1) 陽イオンの価数が 3 または 4 で，(2) 陽イオンは小さいほどよく，(3) 電気陰性度は 1.5～2.1 の範囲にあるこ

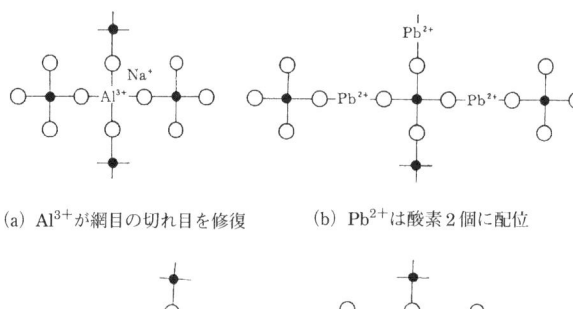

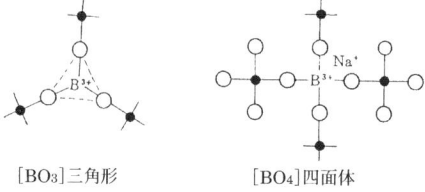

(a) Al^{3+} が網目の切れ目を修復　　(b) Pb^{2+} は酸素 2 個に配位

[BO_3]三角形　　　　[BO_4]四面体

(c) B_2O_3 の 2 種類の結合状態

図 5.10 SiO_2 ガラス中での Al_2O_3, PbO, B_2O_3 の架橋結合
●：ケイ素，○：酸素．

と，である．厳密ではないが，目安になる．ガラスにとって重要な元素の，ポーリング（Pauling）の電気陰性度は，K = 0.8，Na = 0.9，Ca = 1.0，Al = 1.5，Zn = 1.6，Pb = 1.8，Si = 1.8，B = 2.0 となっている．

Al^{3+} は SiO_2 網目（ネットワーク）に入ると，Si は4価で Al は3価であるから，電気的中性を保つために，1価の金属イオンを引き寄せ，$[AlO_4]$ 四面体となって網目形成成分となる．結合の仕方を図 5.10（a）に示す．Al_2O_3 の添加は，末端 Si‐ONa の酸素を架橋酸素に変える．切れ目を修復するので粘度は上がる．

PbO は，図 5.10（b）のように，SiO_2 ネットワーク中で1次元的につながる．結合の形から，軟化温度と粘度の低下が予測され，現実にそのようになる．

B_2O_3 は本来，図 5.10（c）に示すように，$[BO_3]$ 三角形の構造単位をとる．しかし，末端 Si‐ONa が存在すると，Al_2O_3 と同じように Na^+ を組み入れ，$[BO_4]$ 四面体になり，切れ目を閉じる．なお，ホウ酸ガラスは，（c）における三角形だけを連ねた構造である．

5.2.4 製造法

製造量は板ガラスが特に多く，かなり下がって，びん，食器の順になっている．工程は，原料調合と反応，溶融と清澄，成形，徐冷である．

a. 原料と反応　原料には，主原料と副原料がある．

主原料には，ガラス網目形成成分と網目修飾成分とがある．

網目形成成分 SiO_2 の原料は天然のケイ石，同 B_2O_3 はホウ酸（H_3BO_3），ホウ砂（borax）（$Na_2B_4O_7 \cdot 10H_2O$）である．Al_2O_3，PbO も主原料に含められる．修飾成分 Na_2O の原料はソーダ灰（soda ash：工業用炭酸ナトリウム），同 K_2O は炭酸カリウム，CaO は石灰石，MgO は炭酸マグネシウム，ドロマイト（dolomite）（$CaMg(CO_3)_2$；$CaCO_3 \cdot MgCO_3$ とも書く）である．ケイ石にソーダ灰と石灰石を加え，加熱すると反応が起こり，無色透明の液体が得られる．これがソーダ石灰ガラスである．

副原料は補助的なもので，添加量は少ない．たとえば，Na_2CO_3 の一部を $NaNO_3$ で置き換え溶解を促進させるといったものがある．$NaNO_3$ は作業性を上げる素材としての副原料であり，溶解促進剤といわれる．溶融物の清澄を速める清澄剤というものもある．清澄とは，発生した CO_2 の微粒気泡による白濁状態を透明にするという意味である．この目的の化学薬品を融体に加えると，たとえば酸素ガスが発生し，微粒気泡および溶けている CO_2 を集めて脱出するという

原理による．カレット（cullet）も副原料で，これは組成が同じか近いガラスのかけらのことで（必要な部分を選び取ったあとの残りのガラス），主原料の 15～30%程度を混ぜて原料溶融を助ける．組成の補正が必要になる場合がある．ほかに着色剤があり，赤紫は MnO，黄は CdS，青は CoO などである．

b. 溶融と清澄　るつぼ窯を用いたバッチ（batch）方式とタンク窯の連続方式がある．

バッチ方式は古典的方法で，断続方式ともいわれ，小規模生産向きである．100kg から大きめでも 2000kg 程度，熟練者による手作業の方式である．光学ガラス分野では，高純度を保つため，白金るつぼが使われる．

タンク窯は耐火れんが製であり，溶融部と清澄部に仕切られている．この仕切の下部に設けられたスロート（throat：狭い通路）と称するトンネルを通り抜け清澄室に入る．ここで泡抜きが行われる．およそ 1600℃である．

溶融部の規模は板ガラス用では大きく，びんガラス用ではどちらかといえば小さい．幅 3～10 m，長さ 5～50 m の範囲で，深さ 1.5 m 程度である．面積が大きいと熱損失が大きく，規模が小さいと泡がなかなか抜けず能率的でない．タンク内の温度は場所によって異なり，1200～1600℃の範囲にある．10時間～数日間は滞留させる．溶融部中央付近は温度が高いので，周囲のやや低い温度の融体がまわりから下へもぐり込み，中央付近はゆるやかな上昇気流のように上がる．対流で均質化が進む．

1000℃でも溶融しているのであるが，反応，拡散，泡の除去などをすみやかに進めるために，より高い温度で行うのである．原料投入量と流出量は定常状態になっている．

溶融のための熱源は重油や気体燃料であり，これらの炎を融体表面に上方からはわせる方式で行われている．近年では，溶融ガラス自体に通電し，ジュール熱を発生させる電気溶融法が増加している．

c. 成形工程　形で分類すると，板，びん，食器，管球，理化学装置器具，繊維，光学ガラス，工芸ガラスとなる．

バッチ方式として，古くから宙吹き法というものがある．手作業である．長さ 1.0～1.5m の吹き竿鉄管の先端に溶融ガラスを巻き取り，空中で空気を吹き込む方法である．型の中に吹き込む型吹き法，型押し法，鋳造法などがある．宙吹き法以外は同じ形のものをつくれる．

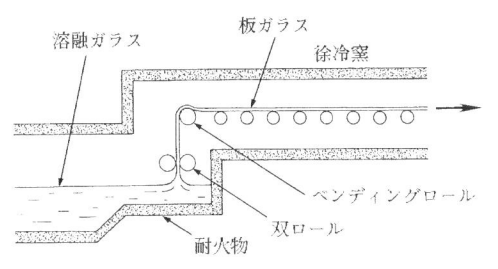

図 5.11 コルバーン式板ガラス成形法の原理図

単純な形の製品を大量に生産するためには,連続方式が有効である.

(1) 板ガラスの成形: 注目すべき3方法の要点を記す.

E.Fourcault が開発した① フルコール法（Fourcault process）(1913年),これは垂直引上げ法ともいわれる.溶融ガラスにデビトーズ (debiteuse: 細長い耐火材で,長さ方向中央に細長く隙間を設けてある) を浮かばせ,これを下へ少し押し込むと,隙間から溶融ガラスが上方に盛り上がってくるので,これを双ロールに挟み引き上げ,そのまま多数の双ロールで垂直に徐冷窯まで送り込む.上部室で切断,収納する.ロールに模様を刻んでおけば模様入りガラスが得られる.

図 5.11 に I. W. Colburn が開発した② コルバーン法（Colburn process）(1916年) の原理図を示す.垂直方向に 1m ほど双ロールで引き上げ,すぐベンディングロールで水平方向に曲げ,徐冷窯へ送る方法である.

これらの2方法とも,ガラス板の両脇は力学的作用を受け,対流・熱風の影響を受けるので,ガラス表面は平滑ではない.研磨工程が必要となる.

板ガラスの平滑度を向上させる目的で開発された③ フロート法(Float process)(1959年) がある.生産量は最も多い.ガラスにぬれない静止した溶融金属面の上に融体を流し連続的に移動させる.比重が大で低融点という理由で,スズが選ばれた.スズの温度は約 600℃で,酸化防止のために還元性ガス（N_2 に少量の H_2 を混ぜたもの）を通じてある.板ガラスの厚さは,溶融ガラスと溶融スズの表面張力のつり合いならびにガラスの流入速度によって,0.5～20 mm の範囲内で自在に調節できる.結果,研磨工程面に匹敵するほどの平滑度であった.エネルギー大量消費の研磨工程を不要にした画期的な方法である.

(2) びんの成形: 溶融ガラスの塊を型枠に自動的に押し込み（press）,空気を吹き込み（blow）,成形する.これをプレスアンドブロー（press-and-blow）方式という.また,型枠内に高圧空気で押し込み,逆方向から空気を吹き込み,

びんの形にふくらませるブローアンドブロー（blow-and-blow）方式もある．これらはびん製法の代表といえる．皿やコップその他の容器の成形もこれらに準じて行われている．

(3) ガラス繊維の製法： ガラスは高い粘性を有しているので，繊維状にできる．

長繊維（グラスファイバー：glass fiber）と短繊維（グラスウール：glass wool）がある．

繊維は比表面積が大きいので，それだけ侵食を受けやすい．それゆえ，無アルカリガラスが望ましい．長繊維には，多くの組成がある．わかりやすい組成1種類を示すにとどめる．すなわち，SiO_2：$[Al_2O_3+B_2O_3]$：CaO ＝質量比 56：22：22（アルミノホウケイ酸系）．これは無アルカリなので，電気抵抗は高い．

① 長繊維の製法：白金るつぼの底のノズル（細孔）から出る融体を高速度で連続的に引っ張り繊維状にし，回転ドラムに巻き取る．通常は数百本の繊維（直径 5～15μm）を撚って1本に集束する．長繊維は紡織用が主体で，電線被覆などの電気絶縁材として，また，繊維強化プラスチック用などの補強材に使われる．繊維状ガラスの引張り強度は塊状の50倍ほどにもなる．

② 短繊維の製法：容器の底のノズルから下方へ出てきた繊維に，高圧水蒸気，高圧空気などを噴射し，引きちぎる方法である．さらに，高速回転容器の側壁にある数千個のノズルから，遠心力で出てきた繊維を，高圧気体噴射で吹き飛ばす方法がある．切断機で切る場合もある．直径 2～30μm，長さ 5～200 mm である．断熱材料が主流で，電気製品用建築用保温材・吸音材として使われる．

d. 徐冷工程　　ガラスは熱伝導度が低いので，冷却時に表面と内部との間に熱ひずみが生ずる．すなわち圧縮応力と引張り応力が発生する．つまり，機械的強度が低下し，わずかな衝撃で破壊する．これを防ぐために応力緩和が起こる温度に保って，ひずみを除去する．

ひずみを除く上限温度に，徐冷点（annealing point）と称する温度がある．この温度に15分ほど保つとひずみがとれる．粘度としては $10^{13.5}$ P（ポイズ）[*5]

[*5] 粘度の単位．液体内で 1 cm の距離を隔てた 2 つの 1 cm² の平行面が 1 cm·s⁻¹ の速さですれ違うとき，この接線方向に働く抵抗力が 1 ダイン（dyn）になる粘度を 1 ポイズ（poise，単位の記号は P）という．粘性流体の研究者 J. L. M. Poiseuille の名にちなむ．粘度の見当として，水は 20℃でほぼ 10^{-2} P，食用油は 1 P，蜂蜜は $10^{3\sim4}$ P などである．食用油を撹拌するには，水の 100 倍の力が必要ということになる．$1P = 1 g·cm^{-1}·s^{-1}$（CGS 単位系）＝ $1 dPa·s$（デシパスカル・秒，SI 単位系）．

に相当する．石英ガラスで1140℃，窓ガラス用ソーダ石灰ガラスで548℃，光学用鉛ガラスで430℃などである．

徐冷温度域というものがあり，これは徐冷点とひずみ点の間の温度域を指しており，ここを適切な速度で冷却する方式が現在，主流になっている．ひずみ点以下になれば，急冷しても熱ひずみは新たに生じない．ひずみ点（strain point，歪点とも書く）は，$10^{14.5}$ P となる温度で，石英ガラスで1070℃，窓ガラス用ソーダ石灰ガラスで約500℃，光学用鉛ガラスで約400℃などである．

ガラス工学では「徐冷点」，「ひずみ点」を特性温度として扱っている．ある作業には特定の粘度が適しており，各ガラスの作業上の経験的温度を粘度という共通項で整えたものとみなせばよい．成形には $10^4 \sim 10^7$ P が適しており，10^{15} P では弾性体とみなされる．なお，融点では $10^4 \sim 10^6$ P，T_g ではほとんどが約 10^{13} P である．特性温度には軟化点（softening point）[*6]，その他がある．

この後は，加工・印刷・検査・出荷となる．

5.2.5 ケイ酸系ガラスの性質と用途

ガラスが透明なのは，その構成体が可視光線の波長より小さいため散乱されず直進するからである．また，結晶粒界といった境界面をもたないので，乱反射が起こらないからである．ほかにも共鳴やバンド理論に基づく物理学的要因があるが略す．

ガラスは着色・成形ともに自由で，電気絶縁性・耐熱性がある．金属中の自由電子は熱をよく伝えるのであるが，ガラスには自由電子がないので，電気伝導・熱伝導ともに小さいのである．ガラス中で熱を伝えるのは原子・分子の熱振動であり，その振動の移動が熱伝導をもたらすのである．さらに，化学的安定性もあり，高い硬度をもつ．反面，温度の急変に弱く，曲げにより破壊されやすい．

化学組成の変化による熱膨張率の変化を調べた実験がある．Na_2O（18質量％）-SiO_2（82％）系を採り上げ，SiO_2 の82のうちの10を，Na_2O，CaO，Al_2O_3，B_2O_3 でそれぞれ置換したガラスをつくった．膨張率は Na_2O で35％増，CaO で5％増，Al_2O_3 で0％，B_2O_3 で8％減であった．網目末端の増減を反映していることは興味深い．分子鎖振動の能力が熱膨張率に大きく影響することを如

[*6] 指定された形状のガラス棒が自重で1分間に1mm伸びる温度である．$10^{7.6}$ P で，成形作業を終了するのに適した温度で，作業温度範囲の下限とされる．石英ガラスで1667℃，窓ガラス用ソーダ石灰ガラスは730℃，光学用鉛ガラスは580℃である．軟化点は，ガラスの性質を知る主要なデータである．

実に示している．熱膨張率には加成性がほぼ成り立つので，これに対する組成の設計が可能である．ガラスは構造的に液体とみなされるので，組成の割合からバルクの物性値を予測することができるのである．

道路トンネルやスキー場ゲレンデの照明にナトリウムランプが使われている．オレンジ色を放つ炎色反応と同じ原理である．SiO_2 は Na と反応するので，この種のランプには使えない．アルミノホウ酸系（Al_2O_3-B_2O_3-BaO）が使われる．

さらに特殊ガラスに，カラーテレビのパネルガラスがある．画面から発する X 線を吸収するために，BaO と SrO を計 16〜18% ほど加えてある．

ガラスは，希ガスを除くほとんどの元素を取り込むことができ，しかもその組成に幅をもたせることができる．このような性質は，ガラス以外には存在しないといってよい．

以下に，化学組成から分類した代表的な 5 種類について述べる．

(1) 石英ガラス（silica glass）： 単一の SiO_2 組成であり，シリカガラス，ケイ酸ガラスともいわれる．

線膨張率が 5.5×10^{-7} K^{-1}（0〜300℃）で，ソーダ石灰ガラスの 1/15〜1/20 である．急熱急冷に強く，耐熱ガラスとして優れ，燃焼管に用いられる．

化学的耐久性が高いので，理化学機器に用いられる．塩酸，硫酸に侵されないが，フッ化水素酸とは反応し H_2SiF_6 となって溶解する．紫外線をよく通すので紫外線分光用プリズム，レンズに用いられる．

軟化温度が高いので，清澄工程で気泡は除去しにくい．1000℃程度に保つと，徐々に結晶化する．天然の石英を原料にしたものは不純物が多いので，高純度を要する精密素材，たとえば光ファイバーや半導体用のためには，$SiCl_4$ などを用いた気相合成からのものが用いられる．それゆえ価格は高い．密度は 2.2 g/cm^3．

(2) ソーダ石灰ガラス（soda-lime glass）： 主成分は SiO_2（70〜75 質量%），Na_2O（12〜16%），CaO（8〜12%）である．Na_2O の一部を K_2O で，CaO の一部を MgO で置き換えることもできる．Na_2O，CaO を加えるほどガラス転移点は下がり，1000℃以下で溶融するガラスを容易につくれる．加工しやすい．修飾酸化物の陽イオン半径が大きいほど，たとえば Na^+ より K^+ の方が，同じモル数添加で粘度を低下させる．生産量は圧倒的に多く，ガラス全生産量の 90% をこえる．板，びん，一般用に使われる．窓ガラス用ソーダ石灰ガラスの線膨張率は 85×10^{-7} K^{-1}，温度の急変で破壊しやすい．密度は 2.5 g/cm^3．

化学的耐久性を弱める最大の要因は Na_2O の含有量である．ガラス表面が水に接触すると，Na^+ と水中の H^+ とでイオン交換が起こり，水和ケイ酸層が形成される．水・化学薬品に強くはない．Na_2O の一部を CaO で置き換えると，化学的耐久性，特に耐水性が改善される．

Na 量を増やすと電気伝導度が大きくなる．Na 陽イオンが電場の方向に，網目の隙間から隙間へ移動するためである．Ca^{2+} の場合はイオン価が 2 で，つまり異なる 2 つの方向から静電引力を受けており，また K^+ はイオン半径が比較的大きいので，ほとんど移動しない．このことからも化学的耐久性がわかる．また，ガラス表面のアルカリイオンに空気中の水分が吸着し，電気伝導を増す．

K_2O は屈折率を上げ，光沢や硬さを増す．カリ石灰ガラスという．一世を風靡したボヘミアンクリスタルは SiO_2-CaO-K_2O-Na_2O 系であった（本項末のコラム参照）．カリガラスは長時間バーナーで加工しても表面の光沢が失われない．ソーダガラスの表面荒れは炎中の水蒸気の H^+ が Na^+ と交換するためである．Al_2O_3，B_2O_3 を加えると防げる．ガラスの安定化のために 0.5～2% は加えた方がよく，現に板・びん・照明用には Al_2O_3 が 1～2% 加えられている．この添加は，SiO_2 の結晶化による失透 (devitrification) をも抑制する．

遷移元素は可視光の一部を吸収するので一般に着色する．ソーダ石灰ガラスには鉄分が若干含まれている．Fe^{2+} は青緑色を呈し，紫外線を吸収する．

(3) ホウケイ酸塩ガラス (borosilicate glass)： レンズの色収差を解決すべく，SiO_2-B_2O_3-Na_2O 系の研究が開始された．SiO_2 の一部を B_2O_3 で置き換えると粘度が下がり，熱膨張率がソーダ石灰ガラスの 1/3 にもなる．そのため，比較の上でのことであるが，急熱急冷に耐えるガラスが得られた．B_2O_3 が 12～25%，SiO_2 は 67～80%，Na_2O＋K_2O は 3～9%，Al_2O_3 が 1～5% を占める．軟化点は比較的高いが，加工しやすい．

耐食・耐熱・電気絶縁性が優れているので，ビーカー，フラスコといった理化学用ガラスの大部分はこのガラスである (JIS R 3502)．機械的強度もある．家庭用耐熱ガラス（鍋，ポットなど）にも使われる．

わが国ではホウ素原料のすべてが輸入である．

(4) アルミノケイ酸塩ガラス (aluminosilicate glass)： 周期表でホウ素と同じ族の Al で置き換えたガラスである．

Al が入ると軟化点が高くなる．つまり，耐熱性が増す．耐水・耐酸・耐アルカ

リ性を改善するので，理化学用ガラスに適している．Al_2O_3 約 20%，SiO_2 約 60%，残りを Na_2O，CaO，MgO などが占める．

アルミノホウケイ酸塩ガラスが長繊維に用いられることはすでに述べた．高圧水銀灯にも使われる．さらに，CaO の代わりに ZnO を置換したガラス，すなわち，64% が SiO_2，12% B_2O_3，4% Al_2O_3，12% ZnO，8% Na_2O のガラスがあり，理化学用として特に優れている．

(5) 鉛ガラス (lead glass)： 酸化鉛含有ケイ酸ガラスである．

PbO はガラスの屈折率を上げる性質をもつ．高分極率の成分を加えると，屈折率は上がる (ローレンツ-ローレンスの式参照)．

SiO_2-PbO-K_2O 系ガラスは全ガラス生産量の 1% 程度で，光学ガラス，次いでクリスタルガラスに使われる．鉛が入っているので重く，密度は $3 \sim 6$ g/cm^3 である．

光学ガラスにとって重要な性質は光の屈折率と分散能である．屈折率が大きくなると光の分散能も大きくなる．分散とは，波長によって屈折率が異なり，いわゆる虹ができる現象で，つまり色収差を生じることである．分散能が小さいレンズは収差も小さい．

鉛クリスタルガラス (lead crystal glass) は透明度がよく，反射率大，光沢が優れ，切子細工 (カットといわれる) を施した美術工芸，装飾品に使われる．ここでのクリスタルとは結晶のように透明かつ反射するという意味であって，結晶そのもののことではない．組成は，たとえば SiO_2 が 57 質量%，PbO は 26%，K_2O が 14% である．余談だが，エジソンが発明した電球の生産には，鉛ガラスが使われた (1879 年)．

組成としてたとえば，光学用で PbO が 46 質量%，SiO_2 が 44%，高屈折光学用・工芸用で PbO が 58%，SiO_2 が 35%，残りは $K_2O + Na_2O$，の組成のものがある．テレビブラウン管のネックチューブに電子銃が取り付けられており，ここから発する電磁波を吸収するために，ネックチューブガラスに，PbO が $31 \sim 35$% も含められている．鉛は放射線を吸収する有力な物質であり，放射線遮蔽ガラスでは PbO 含有率が $65 \sim 72$% にも達している．

PbO を加えると，軟化温度が低下することはすでに述べた．加工しやすいが，その反面，やわらかく傷がつきやすい．PbO の含有量が増えると，架橋できなくなった分は修飾成分として働く．含有率だけに注目すれば，PbO は SiO_2 に対

ガラス発展史

狩猟時代，ガラスほど神秘な存在はなかったように思える．鏃やナイフに黒曜石と称する黒紫赤褐色のガラスが使われていた（組成は，およそ SiO_2：74%，Al_2O_3：13，Fe_2O_3：2，CaO：2，$Na_2O + K_2O$：8，CoO：0.5，MnO：微量）．ガラス工芸はその意味では，狩猟時代にさかのぼるといえる．

ガラスの起源は，メソポタミア説がやや有力であるが，エジプト説もある．B.C.3000年ごろという説もあればB.C.2500年もあり，さらにその中間もある．不透明な着色ガラス玉の装身具がともに出土している．人間が溶融してつくった最初の品とされる．

バビロニア・ティグリス河畔から出土した「粘土板文書」(B.C.18世紀)に，鉛ガラスのつくり方がしるされ，これが製造法の最古の史料とされる．一方，物体として明確で最も古いものは，B.C.15世紀のエジプト王朝・トトメス三世の王銘入りガラス杯とされる[*]．

ローマ帝国時代のガラスはローマンガラス (Roman glass) といわれる．石づくりの溶融窯が使われ，透明ソーダガラスがつくられた．吹き技法やモザイク技法が発達，窓ガラスもつくられていた．B.C.1世紀～A.D.4世紀のことである．

ローマ帝国がほろんだ後，ベネチア共和国が興った．ベニスでは5世紀以来ガラスの製造がなされ，13～15世紀にガラス工芸美術の一時代を築いた．ベネチアンガラス (Venetian glass) である．アドリア海にうかぶムラノという小島に工場を強制的に集め(1291年)，秘密管理を徹底，世界市場を独占，17世紀中期まで世界を凌駕した．イタリアルネサンスである．エナメル彩色，鏡，つぼ，食卓用品，シャンデリアなど宮廷のあらゆるものを豪華絢爛とし，ガラスをして文化の象徴とあらしめた．まさにこのとき，近代ガラスの基礎が築かれたといえるであろう．

ソーダ灰入手が困難であったボヘミア (チェコ) では，森林の木灰を使った(16世紀末)．結果，無色で透明度が優れ，ベネチアンガラスを圧倒，ボヘミアンガラス (Bohemian glass) として名を残すことになった．神聖ローマ帝国の強い学問・芸術奨励が，この地域での発達に大きく影響した．灰はカリ分を含んでいた．ソーダの代わりにカリを使うと，硬度や光沢が増すことは，こんにちではわかりきったことであるが，当時としては偶然ながら画期的なことであった．

---

[*] ガラス美術全集から，高さ8.4 cm．年代の見当として，大ピラミッドのクフ王はB.C.2600年ごろ，黄金のマスクのツタンカーメン王はB.C.1336～1327年．

して実に92質量%までも含有させることができる（モルで $3PbO \cdot SiO_2$）．

球面収差（焦点が一致しないこと）もある．収差のない高性能の望遠レンズをつくるために，凹・凸レンズを数枚組み合わせる．結果として，屈折率および分

散能の違う多くの種類のレンズを準備しなければならない．

鉛ガラスは中世のころ，フリントガラス（flint glass）といわれた．フリントとは火打ち石のことで，この石から無水ケイ酸を得ていたことに由来する．

ソーダガラスは同じく中世のころ，クラウンガラス（crown glass）といわれた．クラウンとは王冠のことで，吹き技法から出発し板ガラスをつくる際に，最初の形が王冠に似ていたのでこの名となった．

収差のないレンズをつくるには，低屈折・低分散のクラウンガラスと高屈折・高分散のフリントガラスの組合せが必要である．今でも光学ガラス業界では，フリント，クラウンという名をとどめている．現在ではクラウンにはホウ素が含まれ，性能は上がっている（例：SiO_2 70%，B_2O_3 10%，$Na_2O + K_2O$ 17%，その他3%）．

さらに，ホウ酸ガラスの網目に高屈折・低分散能を付与する La_2O_3 を加えたものが開発されており，これはランタンガラス（B_2O_3-La_2O_3-RO 系，R は Ca，Sr，Ba など）といわれている．

5.3 ほうろう，陶磁器，耐火物

5.3.1 ほうろう

金属の表面をガラス質で覆ったものを，ほうろう（琺瑯：porcelain enamel）という．金属の強靭性とガラスの化学的耐久性・装飾性を合わせ持つ．機械的熱的衝撃には弱い．

金属としては鉄が代表で，琺瑯鉄器という名まである．アルミニウムや銅もあり，さらに金，銀，ブロンズまであって，美術工芸品や勲章，七宝[*7]に用いられる．七宝には銅を使ったものが多い．

a. ガラス質　金属とガラスは熱膨張率が異なるので，高い温度で琺瑯を使用するのはあまり適切ではない．

鉄の線膨張率は20℃で 115（$\times 10^{-7}$ K^{-1}），400℃で 138（同），800℃で 146（同）である．ソーダ石灰ガラスも膨張率は温度とともに上昇する．室温におけ

[*7] 七宝は，仏教の経典に説かれる7つの宝のことで，経典によって一部が置き換わるが，阿弥陀経では，金，銀，瑠璃（ガラスの古名），玻璃（水晶），硨磲（貝），赤珠（珊瑚），瑪瑙の7種で，古代インドにおいて，この世における最高の宝とした．これらをちりばめた琺瑯を七宝焼き，七宝という．7世紀の奈良でもつくられていたようで，明日香村からの出土がわが国最古のものとされる．正倉院にも蔵し，平等院鳳凰堂，桂離宮，東照宮に歴史上の例をみることができる．

る膨張率の比は,鉄:ソーダ石灰ガラス:石英ガラス≒20:15:1である.鉄の膨張率にできるだけ近付けるのが技術上の着眼点である.

アルカリを加えてガラス網目を切断すれば,末端が増えるので膨張率は上がる.反面,強度・耐食性が弱くなる.そこでB_2O_3を加えるのである.ホウケイ酸アルカリ系ガラスとなる.

原料は必然的にケイ石,ホウ砂($Na_2B_4O_7 \cdot 10H_2O$),粘土,長石などとなる.化学組成の明確な原料を使い,端的にいえば高級品を使い,精密に配合し製造する.

長石には,カリ長石(potassium feldspar)($K_2O \cdot Al_2O_3 \cdot 6SiO_2$),ソーダ長石,石灰長石などがある.長石の構造は,$[SiO_4]^{4-}$四面体の連なりのSi^{4+}の一部がAl^{3+}で置き換えられ,それによる正電荷の不足を補うかたちでK^+,Na^+,Ca^{2+}などが結合している.したがって,必然的にモル比は,Al:K=1:1,Al:Ca=2:1となる.

カオリナイト($Al_2Si_2O_5(OH)_4$,別の表示は$Al_2O_3 \cdot 2SiO_2 \cdot 2H_2O$)を主成分とする粘土をカオリンといい,これは長石の風化,すなわち水と二酸化炭素によるアルカリ分の溶出,シリカの分離などによって変質生成したもので,Al:Si=1:1となっている.

b. 釉 ガラスに水を加え粉砕,得られた濃厚な懸濁液を釉(glaze),釉薬という.これを金属板に塗布し,乾燥後,加熱する.ガラスが溶融し,均一被膜となる.釉薬被膜,釉層という.

釉を大別すると2種類になる.

1つは下地金属との密着性に重点をおいてつくられたもので,下釉(ground coat),したぐすり,下掛けぐすりという.鉄の膨張率に近付けることはすでに述べたが,さらに,金属鉄との密着性のある酸化コバルトほか金属酸化物(Ni,Mnなどの)を加え,解膠剤で懸濁液とする.釉は酸化物の色,すなわち濃青黒色を呈している.850〜900°Cで融着させる.鉄の膨張率の約85%に達している.接合に関して鉄-ガラス界面における凹凸メカニズム説があるが,化学的接合メカニズムとしては,板状鉄にはじめから化学吸着している酸素および,鉄原子が酸化コバルトから奪った酸素を介して,ガラス網目のSiと結合しているという説がある.

もう1つは上釉(cover coat),うわぐすり,上掛けぐすりというもので,外観

の美しさを与えるものである．下掛け被膜の色を隠すために，TiO_2（顔料名はチタン白，チタンホワイト）を加えて乳白色にしてある．TiO_2 含有量は 20 ± 2 質量％のものが多い．非常に多くの上釉があるが，わかりやすい1つだけを記すと，SiO_2 が 40，B_2O_3 が 14，$Na_2O + K_2O$ が 18，TiO_2 が 20，その他計 8％，である．800℃前後に加熱して仕上げる．上掛け被膜の膨張率は鉄の約 70％である．透明釉薬（transparent glaze）をかけて仕上げることもある．

色彩をつける釉については，次の陶磁器のところで述べる．

c. 種　類　　琺瑯には一般用と産業用がある．JIS では記載に平仮名"ほうろう"が，学術系では"琺瑯"と"ほうろう"が使われている．

食品関連の製品には，有害原料は当然避けなければならない．ほうろう鍋を使っているうちに，赤褐色のまだら模様が現れることがある．鉄錆が出てきたもので，細かいひび割れが生じている証拠である．ヘモグロビンの例でわかるように，鉄は人間にとって有用な元素であり，毒性については考慮する必要はないであろう．"あろう"という意味は，純度完全 100％鉄ではないので，このような表現にせざるをえないということである．使わないに越したことはない．

耐酸性を強化した耐酸ほうろう（acid resistant enamel），耐熱性をよくした耐熱ほうろう（heat resistant enamel）があり，化学工業の装置，反応容器に用いられている．

工業用にグラスライニング（glass lining）という方法がある．耐薬品性を高めたガラス，すなわち SiO_2 含有量を増やし，アルカリ分を減らしたガラスを用いる．ほうろう掛けの方式とガラス内張り方式がある．後者はライニング用ガラス管の両端を封じ，ちょうど合う鋼管の中に挿入，加熱すると，軟化圧着し，融着するというものである．

d. 性　能　　JIS に「ほうろう製品の品質試験方法（R 4301）」がある．

加熱急冷試験では，亀裂・剥離の状態を調べる．調理用試験体（たとえば鍋）を，電熱板上で 5 分間以内に 200℃に達する速さで加熱し，これに 20℃の水を深さ 3 cm まで一瞬に注ぎ入れる．試験体を電熱板から取り去り，ただちに，あふれる寸前まで同じ温度の水を入れる．以下，別の操作が続くが，略す．

化学侵食耐久性テストには，(1) 室温クエン酸による表面の光沢変化，(2) 沸騰クエン酸によるほうろう層の質量減，(3) 濃度 4％の加熱水酸化ナトリウム水溶液による質量減，(4) 室温硫酸による光沢変化，(5) 化学工業用グラスライニ

ング機器に対して沸騰塩酸蒸気による質量減，その他がある．

ほかに，質量200gの鋼球を所定の高さから落下させ，亀裂・剥離を調べる落球試験や耐摩耗試験，その他がある．

5.3.2 陶　磁　器

陶磁器とは，陶器と磁器を合わせた語である．

磁器とは，磁気をもった器ではない．元来，磁器における"磁"とは，"瓷(じ)"のことである．石のように固く，きめの細かい青い焼き物を青瓷(せいじ)といった．

陶磁器（pottery）の世界史について，短くふれることは困難であり，かつ紙幅に余裕がないので省略する．

わが国では縄目の押捺(おうなつ)紋様を示す縄文土器から始まった．放射性炭素の半減期から，形や模様の世界的分類から，年代が割り出されているが明確ではないので省略する．弥生土器，伝統工芸「やきもの」を経て，こんにちに至っている．

a. 分　類　素地(きじ)，産地（伝統工芸），用途（後述）によって分類されている．

素地については，多孔質で吸水性のあるものと，緻密な組織を有し吸水性のないものとに分けられる．以下に示す．

(1)　土　器（clayware）：　焼結しやすい粘土を，つまりアルカリ分の多いものを原料とする．高級粘土は使われない．成形（forming）し，およそ700〜900℃で焼成する．およそという意味は，原料の質や手法が産地で異なるからで，この温度範囲以外もあるということである．500℃の例もある．多孔質で吸水性，無釉である．たたくと鈍い音を発する．通常は酸化鉄を含んでいるので不透光赤褐色である．瓦，土鍋，植木鉢などがある．

(2)　陶　器（earthenware）：　粘土，ケイ石，長石，陶石（後述）を原料とする．焼成温度はおよそ1100〜1300℃である．吸水性がややあるものと，ないものとがある．不透光性で白色または淡黄色，釉薬を施したものが多い．施釉すると，吸水性はなくなる．食器，陶管，衛生陶器，タイルなどがある．専門家の間では，次の磁器に至る前のものを炻器(せっき)（stoneware）として独立させているが，この区別は簡単ではない．吸水性はない，とだけ述べて，次に進む．

(3)　磁　器（porcelain）：　純度の高い原料を使う．白色粘土，ケイ石，長石，陶石などで，およそ1300〜1500℃で焼成する．専門家はこの焼成温度範囲を3段階に分けて，低火度磁器，中火度磁器，高火度磁器としているが，それぞれの

性質の見当はつくであろうから，説明は略す．吸水性なく白色で緻密，施釉あり，たたくと澄んだ音を発する．ガラス相および結晶相 $3Al_2O_3 \cdot 2SiO_2$（ムライトの組成）からなる．焼締りがよいので，素地が薄い場合は透けてみえる．つまり，透光性がある．化学用るつぼ，高級食器，美術工芸，タイル，化学工業用などがある．

b. 原料と組成 陶磁器本体の原料には，3種類の成分が必要である．すなわち，(1) 基本構成体になる成分，(2) 成形しやすくする成分，(3) 焼結しやすくする成分である．

最初の成分には耐熱耐食性に優れた (1) シリカが適している．これだけでは形をつくりにくいので，(2) 粘土を加えるのである．可塑性成分とも成形成分ともいわれている．しかし，焼き固まりにくいので，(3) 長石を加えるのである．

粘土という名は，文字どおり粘性のある土の意からきている．可塑性・流動性がある．これだけでも成形できるのであるが，水分放出の際に大きな収縮があり，次の焼成の際にも再び収縮が起こり亀裂の原因になるため，シリカ（粉末）を混合するのである．非可塑性成分とか骨格成分とかいわれている．さらに，これら2種類だけの場合，耐火度が高く焼締めが困難なので，長石を配合するのである．これはアルカリを含んでいるので比較的溶融しやすく，共存する原料粒子をぬらし，さらに共融する場合には拡散を速め，結果として焼締りを促進する．媒溶成分とも焼結成分ともいわれている．

陶石（pottery stone）も使われる．陶石はシリカと粘土鉱物が主成分であり，長石質岩石の風化進行中のもので，粘土になりきっていない段階のもので，アルカリ分を含んでいる．

陶磁器の素地の組成は，ケイ石 20〜50，粘土 30〜60，カリ長石 20〜30 質量%が一般的である（SiO_2 65〜80%，Al_2O_3 15〜30%）．粘土としてはカオリンがよく使われる．

粘土が可塑性，粘性を示す理由として，一般に次のように考えられている．粘土鉱物カオリナイト $Al_2Si_2O_5(OH)_4$ を例にとる．5.1.2 項における原料の説明とやや重複するが，これは，SiとOがつくる四面体シートとAlとO (OH) がつくる八面体シートの1：1型構造をとっている．この連続二次元層の上面は八面体シートのOHが林立しており，底面は四面体のOが敷きつめられた面となっている．これらのOHとOは，別の二次元層のOとOHとで水素結合を形成し，

いくつもの二次元層が積み重なって三次元の層状となっている．一方，パイロフィライトにみられる2：1型構造では，八面体シートを2枚の四面体シートがサンドイッチ形にはさみ込んだ構造をとっているため，水酸基面はおもてに現れず，酸素面だけが上下両表面に現れた連続二次元層となっている．二次元層どうしはファンデルワールス力によって結び付けられており，結合が弱く滑りやすい．水を加えると，微細粒子の表面は水分子によって密集して吸着被覆され，層と層との間には容易に水分子が侵入し，層間は押し拡げられる（4.6.2項参照）．湿った粘土に力を加えると，粒子間，層間の水は潤滑作用の働きをして，互いに滑り，結果として可塑性，粘性を示すことになる．

釉薬と素地の熱膨張率は，近接しているのでつくりやすい．普通のガラスと異なる点は，釉薬には必ず Al_2O_3 が入っていることである．

釉薬に関して，琺瑯との相違点についてふれておかなければならない．

金属との密着性を考える必要がないので，下釉を念頭におかなくてもよいということである．第2点は，素地の種類が，つまり膨張率の違うものがきわめて多いということである．釉の組成も極端にいうと数えきれないほどある．それゆえ，焼成温度に大きな幅ができ，900～1400℃の範囲にもなる．

陶器用は焼成温度が比較的低いので，SiO_2 を減らし，B_2O_3 を使う．たとえば，組成は，SiO_2 57%，B_2O_3 14%，Al_2O_3 13%，$Na_2O + K_2O$ 15%である．一方，磁器用は，軟化点を高くする目的で SiO_2 を多くし，B_2O_3 を使わず Al_2O_3 を使う．たとえば，SiO_2 76%，Al_2O_3 13%，CaO 7%，$Na_2O + K_2O$ 4%である．

高圧電線に使う碍子(がいし)には，絶縁性を保つ必要から，アルカリ分をゼロにするか，大幅に減らす．

c. 着色 着色剤には，ガラスに溶け込んで発色する CoO（青），CuO（緑），Fe_2O_3（赤褐色）などがある．顔料（pigment）としては，熱安定なスピネル型酸化物 AB_2O_4 があり，$MgAl_2O_4$ の白，$MgFe_2O_4$ 赤，$MgCr_2O_4$ 緑，$CoAl_2O_4$ 青，$CoCr_2O_4$ 青緑，$FeAl_2O_4$ 黄褐色，$FeCr_2O_4$ 黒褐色，$CuCr_2O_4$ の黒などがある．色釉（いろぐすり，colored glaze, colored enamel），色掛けぐすりという．顔料は組織（溶媒，媒体）に溶けないので，不透明釉薬となっている．

d. 製造工程 製造法を工程順に示す．

(1) ケイ石・粘土・長石などの配合，(2) 水を加えてボールミルで粉砕，(3) 得られたスラリーの沪別，(4) 成形（流し込み，加圧，型押し，ろくろ），(5)

乾燥（はじめは湿度の高い室内，次に加温），(6) 素焼（予備的な焼成のことで，およそ 700 ～ 850℃），(7) 下絵付（underglaze decoration：絵や文字の彩色を施す），(8) 透明釉掛け，(9) 焼成（本焼），(10) 上絵付，(11) 上絵焼（本焼より低い温度）となり，(12) 検査，(13) 出荷である．

　素焼（素焼き）という用語は，プロセス名（biscuit firing）であると同時に，得られた物体名（biscuit）でもある．また，磁器の場合にはより高い温度（約 1150℃）で行うので，素焼とはいわず締焼（biscuit firing）という．

　釉薬の塗り方には，浸し掛け，流し掛け，吹き掛け（スプレー法）などがある．凹凸のものには最後の方法が適している．

　熱効率の関係で (6) と (9) を省略し，一度焼きと称して (11) だけの場合もある．(1)～(5) はどの場合も行われるが，たとえば (6)～(8) を省略し，(9) を最終工程とすることもある．絵付は，普通は上絵か下絵かのどちらかである．

　要するに，このとおり行う必要はなく，それなりに行えば，それなりの結果になる．原料の選定と工程の精密さによって，高級品にもなれば並にもなるということである．陶磁器に限らず，住宅・食品・医薬・出版印刷業あらゆる分野において，1 つの処置は常に新たな結果をもたらす原因になる，ということでは同じである．

　焼成は，工芸品などの小規模には登窯・室窯が用いられる（バッチ式）．大規模生産の場合には，連続方式のトンネル窯が用いられる．台車に乗せ，乾燥帯 → 予熱帯 → 焼成帯 → 徐冷帯へと進める．

e. 用　途　陶磁器の用途は次のようである．(1) 食卓用（茶碗，コップなど），(2) 衛生厨房用（調理器具，浴槽，衛生陶器），(3) 理化学用（蒸発皿，乳鉢，ボールミル），(4) 土木建築用（土管，タイル），(5) 電気用（絶縁体として，冷蔵庫，スイッチ，碍子），(6) 装飾用・美術工芸品．

　陶磁器の分類は，経済産業省編「工業統計表」から項目を引くと，陶磁器製タイル，食卓用ちゅう房用陶磁器，電気用陶磁器，陶管となる．ついでながら，この第 5 章に関連する製品名を同資料から並べると，ガラスにおいては，板，光学，電球類，電子管，飲料，食卓，理化学・医療，繊維ほかとなる．続いてセメント，コンクリート製品，ほうろう鉄器，粘土かわら，れんが，耐火れんが，その他である．なお，これらにおいて，さらに細分化されているものもある．

5.3.3 耐火物

高温装置に使う窯業材料を耐火物（refractory, refractory materials）という．ロータリーキルン，ガラス製造炉，溶鉱炉，冶金炉，ロケットエンジンなどに使われる．耐火煉瓦（refractory brick），炉の目地材料・補修材などをいう．土木建築分野では，家屋の火災の上限温度1000〜1200℃に耐えうるものを耐火材料という名で用いている．

耐火物の定義は，d. 耐火度のところで述べる．

a. 高融点物質 非金属元素からは，カーボンるつぼ（坩堝）やグラファイト抵抗発熱体などが実用化されている．

金属元素を周期表から追った．

地殻に少量しか存在しない希土類元素をまず除く．世界の金属相場で刻々と価格が変わるのであるが，通常，希土類元素の価格は貴金属の数倍，数十倍と高く，100倍をこえるものもある．金，銀，周期表上で白金族およびそのすぐ左隣の2元素を除き，さらに放射性元素を除くと，融点の高いものは第4〜6族ぐらいのものしか残らない．この中で最も高い融点はタングステンの3410℃，最も低いものでもチタンの1667℃である．タングステン，タンタル（2996℃），モリブデン（2617℃）は，いわゆる耐熱金属として価値が高い．

以上は単体であったが，酸化物についても特殊なものは除かざるをえない．酸化ウラン UO_2 は融点が 2878 ± 20℃であり*，酸化ナトリウム ThO_2 は 3220 ± 50℃であり*，放射能を考慮しなくてもよければ，優れた耐火原料になりうるのである．

融点1700℃以上の酸化物を周期表から追った．結果を温度の高い方から並べる*．MgO 2826, ZrO_2 2715, CaO 2572, BeO 2530, SrO 2430, Cr_2O_3 〜2300, Al_2O_3 2054, NiO 1984, V_2O_3 1970, BaO 1918, Ga_2O_3 1900, TiO_2 1843, CoO 1795, MnO 1785, SiO_2 1713（℃）．なお，これらの数値の半数ほどは，出典によって異なっていた．

　*日本化学会編：化学便覧基礎編（改訂4版），丸善，1993．

これらの単独からでも，強度さえあれば耐火物はできる．MgO, BeO, Al_2O_3 などは単独で，るつぼがつくられている．しかし，たとえば CaO は水によく溶ける．それゆえ，どのような条件のもとで使用するかにかかってくる．それぞれの特長を生かすよう組み合わせてつくるので，混合物焼結体あるいは固溶体の耐

火物になる．

　$MgAl_2O_4$ のように組成が一定の耐火物，つまり化合物であっても，もちろんかまわない．この化合物の名はスピネル（spinel：尖晶石）といわれ，MgO-Al_2O_3 系における唯一の複合酸化物である．融点（2135℃）があるということは，ガラスではなく結晶を意味する．

　b． 耐火物の性質　　所要の高温で液化せず気化せず，雰囲気と反応しない固体でさえあれば耐火物になれる．しかし実用上，次のような苛酷な条件が要求されている．

　（1）　形・寸法は変わらないこと．焼成の不完全なものは収縮する，と警告していると思えば理解しやすい．

　（2）　急熱急冷に抵抗性があること．加熱・冷却が繰り返される装置では深刻である．亀裂，剝離が起こり，最終的に破壊するからである．とりあえずは塊全体としての低熱膨張の要求と解釈しておけばよい．

　（3）　機械的強度が大であること．当然のことで説明を要しない．

　（4）　扱う物質に対し化学的に安定であること．酸化物煉瓦の還元反応には100%注意を要する．どのような場合でも，少なくとも"耐久性はある"という主張に耐えられなければならない．発生した気体とも反応しないことである．

　煉瓦を結合する目地にもこれらの項目が要求されている．

　c． 荷重軟化点　　直径 50 mm，高さ 50 mm の円柱を切り出し，この煉瓦の上面に垂直方向に対し 0.20 MPa（≒ 2 kgf/cm^2）の荷重をかけた状態で加熱する．荷重に抗して熱膨張で伸びてくるが，伸びがストップした温度を軟化開始温度とする．加熱速度 4℃/min において，伸びきった最大高さから最初の高さの 2%（1mm）減ったときの温度を荷重軟化点（refractoriness under load）という（JIS R 2209）．

　煉瓦はある温度に達すると，特にガラス質が部分的に液化し，さらに温度が上昇すると液化量が増加し，可塑性を示すようになる．ケイ石れんが（後述）の荷重軟化点は 1630℃ 前後である．JIS では平仮名れんがを用いているので，この節では JIS に関連する名称には平仮名を用いることにする．

　熱衝撃破壊抵抗性（resistance to thermal shock failure）も重要である．赤熱状の煉瓦を冷水に投じると，表面が収縮し，割れが生じ，かけらが落ちる，といったことにいかに耐えうるかという目安である．この性質は材質，寸法，形に依

存し，荷重軟化点と同じく設計上の基本データとなる．

d. 耐火度 H. A. Seger によって考案された方式が，わが国で採用されている．SiO_2，Al_2O_3，CaO，MgO，Na_2O，K_2O などを特定の割合で配合し，定められた三角錐に成形したものをゼーゲルコーン（Seger cone）と称する．ゼーゲル錐ともいう．

同じ形・大きさの被験体サンプルを準備し，耐火度（refractoriness）の予測される複数のゼーゲル錐とともに炉内に並べる．三角錐は背が高く，少し傾けてあるので，加熱すると曲がってくる．図5.12に，JIS R 2204「耐火物及び耐火物原料の耐火度試験方法」からそのまま転写した図を示す．先端が支持台についたときの温度を溶倒温度という．同じ曲がりのゼーゲル錐の番号をもって製品の耐火度とする．

ゼーゲル法では600℃から2000℃までの温度区間に59種類のゼーゲル錐が用意されている．たとえば1300℃の溶倒温度はSK10という番号に対応している．SKは，Seger coneのドイツ語 Seger Kegel の頭字からとった．

ゼーゲル錐の化学組成は，たとえば，耐火度SK42ではAl_2O_3のみ，SK番号が小さくなるに従いSiO_2を増やし，SK35では$Al_2O_3 \cdot 2SiO_2$，SK26ではさらにSiO_2を増やし，同時にK_2OとCaOを加えて軟化点を下げるといった方式である．JISでは溶倒温度1580℃（SK26）以上のものを耐火物と定めており，このものの化学実験式は，$0.3K_2O \cdot 0.7CaO \cdot 7.2Al_2O_3 \cdot 72SiO_2$ である．

SK26以上のSK番号と溶倒温度（℃）の対応を示す．SK26:1580，27:1610，28:1630，29:1650，30:1670，31:1690，32:1710，33:1730，34:1750，35:1770，36:1790，37:1825，38:1850，39:1880，40:1920，41:1960，42:2000．

e. 原料 高温で化学的に安定，強度大で，存在量の多い酸化物が原料と

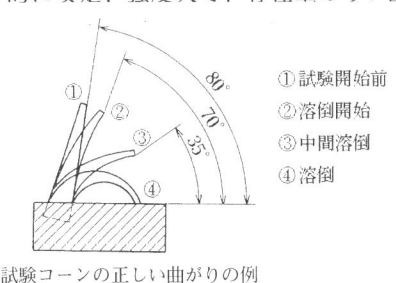

図 5.12 耐火度試験方法の図（JIS R 2204 より）

なる．a. 高融点物質のところにあげた中で MgO, ZrO_2, CaO, Al_2O_3, Cr_2O_3, SiO_2 の 6 種類が必然的に主体になる．

名称についてである．酸化ケイ素 SiO_2 をシリカ（silica）と称するように，酸化マグネシウム MgO はマグネシア（magnesia），酸化カルシウム CaO はカルシア（calcia），酸化ジルコニウム ZrO_2 はジルコニア（zirconia）などと呼ばれる．

耐火物の原料はケイ石，石灰石，海水から得た海水マグネシア（sea-water magnesia），粘土，クロム鉄鉱（chromite：MgO, Al_2O_3 などを含み，モル比は Cr：Fe＝2：1 でスピネル系），ドロマイト（$CaMg(CO_3)_2$），ジルコンサンド（zircon sand）（$ZrSiO_4$），ムライト（mullite）などである．ムライト鉱物の主な組成は $2Al_2O_3 \cdot SiO_2 \sim 3Al_2O_3 \cdot 2SiO_2$ で，要するにアルミナ分が多いアルミナシリカ系である．原産地スコットランドのムル（Mull）島にちなんで名付けられた．わが国においては，ケイ石，石灰石，海水マグネシア以外は輸入原料といってよい（2001 年現在）．

なお，煉瓦ブロックの赤褐色は酸化鉄による．

f. 耐火物の分類　　分類方法は耐火度，形，化学組成による．

耐火度からは，SK 19（1520℃）～28（1630℃）で低温用耐火物，SK 28～30 で中温用，SK 30～33 は高温用，SK 33 以上は超高温用としている．JIS では SK 26 以上を耐火物としていることはすでに述べた．

形からは，定形耐火物（shaped refractory）と不定形耐火物（unshaped refractory）に分けられる．"定形" は，よく見かける煉瓦ブロックを連想すればよい．"不定形" は，粉末やペースト状のもので吹付け用（spraying refractory），コーティング用などとみなせばよい．異なる点は，"不定形" は焼成されていないことである．耐火れんがの形状と寸法が JIS R 2101 に規定されている．このなかの標準並形れんがは長さ 230，幅 114，厚さ 65 mm となっている．定形耐火物は製造方式によってさらに，焼成れんが（burned brick），不焼成れんが（unburned brick），電鋳れんが（electrocast brick）に分類される（製造法は後述）．

化学組成による分類は，すなわち，鉱物による分類は，酸塩基で分ける方法である．原子価的に眺めると，4 価の酸化物は酸性，3 価のものは中性，2 価のものは塩基性になっている．耐火の度合は，酸性＜中性＜塩基性耐火物である．

　(1)　酸性耐火物（acid refractory）：　無水ケイ酸系である．ケイ石質と粘土

質の2種類に分けられる.

けい石れんが (silica brick, JIS R 2303 ; JIS では「ケイ」ではなく,「けい」が使われている) は, 2%程度の $Ca(OH)_2$ を加えて混練・成形した後, 1400～1500℃で長時間焼成し製造する. SiO_2 が 85～98 質量%, SK 32 以上のものである. 1600℃まで収縮しない高い耐負荷性があり, 熱衝撃抵抗性が高い. ガラス溶融炉の天井に用いられる.

粘土質耐火れんが (fireclay brick) JIS R 2304 の中身をながめてみると, 10 種類もあって, 耐火度 SK 26 以上のものという制限のものもあれば, SK 28 以上, 最高で SK 34 以上のものまである, といった状況にある. カオリン ($Al_2O_3 \cdot 2SiO_2 \cdot 2H_2O$) は焼成の際, 収縮が大きいので, 一旦 1400℃付近で焼成する. 得られた焼結塊 (シャモットという) を原料としたものはシャモット煉瓦 (chamotte brick) といわれる. 耐火れんがの生産量の約 70%は粘土質といわれる.

ムライト質耐火物は SK 31～35 程度である. シリカとアルミナを主体とするれんがは, 両者の含有率を連続的に変えたものが製造されているとみてよい.

セメントクリンカーは塩基性なので, ロータリーキルンの焼成帯内張りに酸性耐火物を使用することは完全に不可能である. 実にわかりやすい.

(2) 中性耐火物 (neutral refractory) : アルミナ系とクロム系がある.

アルミナの含有率を高くすると耐火度は上がる. 高アルミナ質耐火れんが (high alumina brick) は SK 35 以上のものである (JIS R 2305). 高温収縮率は小, 機械的強度は大, 熱伝導率もよく, 酸性, 塩基性の各種溶融スラグに比較的安定, 還元反応にも抵抗性がある. アルミナは研磨材や切削工具 (金属を削る刃) に使われるほどに硬いので, 耐摩耗性がよい. ただし焼結しにくいので, 空隙率が少し高い.

アルミナジルコニア系は SK 36 である. ジルコニアは高融点で, 耐侵食性に優れる. ジルコニア約 40%含有という $Al_2O_3 - ZrO_2 - SiO_2$ 系電鋳煉瓦が, ガラス溶融炉内張りに用いられている. ジルコン $ZrSiO_4$ を主原料としたものはジルコン質れんが (zircon brick) といわれる. 熱衝撃抵抗性に優れる.

クロム系はクロム鉄鉱に粘土を混合したもので SK 36 付近であり, 耐食性に優れる. クロム質耐火物は Cr_2O_3 を 45%程度含み, クロムれんが (chrome brick, JIS R 2301) とよばれる.

(3) 塩基性耐火物（basic refractory）： 塩基性で融点の高いものといえばMgOである．しいて分類すると，マグネシア質，ドロマイト質，マグネシアクロム質となる．

マグネシアれんが（magnesia brick）は，JIS R 2302でMgO含有率85%以上となっている．

ドロマイト質耐火物の場合，ドロマイトをそのまま原料にしたものがある．CaOはスレーキングを起こす欠点があるので，ドロマイトにMgOを加える．スレーキング（slaking：消化）とは，CaOが水と反応し消石灰（slaked lime）になることであるが，煉瓦の分野では，これによる膨張崩壊を含めた意味で使われている．

マグネシアクロム質はマグネシアとクロム鉄鉱を原料とし，種々の混合割合がある．含有量の多い方を先に呼ぶので，マグネシア50%未満の場合はクロムマグネシア質れんが（旧JIS R 2306；2000年6月20日廃止[*8]）という．クロムマグネシアはクロマグとも呼ばれる．反対のマグクロもある．マグクロ系は最も高い温度（1800〜1900℃）で焼成されている．

ロータリーキルンの比較的温度が低い入口付近は，コストの安い粘土質耐火物が使われる．高アルミナ質も使われる．キルンの中央に向かって，つまり温度が高くなるにつれて，徐々にこれらとマグネシアスピネル煉瓦（スピネルにMgOを加えたもの）が交代する．ロータリーキルンの焼成帯では1450℃にも達し，クリンカー構成物中の30%もが溶融している状態なので，マグネシアスピネル煉瓦が，さらに"超高温焼成マグクロ煉瓦"と称する製品が使われている．最近，焼成帯用にクロムを使わない煉瓦，すなわちMgO-CaO-ZrO_2系が開発されつつある．

g. 製造法　　化学組成に合う製造法を適用する．

(1) 焼成法： 基本的製造法である．原料配合・粉砕・ふるい分け・混練・脱気下での高圧プレス成型・乾燥の後，1300〜1600℃のトンネル窯で焼成する．けい石れんが，ドロマイト質れんががあり，内部に気孔をもつので侵食に弱いが，

[*8] 日本工業規格（JIS）は，鉱工業品および構造物の品質の改善，生産能率の向上，製品の安定化などを図る目的で制定されている．その内容は固定されたものではなく，国際規格との整合性，その時代の原料の状況や産業構造の変化によって，現状に合うように流動，変遷してきた．今後もその時代時代に応じて，新規制定，改正，廃止などがあるということである．財団法人日本規格協会・日本工業標準調査会審議によって定められる．

れんが造り

　瓦は，粘土を型に入れ焼くとできる．西洋から煉瓦が入ってきた．化学組成からみて同族に当たり，瓦工場は煉瓦工場と化した（明治5年（1872），ホフマン式窯採用）．

　当時，日本は近代化を急いでいた．それは電信網整備，鉄道建設のことであり，さらに木造ではなくヨーロッパふうの建築物をつくることであった．明治20年政府は，近代化政策（Modernization Policies of the MEIJI Government）の一環として，民間企業日本煉瓦製造会社を発足させた．これが大量生産の出発点となった．

　明治の中央官庁でただ1つ残された煉瓦建築物，司法省本館が東京・霞ヶ関にある*．赤煉瓦の連なりは，明治の崇高さを誇示するかのように，泰然とそびえている．

　ほかに主要なところをみると，大正6年（1917）完成の横浜市開港記念会館，ならびに，大正7年竣工の大阪市中央公会堂がある．

　ここに一大叙事詩がある．東京駅である．明治後期に建設開始，7年の歳月を経て大正3年に完成した．大規模中のさらに大規模な煉瓦建築物である．煉瓦1個1個をわらで丹念に磨き，煉瓦と煉瓦を接合するモルタルの配合は正確で，平成の現代においてもなお高い強度を保持しているとの記録がある**．基本構造物の一部をとりこわす計画が起こり，その壁面をスライス状に切り出したが，普通はモルタル目地の部分はバラバラになるのであるが，明治のこの断面は，完全な姿を保持していたという**．

　昭和20年（1945），戦災を受け，部分的に特に上部が破損したが，復興後の東京駅はその外観が一部異なるとはいえ，荘厳と美とモダンという言葉をもってしても表現しえない至高のものであり，近代国家建設にかけた明治の日本人の精神とはどういうものであったかを，この東京駅の例1つをとってみても，うかがい知ることができるであろう．

---
　*　明治28年完成．東京大空襲を受け，戦後改修工事，平成6年復元工事完了．
　**　NHK教育テレビ「西洋館物語・れんが造りからの出発」，平成13年3月12日放映．

急熱急冷にはこの気孔が緩衝作用をするのでよく耐える．
　(2) 加圧成型法（不焼成法）：　高温安定な鉱物からつくる場合，高圧成型・未焼成のまま使用する．クロマグ系がこれである．
　(3) 電融鋳造法（電融法，電鋳法）：　アーク炉黒鉛電極間2000～2500℃で溶融し，鋳型に流す．電鋳耐火物という．ムライト質，高アルミナ質，マグクロ系，アルミナジルコニア系がある．ガラス製造溶融タンク窯に，Al_2O_3だけからなる煉

瓦, Al_2O_3-SiO_2 系煉瓦, および Al_2O_3-ZrO_2-SiO_2 系煉瓦が使われる. 電鋳法による製品は緻密なので侵食に強いが, 逆に急熱急冷には必ずしも強くない.

【演習問題】

5.1 70.00 kg の CaO, 30.00 kg の SiO_2 から造られたセメントが仮にあるとする. ① C_3S と β-C_2S の含有量を計算で求めよ. 次に, ② CaO の 0.50 kg を SiO_2 に移した場合, つまり, CaO が 69.50 kg, SiO_2 が 30.50 kg とした場合の, C_3S と β-C_2S の混合割合はどのようになるか. ただし, 組成は $C_3S = 3CaO \cdot SiO_2$, β-$C_2S = 2CaO \cdot SiO_2$ で, 不純物は含まれていないものとする.

5.2 セメントに水を加えてもすぐには固まらない. この理由を述べよ.

5.3 混合セメントが生産されている. 何を混合しているのか, また, いかなる反応で固まるのか述べよ.

5.4 コンクリートのアルカリ骨材反応について述べよ.

5.5 ガラスは無定形物質であるが, 無定形物質はガラスとは限らない. 例を示して, 端的に説明せよ.

5.6 ソーダ石灰ガラスの構造および熱的・化学的性質について, 化学組成の観点から論ぜよ (大学院入試類題).

5.7 理化学用ガラスとして, 石英ガラスやホウケイ酸ガラスが用いられる. これはなぜか.

5.8 Al_2O_3 および PbO は, SiO_2 網目でどのような結合をしているか.

5.9 琺瑯では, 金属とガラス質との接合性が重要である. どのような工夫がなされているか.

5.10 陶磁器の素地となる原料には, 3種類の素材 (成分) が要求されている. どのような役割を果たす素材か, 述べよ.

5.11 耐火物に要求されている性質について述べよ. また, 耐火度の基準はどのようになっているか, 説明せよ.

5.12 酸性耐火物および塩基性耐火物とは, どのようなものか述べよ.

【参考図書】
1) 安藤淳平・佐治 孝：無機工業化学 (第4版), 東京化学同人, 1995.
2) 伊藤 要・永長久彦：無機工業化学概論 (改訂版), 培風館, 1995.
3) 塩川二朗編：無機工業化学 (第2版), 化学同人, 1993.
4) W. Büchner, R. Schliebs, G. Winter and K.H.Büchel (佐々木行美, 森山広思訳)：工業無機化学, 東京化学同人, 1989.

演習問題解答

【第1章】
1.1 純水はわずかにイオン化している．つまり自己プロトリシスする．
$$H_2O \rightleftarrows H^+ + OH^-$$
この平衡定数は
$$K = \frac{a_{H^+} \cdot a_{OH^-}}{a_{H_2O}}$$
希薄溶液なので活量係数を1とすると，水のイオン積の関係により，
$$K_W = a_{H^+} \cdot a_{OH^-} = [H^+][OH^-] = 10^{-14}$$
水のモル濃度は$1l$中の水のモル数なので，
$$[H_2O] = \frac{1000}{18} = 55 \ (mol/l)$$
したがって，水の解離の平衡定数は
$$K = \frac{K_W}{a_{H_2O}} = \frac{10^{-14}}{55} = 1.8 \times 10^{-16}$$

1.2 酸塩基理論は，歴史とともにより広い事象が説明できるように拡張され，古典的なアレニウスの定義から，ブレンステッド・ローリー，ルイスと発展してきた．これら3つを簡単に説明すると，
① アレニウスの定義： 電離してH^+を生じる物質が酸，電離してOH^-を生じる物質が塩基，
② ブレンステッド・ローリーの定義： 相手にH^+を与える物質が酸，相手からH^+を受け取る物質が塩基，
③ ルイスの定義： 電子対の受容体が酸，供与体が塩基．
（補足）H^+という表現が多く出てくるが，実際にはオキソニウムイオンと呼ばれるH_3O^+の形で存在する．考えるときはH^+で考えて問題はないが，知識としてオキソニウムイオンというものの存在を知っておくことは必要なことである．もう1つ重要なこととして，ブレンステッド・ローリーの定義では同じ物質が酸にも塩基にもなりうるので注意が必要である．典型的なものとしては，水があげられる．

1.3 $\Delta G°$と平衡定数Kの関係は
$$\Delta G° = -RT \ln K$$
この式を変形して

$$\ln K = -\frac{\Delta G°}{RT} = -\frac{-47.86 \times 10^3}{8.31 \times (400+273)} = 8.557$$

したがって，平衡定数は

$$K = 5.2 \times 10^3$$

② ルシャトリエの原理により，圧力を上げると系の圧力を下げる方向（系内の分子数を減らす方向）へ反応が進むので，アンモニアが生成する方向へ平衡が移動する．

③ アンモニアの生成反応は発熱反応（$\Delta H_f° = -46.1$ kJ）なので，高温にすると熱を吸収する方向に反応が進むので，アンモニアが分解する方向へ平衡が移動する．したがって，アンモニアの合成は平衡論的には低い温度で圧力を高くして行うのがよいが，アンモニア合成の反応速度はあまり速くないため，速度論的には高温で行うのがよい．結果的には両者の兼ね合いから500℃程度で行われることが多い．

1.4 ① 水銀を用いて食塩水の電気分解を行うと，水銀の水素過電圧が大きいために水素が発生しない．そのため，次のようにNa^+がカソード反応で水銀中に析出してナトリウムアマルガムとなる．

$$Na^+ + e^- \longrightarrow Na\text{-}Hg$$

こうして生成したアマルガムは黒鉛を充填した解こう塔に送られ，水と反応してNaOHとH_2が生成する．

$$2Na\text{-}Hg + 2H_2O \longrightarrow 2NaOH + H_2 + 2Hg$$

こうしてつくられたNaOHは50～70%とそれまでの隔膜法に比べて高濃度のものが得られる．

② 水銀法での食塩電解では電子1 mol（26.8 Ah）で水酸化ナトリウムが1 mol生成する．したがって，水酸化ナトリウム1tをつくるのに必要な理論電気量は

$$\frac{10^6}{40} \times 26.8 = 6.7 \times 10^5 \text{ (Ah)}$$

さらに，電流効率が95%であるから

$$\frac{6.7 \times 10^5}{0.95} = 7.1 \times 10^5 \text{ (Ah)}$$

③ 先ほど求めた電気量と槽電圧を掛け合わせればよいので，

$$7.1 \times 10^5 \times 3.2 = 2.3 \times 10^6 \text{ (Wh)}$$

1.5 SO_3の生成反応は発熱反応（$\Delta H° = -96$ kJ）なので，高温にすると熱を吸収する方向に反応が進むので，SO_3が分解する方向へ平衡が移動する．したがって，SO_3の合成は平衡論的には低い温度で圧力を高くして行うのがよいが，SO_3合成の反応速度はあまり速くないため，速度論的には高温で行うのがよい．結果的には両者の兼ね合いから450℃程度で行われる．

【第 2 章】

2.1 人間：$100/55 = 1.82$ W/kg，ウマ：$760/450 = 1.69$ W/kg である．電池の出力密度：放電時の平均電圧を 1.1 V としたときは，$P(\mathrm{W}) = I(\mathrm{A}) \times E(\mathrm{V}) = E^2/R = 1.1^2/2.25 = 0.538$ W であり，これを電池重量の実測値で割算すればよい．手元にあった単一電池の重量は 140 g であったので，出力密度は 3.84 W/kg となる．0.9 V の終止電圧まで連続放電させる実験を行う場合は，出力電圧と流れる電流が時間とともに変化する．電池の＋と－の端子は 2.25 Ω の負荷抵抗に接続されているので，負荷抵抗にかかる電圧が電池の出力電圧であり，この出力電圧からオーム (Ohm) の法則 ($I = E/R$) を用いて出力電流を計算することができる．したがって，$P = I \times E = E^2/R = E^2/2.25$ から出力が計算できる．この出力 P の時間変化をグラフにし，0.9 V の終止電圧までの時間平均を計算することにより平均出力を計算する．この平均出力を電池重量の実測値で割算すればよい．いずれにしても，出力密度は，電池＞人間＞ウマとなる．

2.2 2.2.2 項をみよ．

2.3 ① 電極面積は 100/cm^2 なので，$P = 100 \times 0.6 = 60$ W．

② ファラデーの法則より，反応水素量は 44.97 mol/day となる．燃料利用率が 80% なので，供給水素量は 55.97 mol/day が必要となる．理想気体の状態方程式より，$V = nRT/P = 55.97 \times 0.082 \times 298/1 = 1368\ l = 1.368$ m^3/day の水素を供給しなければならない．1 mol のメタンから 4 mol の水素ができるから，$1.368/4 = 0.342$ m^3/day のメタンを供給しなければならない．

③ ②と同様に，反応酸素量は 22.387 mol/day だから，酸素利用率と空気中の酸素濃度から，供給空気量は $22.387/(0.3 \times 0.2) = 373.11$ mol/day が必要となる．理想気体の状態方程式より，$V = 9117.48\ l = 9.12$ m^3/day の供給空気量となる．

④ 式 (2.16) より $\varepsilon_{\mathrm{th}} = -237.4/-286.0 = 0.830$ (83.0%)，式 (2.17) より $\varepsilon = \varepsilon_{\mathrm{th}} \times (0.6/1.229) \times (0.8/1) = 0.324$ (32.4%) である．電圧損失が大きいため，このような低い発電効率となる．本当に燃料電池自動車は優れているといえるのであろうか．世間での騒ぎは，どこかに嘘があるのではないだろうか．各自でさらに調べてみよう．

⑤ 燃料電池の発電電力量は 1 時間で 0.06 kWh であり，このときのメタン使用量は $0.342/24 = 0.0145$ m^3 であるから，メタンガスの料金は $0.0145 \times 430 = 6.13$ 円である．一方，0.06 kWh の電気料金は $0.06 \times 21.9 = 1.314$ 円である．したがって，電力会社から電気を買う方が経済的に優れているといえる．このような計算をコスト評価という．各自の地元での電気料金，ガス料金を調べて，同様な計算をしてみるとよい．ただし，今回の計算はガス料金として一般家庭での LPG 価格をそのままメタンガス料金と仮定した数字であり，現実のコストとは異なることに注意してほしい．あくまでも練習用の計算である．

2.4 鉄の電位- pH 図，各領域の鉄に関する安定化学種は図 2.21 をみよ．

番号	反応式	電位 E (V)	pH の範囲
①	$Fe^{2+} + 2e^- \longrightarrow Fe$	-0.617	$0 \sim 9.59$
②	$Fe^{3+} + e^- \longrightarrow Fe^{2+}$	0.771	$0 \sim 3.54$
③	$Fe(OH)_2 + 2e^- \longrightarrow Fe + 2OH^-$	$-0.051 - 0.059\,pH$	$9.59 \sim 14$
④	$Fe(OH)_3 + e^- \longrightarrow Fe(OH)_2 + OH^-$	$0.266 - 0.059\,pH$	$9.59 \sim 14$
⑤	$Fe(OH)_3 + e^- \longrightarrow Fe^{2+} + 3OH^-$	$1.398 - 0.177\,pH$	$0 \sim 3.54$
⑥	$Fe^{2+} + 2OH^- \longrightarrow Fe(OH)_2$	$-0.617 < E < -0.300$	9.59
⑦	$Fe^{3+} + 3OH^- \longrightarrow Fe(OH)_3$	$0.771 < E$	3.54
⑧	$2H^+ + 2e^- \longrightarrow H_2$	$-0.059\,pH$	$0 \sim 14$
⑨	$O_2 + 4H^+ + 4e^- \longrightarrow 2H_2O$	$1.229 - 0.059\,pH$	$0 \sim 14$

⑤は,式 (2.5) の関係から,④+③-①の反応より計算する.
$$\Delta G_{⑤} = \Delta G_{④} + \Delta G_{③} - \Delta G_{①} = FE°_{④} + 2FE°_{③} - 2FE°_{①} = FE°_{⑤}$$
となる.熱力学的な平衡電位は,このように反応の途中の状態は問わず,最初の状態と最後の状態のエネルギー差のみが関係するため,標準電極電位表に記述がなくても,複数の反応を組み合わせて,目的の反応の標準電極電位を計算できる.

2.5 釘の山の周辺部にある釘は,空気中の酸素に曝されるが,周辺部の釘の酸化によって酸素が消費されてしまい,山の中心部では無酸素状態だったと推測される.局部還元反応がなければ腐食は進行しない.

2.6 2.3.6 項の b をみよ.

2.7 ① 2.3.8 項の c をみよ.
② ネルンスト式により平衡電位を計算し,Fe と Ni の平衡電位が等しくなる条件を求めればよい. $-0.440 + 0.0295 \log[Fe^{2+}] = -0.246 + 0.0295 \log[Ni^{2+}]$ だから,$0.0295\,(\log[Fe^{2+}] - \log[Ni^{2+}]) = 0.440 - 0.246 = 0.194$ となる.したがって,$[Fe^{2+}]/[Ni^{2+}] = 10^{6.58}$ という値になり,正常析出を行うためには,きわめて大きな濃度差が必要になる.これでは,物質移動速度の点で,Ni の共析はほとんど起こらないことを意味する.パーマロイの合金めっきが異常共析として驚くべきものであることが理解できよう.

2.8 2.3.7 項をみよ.

2.9 2.3.8 項の a をみよ.

【第 3 章】

3.1 エリンガム線の勾配は,反応の標準エントロピー変化を表している.ところで,凝縮相のエントロピー変化は,気相のエントロピー変化に比べてきわめて小さいので,反応式のエントロピー変化は,酸素 1 mol の消失に伴うエントロピーの減少のみに依存していると考えてよい.図で酸化物が凝縮相である場合の $\Delta G°$ を表す直線(エリンガム線)はいずれも正の勾配を有し,それは 1 mol の酸素のエントロピーにほぼ相当し,その値が酸化物の種類によらずよく似ているのはこのような理由によっている.

3.2 ① 約 1×10^{-25} Pa, ② 約 1×10^{-17} Pa, ③ 約 1370 K, ④ 約 1×10^{-20} Pa.

3.3 式 (3.5) に鉛の酸化反応の $\Delta G°$, $T = 1300$ K を代入して $\log P_{O_2} = -7.6$, 同様にして, 式 (3.19) より, 硫化反応に対して $\log P_{S_2} = -4.0$ が得られる. また, 与えられた 2 式からヘス (Hess) の法則により, $2\text{PbS}(s) + O_2(g) \rightleftarrows 2\text{PbO}(l) + S_2(g)$, $\Delta G°/J = -44660 - 35.18T$ が得られ, PbS, PbO の活量を 1 とおき 1300 K を代入すると, $\log P_{S_2} - \log P_{O_2} = 3.63$ となる.

3.4 与えられたデータから, ブドワー平衡に関して, $\Delta G°/J = 171660 - 175.02\,T$ と得られる. 式 (3.3) を考慮すると, 平衡定数は温度の上昇とともに増大し, CO の割合が増大する傾向を示す.

3.5 ヘスの法則に従って, 与えられたデータの係数を合わせて差し引きすることによって, 与えられた反応式に対して $\Delta G°/J = -137750 + 7.54T$ が得られる. $T = 1473$ K における $\Delta G°$ の値を代入すると, 平衡定数

$$K = \frac{a_{\text{FeO}} a_{\text{Cu}_2\text{S}}}{a_{\text{FeS}} a_{\text{Cu}_2\text{O}}} = 3.09 \times 10^4$$

が得られる. このことは, 1473 K で反応式は大きく右側に偏っており, マット溶錬が可能なことを示している.

3.6 電解中に流れた電気量: 2.88×10^6 C, 銅析出に用いられた電気量: $900 \times \dfrac{2}{63.55} \times F = 2.734 \times 10^6$ C, 平均電流効率: $\varepsilon_F = \dfrac{2.734 \times 10^6}{2.880 \times 10^6} \times 100 = 94.9$ (%), 電解のための消費電気量: $P = 2.2 \times 80 \times 10 = 1760$ (W·h), 1 kg の銅を得るための消費電力: $p = \dfrac{1000}{900} \times 1760 = 1956$ (W·h/kg).

3.7 電解採取の場合, 電解の進行に従って, 目的金属イオンの濃度が低下するとともにアノード反応のために酸濃度が増大したり塩化物イオン濃度が低下する. このため電解浴の還流を行い, 電解槽内で, 濃度の不均一が生じないように留意しなければならない. 一方, 電解精製では, 不純物金属のうち注目する金属より卑な金属イオンが溶液中に溶出する. しかしその量はわずかで濃度変化は緩慢であるため, わずかの電解液の環流でよい.

【第 4 章】

4.1 $\text{NH}_4\text{NO}_3 \rightarrow \text{N}_2\text{O} + 2\text{H}_2\text{O}$ の反応において, 窒素の酸化数は, NH_4^+ では -3, NO_3^- では $+5$ であり, 生成物の N_2O では $+1$ である. したがって, この分解反応は窒素の均化による反応である. さらに高温では, この反応は爆発的に進行するので, 硝安爆薬として利用される.

4.2 ゾル-ゲル法および図 4.9 参照.

4.3 ゼオライト A は, 洗濯の阻害因子である洗濯液中の Mg^{2+} や Ca^{2+} などのカチオン

をイオン交換により捕捉し，アルカリを補給して，硬水を軟水にする．
$$Na_{12}Al_{12}Si_{12}O_{48}\cdot 27H_2O + xMe^{2+} \longrightarrow$$
$$Me_xNa_{12-2x}Al_{12}Si_{12}O_{48}\cdot 27H_2O + 2xNa^+$$
またゼオライトには，洗い出された汚れが布に再付着するのを防ぐ効果もある．

4.4 水熱法，フラックス法，チョクラルスキー法を参照．

4.5 たとえば，過飽和度が支配する合成法としては，溶液法（冷却法，蒸発法，沈殿法，水熱法，フラックス法など）および気相法（化学蒸着法，化学輸送法など）である．過冷却度が支配する合成法としては，溶融法（チョクラルスキー法，ブリッジマン法，ベルヌーイ法，浮融帯溶融法）である．

4.6 CVD法は，気相および基板表面での原料ガス分子の励起や分解による化学反応で薄膜をつくる方法である．一方PVD法は，薄膜構成原子を含む固体を蒸発やスパッタリングなどの物理的な方法により，原子や分子状態にして，基板上に輸送し，薄膜をつくる方法である．

4.7 $C_{18}H_{35}NH_2$のインターカレーションによる層間隔の広がりは，4.33 nmである．分子長（2.5 nm）と広がりを比べると，$C_{18}H_{35}NH_2$は層間で2層配列をしていると考えられる．2層配列とすると，ホスト層に対する分子の傾きは，約60°（= $\arcsin^{-1} 4.33/(2.5\times 2)$）となる．したがって，$C_{18}H_{35}NH_2$は層間でホスト層に対して60°傾いて，2層配列を形成していると予測される．

【第5章】

5.1 CaOの分子量は56.08，SiO_2の分子量は60.09であるから，C_3S中のCaOは73.68質量%，β-C_2S中のCaOは65.12%．セメント中のC_3Sの含有率をx%とすると，CaOに関して，① $0.7368x + 0.6512(100-x) = 70.00$が成り立つ．$x = 57.01$が得られる．$C_3S$は57.01 kg，$\beta$-$C_2S$は42.99 kgとなる．② 同様に計算すると，$x = 51.17$が得られ，2桁で示すと$C_3S：51\%$，$\beta$-$C_2S：49\%$．わずか0.5%の原料移動で，生成物の組成は6%もの大きな変化をもたらしていることがわかる．

（メモ）　CaOの含有率の幅は65.12%（C_2Sが100%の場合）～73.68%（C_3Sが100%）である．つまり，この差8.56%の範囲内でしか動かすことができない．

5.2 セメントに水を加えると，直ちに水和反応が開始する．ところが，水和物がセメント粒子表面を覆うかたちで形成されるので，反応が一時的に阻止される．これが理由である．

5.3 混合材として，高炉スラグ，ポゾラン，フライアッシュがある．ポゾラン反応によって水和反応が進み，固まる．

5.4 コンクリートに含まれているアルカリ分がコンクリート中の毛細管に浸み出て，砂利や砕石といった骨材と反応を起こす，これをアルカリ骨材反応という．反応生成物がコンクリートを押し拡げ，ひび割れを起こし，やがて崩壊に至らしめる．

5.5 無定形炭素があり，これはガラスではない．「すす」に代表される．ゴムは無定形物質であるが，これもガラスではない．アモルファスであってもガラス転移点をもたない物質はガラスとはいえないのである．

5.6 石英ガラス溶融体は粘度が高く，加工しにくい．そこでガラス網目を Na_2O や CaO で切断し，粘度を下げる．熱膨張率は上がる．これがソーダ石灰ガラスである．アルカリ含有量が多ければ多いほど，化学的耐久性は弱くなる．なお，400〜600字程度の小論文課題のつもりで，説明文を作成してみるとよい．最初に重要項目のすべてを盛り込み筋道を組み立てる．適切な専門用語，適切な言葉を選択し，重複する意味の言葉や文を調整する．

5.7 石英ガラスは単一の SiO_2 から構成されている．それゆえ，化学的耐久性は高いので，理化学用に用いられる．Na_2O による網目の切断箇所は，B_2O_3 を加えることによって修復されるので，化学的耐久性がその分だけ回復する．

5.8 図5.10に示すとおりである．

5.9 ガラス質は金属より熱膨張率が低いので，これを金属のそれに近付ける．さらに，金属との親和性（接合性，化学反応性）のある金属酸化物をガラス質に加える．

5.10 石英は収縮率が非常に小さいので陶磁器の基本構成体に適している．粘土は可塑性があるので形をつくりやすくする素材となる．さらに，長石はアルカリを含有しているため融解しやすく，拡散を促進し焼締りをよくする成分となる．この3性質で構成される．

5.11 急熱急冷に耐え，形や大きさが変わらず，機械的強度が大で，化学的に安定であること．耐火度については，わが国ではゼーゲル錐を基準にしている．

5.12 酸性耐火物は無水ケイ酸を基体につくられており，塩基性耐火物はマグネシアを基体につくられている．詳細は本文参照．

付　表

(1)　ギリシア文字

大文字		小文字		名　　称	英法綴り	名　　称
A	A	α	α	$\acute{\alpha}\lambda\varphi\alpha$	Alpha	アルファ
B	B	β	β	$\beta\acute{\eta}\tau\alpha$	Beta	ベータ
Γ	Γ	γ	γ	$\gamma\acute{\alpha}\mu\mu\alpha$	Gamma	ガンマ
Δ	Δ	δ	δ	$\delta\acute{\epsilon}\lambda\tau\alpha$	Delta	デルタ
E	E	ε	ϵ, ϵ	$\acute{\epsilon}\psi\iota\lambda o\nu$	Epsilon	エプシロン
Z	Z	ζ	ζ	$\zeta\acute{\eta}\tau\alpha$	Zeta	ゼータ
H	H	η	η	$\acute{\eta}\tau\alpha$	Eta	イータ
Θ	Θ	θ	θ, ϑ	$\vartheta\acute{\eta}\tau\alpha$	Theta	シータ
I	I	ι	ι	$\iota\acute{\omega}\tau\alpha$	Iota	イオータ
K	K	κ	κ	$\kappa\acute{\alpha}\pi\pi\alpha$	Kappa	カッパ
Λ	Λ	λ	λ	$\lambda\acute{\alpha}\mu\beta\delta\alpha$	Lambda	ラムダ
M	M	μ	μ	$\mu\upsilon$	Mu	ミュー
N	N	ν	ν	$\nu\upsilon$	Nu	ニュー
Ξ	Ξ	ξ	ξ	$\xi\iota$	Ksi, Xi	クシー
O	O	o	o	$\acute{o}\mu\iota\kappa\rho o\nu$	Omicron	オミクロン
Π	Π	π	π	$\pi\iota\,(\pi\epsilon\iota)$	Pi	パイ
P	P	ρ	ρ	$\rho\omega$	Rho	ロー
Σ	Σ	σ	σ	$\sigma\acute{\iota}\gamma\mu\alpha$	Sigma	シグマ
T	T	τ	τ	$\tau\alpha\upsilon$	Tau	タウ
Υ	Υ	υ	υ	$\acute{\upsilon}\psi\iota\lambda o\nu$	Upsilon	ウプシロン
Φ	Φ	φ	φ, ϕ	$\varphi\iota\,(\varphi\epsilon\iota)$	Phi	ファイ
X	X	χ	χ	$\chi\iota\,(\chi\epsilon\iota)$	Khi	カイ
Ψ	Ψ	ψ	ψ	$\psi\iota\,(\psi\epsilon\iota)$	Psi	プサイ
Ω	Ω	ω	ω	$\omega\mu\acute{\epsilon}\gamma\alpha$	Omega	オメガ

ギリシア語のアルファベット（$\alpha\lambda\varphi\acute{\alpha}\beta\eta\tau o$）は24文字．[´]はアクセント符号．

(2) 基礎物理定数

物理量		記号	数値	単位
真空中の光速度	speed of light in vacuum	c	$2.997\,924\,58 \times 10^8$	$\mathrm{m\,s^{-1}}$
真空の誘電率	permittivity of vacuum	ε_0	$8.854\,187\,817 \times 10^{-12}$	$\mathrm{F\,m^{-1}}$
真空の透磁率	permeability of vacuum	μ_0	$4\pi \times 10^{-7}$	$\mathrm{N\,A^{-2}}$
プランク定数	Planck constant	h	$6.626\,0755(40) \times 10^{-34}$	$\mathrm{J\,s}$
アボガドロ定数	Avogadro constant	N_A	$6.022\,1367(36) \times 10^{23}$	$\mathrm{mol^{-1}}$
ボルツマン定数	Boltzmann constant	k	$1.380\,658(12) \times 10^{-23}$	$\mathrm{J\,K^{-1}}$
ファラデー定数	Faraday constant	F	$9.648\,5309(29) \times 10^4$	$\mathrm{C\,mol^{-1}}$
気体定数	gas constant	R	$8.314\,510(70)$	$\mathrm{J\,K^{-1}\,mol^{-1}}$
電気素量	elementary charge	e	$1.602\,177\,33(49) \times 10^{-19}$	C
水の三重点	triple point of water	$T_\mathrm{tp}(\mathrm{H_2O})$	273.16	K
セルシウス温度目盛のゼロ点	zero of Celsius scale	$T(0{}^\circ\mathrm{C})$	273.15	K
理想気体のモル体積 (273.15 K, 101325 Pa) molar volume of ideal gas		V_m	$22.414\,10(19) \times 10^{-3}$	$\mathrm{m^3\,mol^{-1}}$

( ) の中は標準誤差で, (40) なら数値の最後の 2 桁が ±40 の範囲にあることを意味する.

(3) 10 の整数倍を表す接頭語

倍数	接頭語	記号	倍数	接頭語	記号
10^{-24}	yocto (ヨクト)	y	10	deca (デカ)	da
10^{-21}	zepto (ゼプト)	z	10^2	hecto (ヘクト)	h
10^{-18}	atto (アト)	a	10^3	kilo (キロ)	k
10^{-15}	femto (フェムト)	f	10^6	mega (メガ)	M
10^{-12}	pico (ピコ)	p	10^9	giga (ギガ)	G
10^{-9}	nano (ナノ)	n	10^{12}	tera (テラ)	T
10^{-6}	micro (マイクロ)	μ	10^{15}	peta (ペタ)	P
10^{-3}	milli (ミリ)	m	10^{18}	exa (エクサ)	E
10^{-2}	centi (センチ)	c	10^{21}	zetta (ゼタ)	Z
10^{-1}	deci (デシ)	d	10^{24}	yotta (ヨタ)	Y

索　引

欧　文

CPU　37
CVD 法　141
DSA　13
FCG-1 計画　56
FZ 法　139
IT 産業　37
IUPAC　31
JIS　157,202
MOCVD　144
MPU　37
NSP キルン　160
PEFC　5,58
PNGV 計画　58
PVD　144
SP キルン　160
TARGET 計画　56
T_g 領域　176
YAG レーザ　114

ア　行

アクセラレータ処理　74
圧縮強度　162
アノード　101
アポロ 13 号　56
網目構造形成成分　180
網目構造修飾成分　180
アルカリ骨材反応　170
アルカリシリカ反応　170
アルコキシド　131
アルミナセメント　167
アルミネート相　160
アルミノケイ酸塩ガラス　187
アルミノ鉄酸四カルシウム　159
アルミノリン酸塩モレキュラーシーブ　136
アルミン酸三カルシウム　159
アレニウス　1
アンモニア　25
　――の接触酸化　15
硫黄のポテンシャル　92
イオン交換　123
イオン交換膜法　21
イオンプレーティング法　145
板ガラスの成形　183
異方性　174
色釉　195
インターカレーション　151

上掛けぐすり　191
うわぐすり　191

エアロゲル　133
永久磁石　114
液相エピタキシー法　140
エトリンガイト　163
エピタキシャル成長　140
エーライト　160
エリプソメトリー　69
エリンガム図　90
塩害　171
塩基性耐火物　202
塩酸　9
鉛蓄電池　5,38,46,118

オージェ電子分光法　69
オートクレーブ　134
オルトケイ酸イオン　176
オルトリン酸　15
オンサイト型　57
温度差法　129

カ　行

塊状帯　108
回転炉　156
解離定数　15
火炎溶融法　139
カオリナイト　157,194
カオリン　191
化学蒸着法　141
化学反応速度　34
化学平衡　36
化学輸送法　141
架橋酸素　177
隔膜法　21
荷重軟化点　198
仮焼　158
仮焼炉　160
加水分解　3
加水分解反応　122,131
カソード　101
活性陰極　21,24
合致溶融化合物　124
過飽和曲線　128
過飽和度　128,141
ガラス状態　173
ガラス繊維　184
ガラス転移温度　175
ガラス転移温度領域　176
ガラス転移点　175
カルシウムシリケートハイドレート　162
過冷却液体　175
過冷却度　128
環境負荷の低減　116
還元剤　122
還元電流　34
還元反応　31
乾式精製　98
乾式製造法　16
乾式製錬　87
顔料　195

貴　32
キセロゲル　133
希土類元素　113
ギブスの自由エネルギー変化

32
凝結 161
共晶温度 124
共晶系合金 99
共晶組成 99
共沈法 130
共沸化合物 9
共沸混合物 3
共沸組成 9
均化 123
金属イオン-水酸化物のpH平衡 96
金属イオンの活量とpHの関係 94
金属イオン-硫化物のpH平衡 96
金属工業 118
金属材料システム 119
金属スクラップ 116
金属と酸化物および硫化物のポテンシャル図 93
金属と酸化物との平衡 87
金属と硫化物との平衡 91
金属の製錬 86
金属のリサイクリング 115

クラウンガラス 190
グラスライニング 192
グリコサーマル 136
クリンカー 156
クリンカー鉱物 162
グルコースオキシダーゼ 82
クロムめっき 72
クロムれんが 201

ケイ酸カルシウム水和物 162
ケイ酸系ガラス 185
ケイ酸三カルシウム 159
ケイ酸二カルシウム 158
ケイ石 157, 180
けい石れんが 200
携帯情報機器 52
ゲスト 148
ケト-エノール反応 80
鹸化 19

コイン形電池 45
高アルミナ質耐火れんが 201
高温超伝導体 127
硬化 161

高剛性モノコック構造 79
合成塩酸 10
高炉 106
高炉セメント 166
黒鉛アノード 24
固体高分子型燃料電池 5, 58
固体電解質 114
骨材 168
固溶体 130
コランダム 135
コルバーン法 183
コロイド 131
コロイド状保護被膜 164
コンクリート 168
——の炭酸化 172
——の中性化 172
コンクリート崩壊のプロセス 169
混合セメント 166
コンピュータ記憶素子 114

サ 行

サイクロン 160
材齢 162
サスペンションプレヒーター 160
三員環 177
酸塩基反応 122, 152
酸化還元反応 31, 152
酸化剤 122
酸化電流 34
酸化反応 31
酸化物イオン伝導性 130
酸化物の安定度 91
酸化物の浸出 94
サンシャイン計画 56
酸性耐火物 200
酸素陰極型 24
酸素-水素燃料電池 40
酸素センサ 114
酸素ポテンシャル 88, 91
山陽新幹線 169

磁器 193
自己不動態化 68, 69
湿式製造法 16
湿式製錬 87, 93
七宝 190
シフト反応 27

斜方晶系 7
重合開始剤 153
重縮合反応 133
重炭酸ソーダ 19
省エネルギー 116
焼結 127
省資源 116
焼成 156
焼成窯 156
焼成帯 158
焼成プロセス 158
焼成れんが 200
蒸発法 129
蒸留精製 101
食塩電解 21
徐冷点 184
シリカセメント 166
ジルコン質れんが 201
シロキサン結合 132
シロキサンポリマー 132

水銀0使用 43
水銀法 21
水硬性セメント 155
水酸アパタイト 122
水酸化ナトリウム 19
水晶 135
水蒸気改質法 27
水性ガス反応 27
水素イオンポテンシャル 94
水素過電圧 22
水素化物電池 114
水素吸蔵 114
水素結合 25
水素電極基準 2
水熱法 134
水溶法 128
水和 161
水和反応 161
スパッタリング法 144
スピネル 198
素焼 196
スルーホールめっき 72
寸法安定性陽極 21, 24
寸法安定電極 13

製鋼 107
製鋼製錬 106
製銑 107
清澄 181

索　　引

精留法　12
ゼオライト　135
石英ガラス　186
赤色蛍光体　114
ゼーゲルコーン　199
ゼーゲル錐　199
石灰石　156,181
セッコウ　156,157,163
セメント硬化体　164
セメントペースト　168
潜在水硬性　166
銑鉄　107,109

早強ポルトランドセメント
　　164
層状化合物　149
層状ケイ酸イオン　178
ソーダ石灰ガラス　186
ソーダ灰　19,181
ソフト化学法　148
ゾル-ゲル法　131,141

タ　行

耐火度　199
耐火物　197,198
　　――の分類　200
耐火煉瓦　197
帯状溶融法　100
ダイヤモンド　147
帯融精製　100
耐硫酸塩ポルトランドセメント
　　164
多孔体　151
ターフェル直線　69
短距離秩序　174
炭酸カルシウム　130
単斜晶系　7
中間酸化物　180
抽出法　12
中性耐火物　201
中庸熱ポルトランドセメント
　　164
潮解性　19
長距離秩序　174
長石　191
超早強ポルトランドセメント
　　164
チョクラルスキー法　138

沈殿法　141

ディインターカレーション
　　151
定形耐火物　200
低熱ポルトランドセメント
　　164
滴下帯　108
鉄筋コンクリート　169
鉄筋腐食　172
鉄鋼製錬　87
鉄スクラップ　117
転位　126
電位-pH図　97
電解採取　103
電解精製　103,105
電解製錬　87,101
転化反応　7
電気化学ポテンシャル　32
電極反応　31
電極反応速度　35
電子対供与体　1
電融鋳造法　203
電流密度　24,34
電力消費量　102
転炉　109

陶器　193
銅屑　117
凍結乾燥法　131
陶磁器　193
銅製錬　110
陶石　194
動的平衡　36
等方性　174
土器　193
特殊セメント　167
塗布熱分解法　141
トポタクティック　148
トポタクティック反応　127
ドロマイト　181

ナ　行

ナノコンポジット材料　134
鉛ガラス　188
鉛クリスタルガラス　188
軟化点　185

二ケイ酸イオン　177

二酸化ケイ素　174
二酸化マンガン電池　38
2次電池　46
ニッカド電池　38
ニッケル-カドミウム電池　38,
　　46,50
ニッケル-水素電池　46,49
日本工業規格　157,202
ニューサスペンション
　　プレヒーター　161
ニューサンシャイン計画　56

熱衝撃破壊抵抗性　198
熱力学的可逆変化　37
ネルンスト式　33
粘土鉱物　157,194
粘土質耐火れんが　201

ハ　行

配位結合　1
配位子交換　123
ばい焼　6
鋼　109
白色セメント　168
爆発限界　10
剥離　153
発煙硫酸　3,9
ハード化学法　148
バナジウムレドックスフロー
　　電池　5
ハーバー-ボッシュ法　14,25
パーマロイ　80
半水二水セッコウ法　18
半電池反応　31
反応速度　34

卑　32
非化学量論組成　6
非架橋酸素　179
引上げ法　138
非結晶体　174
微結晶モデル　178
非晶質体　174
ひずみ点　185
非線形光学特性　129
非鉄製錬　87
比誘電率　25
標準電位　33
標準電極電位　33,102

ビーライト　160
ピラーリング　151
ピロケイ酸イオン　177
びんの成形　183

ファラデーの法則　34,35,65
フェライト　135
フェライト相　160
不規則網目構造説　180
不均化　123
不均化分解　22
副生塩酸　11
腐食　59
腐食電位　64
普通ポルトランドセメント　164
フッ素系イオン交換膜　5,21,23
不定形耐火物　200
ブドワー平衡　107
部分酸化法　27
フライアッシュセメント　167
ブリッジマン法　139
フリーデル塩　171
フリントガラス　190
プリント基板　30
フルコール法　183
プールベ　2
プレスアンドブロー方式　183
フレームめっき　81
ブレンステッド酸　152
ブレンステッドの酸・塩基　1
ブローアンドブロー方式　184
フローティングゾーン法　139
フロート法　183
分解溶融　125
分子ふるい　135
噴霧乾燥法　131
噴霧熱分解法　131,141

平均電流効率　102
平衡状態図　98,124,137
平衡電位　33

ベネチアンガラス　189
ベルト型超高圧装置　146
ペルフルオロカルボン酸型イオン交換膜　23

ホウケイ酸塩ガラス　187
ホウ砂　181
ホウ酸　181
包晶温度　125
ほうろう　190
飽和曲線　128
ホスト　148
ポゾラン　167
ポゾラン反応　167
ボタン形電池　44
ボヘミアンガラス　189
ボヘミアンクリスタル　187
ポリアミン樹脂　79
ポリ酸　123
ポリリン酸　16
ポルトランドセメント　155,156,164

マ 行

マグネシアれんが　201
マンガン乾電池　38,43
マントル　145

水セメント比　169
ミッシュメタル　51,114

無限大三次元ネットワーク　178
無水ケイ酸　176
無定形物質　174
ムライト　200
ムライト質耐火物　201
ムーンライト計画　56

モノサルフェート　163
モルタル　168

ヤ 行

釉　191
融液エピタキシー法　140
有機・無機複合材料　134
有機・無機複合体　153
融着帯　108
誘導期　161
釉薬　191
湯だまり　109

陽イオン選択透過性　23
溶解度曲線　128
溶鉱炉　106,107
溶倒温度　199
溶媒和電子　25
溶融塩電解　105,111
溶離法　98

ラ 行

ラックスとフラッドの酸・塩基　1

リチウム電池　46
律速段階　10
粒界　126
硫化物の安定度　93
理論分解電圧　102
リン酸　15

ルイスの酸・塩基　1
ルクランシェ電池　38,42
ルブラン法　6

レースウェイ　109

六員環　178
ロータリーキルン　156
ロードレベリング　53,54
ローマンガラス　189

著者略歴

太田健一郎（おおたけんいちろう）
- 1945 年　兵庫県生まれ
- 1973 年　東京大学大学院工学系研究科博士課程修了
- 現　在　横浜国立大学大学院工学研究院機能の創生部門教授・工学博士

佐々木　健（さ さ き たけし）
- 1943 年　北海道生まれ
- 1968 年　北海道大学大学院理学研究科修士課程修了
- 現　在　北海道大学大学院工学研究科分子化学専攻助教授・理学博士

佐々木義典（さ さ き よしのり）
- 1936 年　青森県生まれ
- 1967 年　東京工業大学大学院理工学研究科修士課程修了
- 現　在　千葉大学工学部物質工学科教授 工学博士

仁科辰夫（に しな たつ お）
- 1958 年　静岡県生まれ
- 1983 年　東北大学大学院工学研究科博士課程前期2年修了
- 現　在　山形大学大学院理工学研究科生体センシング機能工学専攻助教授・工学博士

三宅通博（みやけみちひろ）
- 1949 年　岡山県生まれ
- 1979 年　東京工業大学大学院総合理工学研究科博士課程修了
- 現　在　岡山大学環境理工学部環境物質工学科教授・工学博士

応用化学シリーズ　1
無機工業化学

定価はカバーに表示

2002年　9 月 20 日　初版第 1 刷
2022年 10 月 10 日　　　第 9 刷

著者	太 田 健 一 郎
	仁 科 辰 夫
	佐 々 木 　 健
	三 宅 通 博
	佐 々 木 義 典
発行者	朝 倉 誠 造
発行所	株式会社　朝 倉 書 店

東京都新宿区新小川町 6-29
郵便番号　162-8707
電　話　03(3260)0141
FAX　03(3260)0180
http://www.asakura.co.jp

〈検印省略〉

Ⓒ 2002〈無断複写・転載を禁ず〉　　　　Printed in Korea

ISBN 978-4-254-25581-2　C3358

JCOPY　〈出版者著作権管理機構　委託出版物〉

本書の無断複写は著作権法上での例外を除き禁じられています．複写される場合は，そのつど事前に，出版者著作権管理機構（電話 03-5244-5088，FAX 03-5244-5089，e-mail: info@jcopy.or.jp）の許諾を得てください．

好評の事典・辞典・ハンドブック

物理データ事典 日本物理学会 編 B5判 600頁
現代物理学ハンドブック 鈴木増雄ほか 訳 A5判 448頁
物理学大事典 鈴木増雄ほか 編 B5判 896頁
統計物理学ハンドブック 鈴木増雄ほか 訳 A5判 608頁
素粒子物理学ハンドブック 山田作衛ほか 編 A5判 688頁
超伝導ハンドブック 福山秀敏ほか 編 A5判 328頁
化学測定の事典 梅澤喜夫 編 A5判 352頁
炭素の事典 伊与田正彦ほか 編 A5判 660頁
元素大百科事典 渡辺 正 監訳 B5判 712頁
ガラスの百科事典 作花済夫ほか 編 A5判 696頁
セラミックスの事典 山村 博ほか 監修 A5判 496頁
高分子分析ハンドブック 高分子分析研究懇談会 編 B5判 1268頁
エネルギーの事典 日本エネルギー学会 編 B5判 768頁
モータの事典 曽根 悟ほか 編 B5判 520頁
電子物性・材料の事典 森泉豊栄ほか 編 A5判 696頁
電子材料ハンドブック 木村忠正ほか 編 B5判 1012頁
計算力学ハンドブック 矢川元基ほか 編 B5判 680頁
コンクリート工学ハンドブック 小柳 治ほか 編 B5判 1536頁
測量工学ハンドブック 村井俊治 編 B5判 544頁
建築設備ハンドブック 紀谷文樹ほか 編 B5判 948頁
建築大百科事典 長澤 泰ほか 編 B5判 720頁

価格・概要等は小社ホームページをご覧ください．